生成式AI
以ChatGPT與OpenAI模型
實現高效創新

本書貢獻者

關於作者

Valentina Alto 在 2021 年取得資料科學學位。2020 年至今，她在 Microsoft 擔任 Azure 解決方案專家，2022 年起一直致力於製造業、製藥業的資料和 AI 相關工作。她時常與系統整合業者密切合作，在客戶專案上部署雲端架構，其中專注的項目是現代資料平台、資料網格框架、物聯網與即時分析、Azure 機器學習、Azure 認知服務（包括 Azure OpenAI 服務）、針對儀表板使用的 Power BI。從求學時期開始，她就在各種出版物上撰寫關於統計學、機器學習、深度學習、AI 等文章，並撰寫一本有關機器學習與 Python 基礎書籍。

我要感謝我的父母、朋友、同事，在這段奇妙旅程中，始終能有他們的陪伴與支持。謝謝 *Packt* 的編輯、經理、工作團隊，一直支援我。

關於審稿者

Supreet Kaur 是 Morgan Stanley 傑出的 AI 產品經理，她擔任多種 AI 產品的負責人，主導開發創新的資料驅動解決方案。在這之前，她曾擔任技術與資料科學顧問，為製藥業客戶提供有效的資料科學使用案例與應對策略。

她也是資料科學和 AI 議題的多產作家兼講者，曾在國內外論壇上發表超過 50 場演講。身為「科技女性」的堅定支持者，Supreet 獲選為 Google Women Tech Makers Ambassador，並被公認為金融 AI 領域前 25 名傑出女性之一。

目錄

第二篇　ChatGPT 實際運用

第三章　熟悉 ChatGPT

第四章　了解提示設計

第五章　用 ChatGPT 提升日常生產力

第六章　用 ChatGPT 開發未來

第七章　用 ChatGPT 掌握行銷

第八章　用 ChatGPT 獨創研究

第三篇　OpenAI 模型的企業應用

第九章　OpenAI 和 ChatGPT 企業版— Azure OpenAI

第十章　企業版的熱門使用案例

第十一章　結語與最終想法

索引 273

前言

本書會先介紹生成式 AI 領域，這個領域的焦點是利用機器學習演算法建立獨特的新資料、新內容。其中涵蓋生成式 AI 模型的基礎，說明如何訓練這些模型產生資料。

接著會聚焦在 ChatGPT 如何提高生產力與增加創造力的具體使用案例。還有詳細介紹如何改善你的提示設計，利用零樣本、單樣本、小樣本的學習能力，進而從 ChatGPT 的互動中獲得最佳效果。

隨後會深入探討按領域（行銷人員、研究人員、開發人員 / 資料科學家）分類的使用案例。每個領域都會涵蓋四個具體使用案例，你可以自行複製運用這些例子。

介紹完各個使用案例之後，會把焦點轉到企業級情境，運用 Azure 基礎架構上的 OpenAI 模型 API。本書也會討論既有客戶案例的情境，以及負責任 AI 的影響。

尾聲會回顧本書所討論的主要重點，反思生成式 AI 領域的將來發展。

讀完本書，你將具備深入研究生成式 AI 領域的基本知識，知道如何開始在自己的專案中使用 ChatGPT 和 OpenAI 模型 API。

適合閱讀本書的讀者

本書是為廣大的讀者而寫。針對的是有興趣「用 ChatGPT 和 OpenAI 提高日常生產力」、以及「想深入了解 ChatGPT 背後技術和模型架構」的**一般使用者**；還有想要「實際深入應用 ChatGPT 和 OpenAI 模型」、以及「了解如何讓自己企業組織變強」的**商業使用者**；也針對想要深入「了解 ChatGPT 與 OpenAI 模型提升 ML 模型與程式碼方法」、以及「明瞭 OpenAI 和 ChatGPT 在自己專業領域中使用案例」的**行銷人員**與**研究人員**。

本書提供 OpenAI 模型背後的技術理論概觀，以及生成式 AI 的主要概念，所以閱讀本書不必具備特別要求。如果你也有興趣實作使用案例內容，本書有提供解決方案與相關的 Python 程式碼，以及逐步的實作。

本書涵蓋的內容

第 1 章 生成式 AI 概論，提供生成式 AI 領域概觀，這個領域的焦點是利用機器學習演算法建立獨特的新資料、新內容。本章涵蓋生成式 AI 模型的基礎，說明如何訓練這些模型產生資料。本章也有探討生成式 AI 在影像合成、文本生成、音樂創作等各個領域的應用，強調生成式 AI 讓各個行業徹底改變的潛力。

第 2 章 超越市面渲染的 OpenAI 與 ChatGPT，介紹 OpenAI 以及這家公司最顯著的發展——ChatGPT，強調它的歷史、技術、功能。本章還會說明如何在各個行業與應用軟體中使用 ChatGPT，進而改善溝通，還有讓流程自動化，以及它最終如何影響科技界及其他領域。

第 3 章 熟悉 ChatGPT，引導你設定 ChatGPT 帳戶、使用 ChatGPT 服務。還會說明如何與相關的 Web UI 互動、安排有話題的聊天、組織相關對話。

第 4 章 了解提示設計，探討提示設計的重要性，可作為提高模型準確度的一種技術。實際上，提示會高度影響模型產生的輸出。設計不錯的提示可協助引導模型產生相關與準確的輸出，設計不良的提示可能會有不相關或混淆的結果。另外的重點是，將倫理考量因素放入提示中，防止模型產生有害內容。

第 5 章 用 ChatGPT 提升日常生產力，介紹 ChatGPT 可為一般使用者所做的日常主要活動（目的是提高使用者的生產力）。本章會以具體例子說明寫作輔助、決策、創意啟發等應用，讓你可以自行試驗這些範例。

第 6 章 用 ChatGPT 開發未來，討論開發人員如何利用 ChatGPT。論述的焦點是在這個領域中可由 ChatGPT 協助處理的主要使用案例，其中包括程式碼審查與最佳化、文件生成、程式碼生成。本章會有範例，讓你能夠自行試用這些提示。

第 7 章 用 ChatGPT 掌握行銷，討論行銷人員如何利用 ChatGPT。論述的焦點是在這個領域中可由 ChatGPT 協助處理的主要使用案例，其中包括 A/B 測試、關鍵字鎖定建議、社群媒體情感分析。本章會有範例，讓你能夠自行試用這些提示。

第 8 章 用 ChatGPT 獨創研究，討論研究人員如何利用 ChatGPT。論述的焦點是在這個領域中可由 ChatGPT 協助處理的主要使用案例，其中包括文獻綜述、實驗設計、參考文獻生成。本章會有範例，讓你能夠自行試用這些提示。

第9章 OpenAI 和 ChatGPT 企業版——Azure OpenAI，探討 OpenAI 模型的企業級應用，介紹 Azure OpenAI 服務。其中會說明 Azure OpenAI 服務的模型 API 概觀，以及如何將這些 API 嵌入自訂的程式碼中。還會討論模型的參數、設定、微調。本章尾聲針對負責任 AI 主題以及如何確保你的 AI 系統符合倫理標準，會有深入探討。

第 10 章 企業版的熱門使用案例，一開始會針對企業發展概述目前市場上相當熱門的 Azure OpenAI 使用案例。其中會探討具體的專案範例，例如智慧搜尋引擎、AI 助理、報告生成器。本章尾聲的焦點擺在特定產業的業務專案。

第 11 章 結語與最終想法，先簡短回顧本書前面章節探討的熱門使用案例。接著論述生成式 AI 對產業和日常生活的影響。其中還會說明相關的倫理考量以及負責任 AI 在專案設計階段所扮演的角色。本章尾聲是對生成式 AI 未來新發展（GPT-4 的到來）提出最終想法。

本書內容是基於 2023 年 11 月為止的資訊所撰寫。出現在書中的軟體及服務的版本、畫面、功能、URL、ChatGPT、產品規格等資訊，都以該文稿撰寫之時間點為準。這些都可能於本書撰寫完成後變更，故請見諒。

充分利用本書相關資源

以下是你需要具備的工具與環境列表：

本書使用的軟體 / 硬體	系統要求
Python 3.7.1 以上的版本	Windows、macOS、Linux
Streamlit	Windows、macOS、Linux
LangChain	Windows、macOS、Linux
OpenAI 模型 API	OpenAI 帳戶
Azure OpenAI 服務	為 Azure OpenAI 啟用的 Azure 訂用帳戶

你可以在本書的 GitHub 儲存庫中找到各個章節使用的所有提示：

https://github.com/PacktPublishing/Modern-Generative-AI-with-ChatGPT-and-OpenAI-Models/tree/main/Chapter%204%20-%20Prompt%20design

建議你自行輸入程式碼，或從本書的 GitHub 儲存庫中取用程式碼（參閱下一節提供的連結）。這樣做可以讓你避免發生與複製貼上程式碼相關的錯誤。

下載範例程式

你可以從 GitHub 下載本書的範例程式檔案（*https://github.com/PacktPublishing/Modern-Generative-AI-with-ChatGPT-and-OpenAI-Models*）。如果這些程式有變動，那麼會在 GitHub 儲存庫中更新。

下載彩色圖片

我們還提供一個 PDF 檔案，內容包含本書使用的螢幕擷取畫面與示意圖等彩色圖片。你可以到這裡下載：*https://packt.link/YFTZk*。

本書編排慣例

本書使用下列的文字編排慣例。

`正文的程式碼`：表示正文的程式碼內容、資料表名稱、資料夾名稱、檔名、副檔名、路徑名稱、URL、使用者的輸入、Twitter 帳號。例如：「將已下載的 `WebStorm-10*.dmg` 磁碟映像檔掛載成系統裡的另一個磁碟」。

程式碼區塊的設定如下：

```
query = st.text_area("Ask a question about the document")
if query:

    docs = faiss_index.similarity_search(query, k=1)
    button = st.button("Submit")
    if button:
        st.write(get_answer(faiss_index, query))
```

任何命令列輸入或輸出的寫法如下：

```
pip install --upgrade openai
```

粗體：表示新的術語、重要字詞、螢幕所示的字詞。例如，選單或對話方塊裡的字詞會以**粗體**顯示。這裡舉個例子：「你可以選擇從**本機檔案**或 **Azure blob 或其他共用 Web 位置**上傳檔案」。

NOTE　建議或重要的注意內容。

第 1 篇

生成式 AI 與 GPT 模型基礎

本書第 1 篇會介紹生成式 AI（Generative AI）與 GPT 模型（model）基礎知識，其中包括 OpenAI 及 GPT 系列（OpenAI 的主要模型）發展簡史。

這一篇將從生成式 AI 領域的概述開始，為你提供這種 AI 研究領域的基本知識（涵蓋相關過往和最新進展）。你也能從中了解生成式 AI 的應用，如：文本生成（text generation）、音樂創作等等。

接著會介紹 OpenAI 公司：這家公司讓一般大眾得以見識到生成式 AI 的能力。對於 OpenAI 最受歡迎的 ChatGPT 來說，你將明白它背後的技術，了解由**人工神經網路（Artificial Neural Network，ANN）**造就**大型語言模型（Large Language Model，LLM）**研究歷程。

這一篇涵蓋下列章節：

- *第 1 章 生成式 AI 概論*
- *第 2 章 超越市面渲染的 OpenAI 與 ChatGPT*

1

生成式 AI 概論

你好！本書將探討生成式**人工智慧（Artificial Intelligence，AI）**迷人之處及相關的創新應用。生成式 AI 讓我們與機器的互動方式有所改變：在無人明確指示的情況下，電腦能夠創造、預測、學習。ChatGPT 和 OpenAI 讓我們見識到自然語言處理、圖片（影片）合成等等的空前進展。無論你是充滿好奇的初學者或是經驗豐富的行家，這本指南皆能為你提供相關知識和技能，在令人興奮的生成式 AI 領域暢遊一番。那麼，讓我們切入正題，從之後會碰到的相關定義開始談起。

這一章為生成式 AI 領域的概論，其中會使用**機器學習（machine learning，ML）**演算法（algorithm）產生新的獨特資料（內容）。

本章重點是生成式 AI 在影像合成、文本生成、音樂創作等各種領域的應用，強調生成式 AI 的潛力，為各個行業帶來突破性的變革。本章的生成式 AI 概論將說明這項技術的來龍去脈，以及該技術與 AI、ML、**深度學習（Deep Learning，DL）**領域的關係。接著，我們將以具體的例子和近期的發展，仔細討論生成式 AI 的主要應用情況，讓你了解這項技術可能對企業與整個社會所產生的影響。

對於目前生成式 AI 最新進展，了解其中的研究歷程，可讓你更加知道最新動態和最先進模型（基本內容）。

本章涵蓋下列主題：

- 認識生成式 AI
- 探究生成式 AI 領域
- 生成式 AI 研究的過往和現況

讀完本章之後，你將對令人興奮的生成式 AI 領域、相關應用、背後的研究過往與現況不再陌生，生成式 AI 可能已經——而目前依然——對企業造成顛覆性的影響。

生成式 AI 概論

AI 近年來不斷進步，其中一個顯著成長的領域是生成式 AI。生成式 AI 是 AI、DL 中的一個專門領域，主要透過演算法和模型（採用現成資料以 ML 技術訓練的模型），產生新的內容，例如：圖片、文字、音樂、影片。

為了更容易了解 AI、ML、DL 與生成式 AI 彼此的關係，可把 AI 當作基礎，而 ML、DL、生成式 AI 循序排列，越後面表示越專門與越特定的研究和應用領域：

- AI 的領域寬廣，其中建立的系統，能夠執行任務，展現人類智慧（能力），可與生態系（ecosystem）互動。
- ML 是 AI 的一個分支，有專門建立的演算法和模型，讓系統經過訓練而能自我學習與改進。ML 模型從現成資料中學習，自動更新能讓自己成長的模型參數（parameter）。
- DL 是 ML 的分支，也就是說，DL 屬於深度的 ML 模型。這些深度模型被稱為**神經網路（neural network）**，專門用在**電腦視覺（computer vision）**、**自然語言處理（Natural Language Processing，NLP）**等領域中。當我們談論 ML、DL 模型時，通常指的是判別模型（discriminative model），這種模型的目標是預測、推論資料呈現出來的模式（pattern）。

- 這裡最後出現的生成式 AI，是 DL 的分支，生成式 AI 採取深度神經網路的用意，並不是要對現成資料分群、分類、預測，而是使用那些強大的神經網路模型來產生全新的內容（如：圖片、自然語言、音樂、影片）。

下圖呈現出這些研究領域的彼此關係：

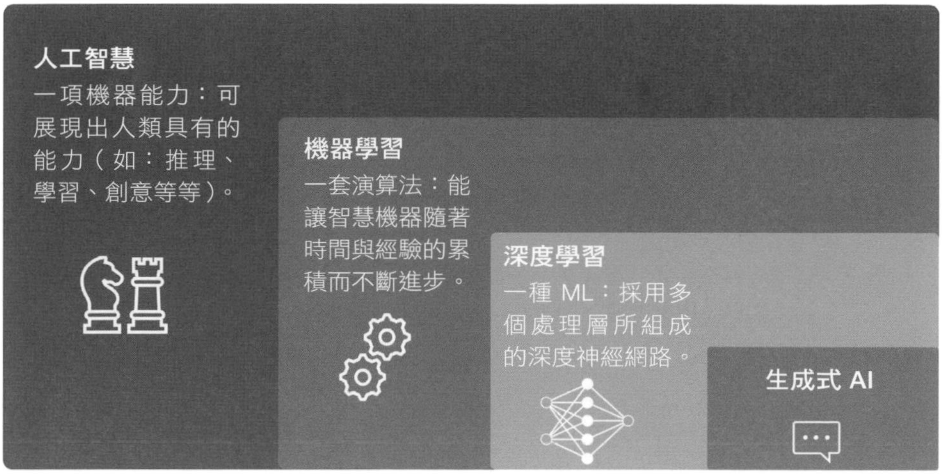

圖 1.1　AI、ML、DL 與生成式 AI 的關係

生成式 AI 模型可用巨量資料（大數據）加以訓練，然後運用這些資料具有的模式，從無到有產生出新的案例。這種模型的生成程序與判別模型不同（訓練好的判別模型會用來預測指定的案例應該屬於哪種類別或標籤）。

生成式 AI 領域

近年來，生成式 AI 已有重大進展，也把這種技術的應用擴展到各個領域，譬如：藝術、音樂、時尚、建築等等。有些領域因而徹底改變自己的建造、設計、理解方式。有些領域因此改進原本的流程，讓相關作業更加有效率。

許多領域採用生成式 AI，這個事實也代表這樣的模型可以處理不同種類的資料（如：自然語言、聲音、圖片）。接著讓我們來了解生成式 AI 模型如何處理不同類型的資料（應用領域）。

文本生成

生成式 AI 最大的應用——也是本書介紹最多的應用——是能夠用自然語言產生新的內容。實際上，生成式 AI 演算法可用來產生新文本（如：文章、詩詞、產品描述等等）。

例如，OpenAI 所開發的語言模型 GPT-3 採用大量的文本資料加以訓練，然後用於產生符合各種語言文法（不論是輸入或輸出的語言皆可）且有條理的新文本，以及從文本中擷取相關特點（譬如：關鍵字、主題、完整摘要）。

以下是 GPT-3 的使用範例：

圖 1.2　ChatGPT 回應使用者提示（prompt）並附加相關參考資料（範例）

接著，我們要討論圖片生成。

圖片生成

最早用於影像合成的生成式 AI 著名案例之一是：I. Goodfellow 等人在 2014 年「Generative Adversarial Networks」論文提出的**生成對抗網路**（**Generative Adversarial Network，GAN**）架構。GAN 的目標是產生無法與真實圖片有所區別的逼真圖片。這樣的功能可提供數個有趣的商業應用，例如產生電腦視覺模型訓練用的合成資料集，產生逼真的產品圖，以及產生虛擬實境（virtual reality）、擴增實境（augmented reality）應用所需的逼真圖片。

以下並非真人的臉，全部都是 AI 產生出來的：

圖 1.3　由 GAN（StyleGAN2）產生的虛構人臉
（*https://this-person-does-not-exist.com/en*）

OpenAI 在 2021 年針對這個應用領域，提出新的生成式 AI 模型 **DALL-E**。DALL-E 模型目的是依據自然語言的描述產生圖片（這與 GAN 不同，GAN 的輸入內容是隨機雜訊向量，即 random noise vector），這個模型可以產生各種圖片，這些圖片可能看起來不夠逼真，但是仍能描繪出需求的概念結果。

DALL-E 在廣告、產品設計、時尚等創意產業中有很大的潛力，可以產生出有創意的獨特圖片。

以下的範例是 DALL-E 依據自然語言描述的要求，產生四張圖片：

圖 1.4　DALL-E 依據自然語言提示（輸入）產生的圖片

值得注意的是，可以把文字和圖片的生成結合起來，產生嶄新的資料。近年來，新型的 AI 工具普遍使用這樣的組合方式。

Tome AI 就是這樣的綜合範例，是一種生成式敘事工具，能利用 DALL-E 和 GPT-3 等模型從無到有產生投影片。

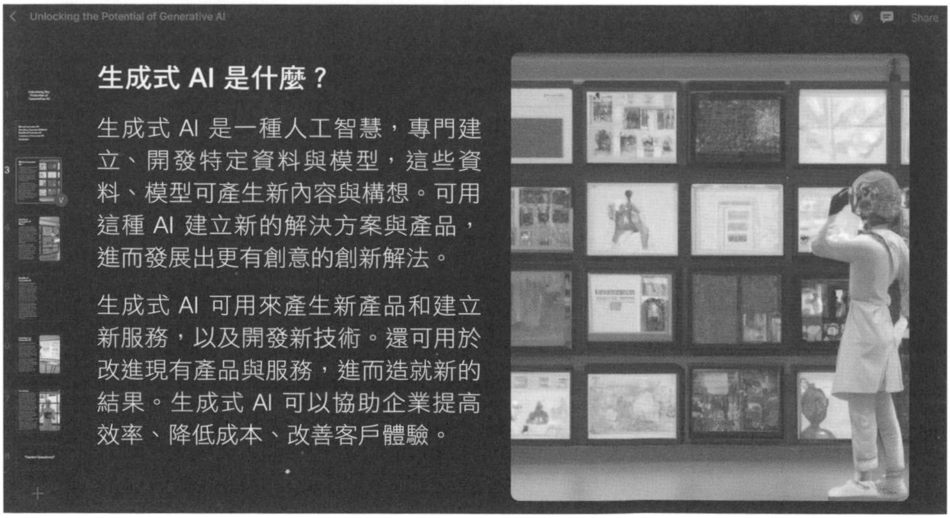

圖 1.5　全部由 Tome 產生的簡報（以自然語言輸入需求而輸出生成式 AI 的敘述）

如上所示，這個 AI 工具完全能夠只依據自然語言描述的簡短輸入，產生簡報草稿。

音樂生成

對於音樂生成而言，第一個生成式 AI 做法可以追溯到 50 年代，在演算法作曲（algorithmic composition）領域的研究中，這是一種使用演算法產生音樂作品的技術。事實上，在 1957 年，Lejaren Hiller 和 Leonard Isaacson 為弦樂四重奏創作「Illiac Suite」（*https://www.youtube.com/watch?v=n0njBFLQSk8*），這是首次完全由 AI 創作的音樂。從那時開始，音樂的生成式 AI 領域研究已經持續數十年。在最近幾年的發展中，新的架構已普及一般大眾，例如 Google 在 2016 年提出的 WaveNet 架構，能夠產生優質的聲音樣本（sample）；或者同樣由 Google 開發的 Magenta 專案，使用**循環神經網路（Recurrent Neural Network，RNN）**和其他 ML 技術來生成音樂與其他類型的藝術內容。OpenAI 在 2020 年也推出 Jukebox，這是一種能產生音樂的神經網路，可以根據音樂和演唱樣式、風格、參考藝人等選項，自訂輸出結果。

這些框架成為許多 AI 作曲家對音樂生成的協作基礎。其中一個例子是由 Sony CSL Research 開發的 Flow Machines。他們使用大型的音樂資料庫訓練這個生成式 AI 系統，這個系統可以創造出各種風格的新音樂。法國作曲家 Benoît Carré 與幾位音樂人合作，用 Flow Machines 創作一張名為「Hello World」的專輯（*https://www.helloworldalbum.net/*）。

以下的範例是完全由 Music Transformer 產生的歌曲（Music Transformer 是 Magenta 專案裡其中一個模型）：

圖 1.6 Music Transformer 可讓使用者聆聽 AI 產生的音樂演奏

在音樂領域中，生成式 AI 的另一個驚人應用是語音合成（speech synthesis）。實際存在許多 AI 工具，能夠依據文字輸入，要求用知名歌手的嗓子創造聲音。

例如，如果你想要知道 Kanye West 演唱你的歌曲會是什麼效果，那麼目前可以使用 FakeYou.com（*https://fakeyou.com/*）、Deep Fake Text to Speech、UberDuck.ai（*https://uberduck.ai/*）等工具實現你的夢想。

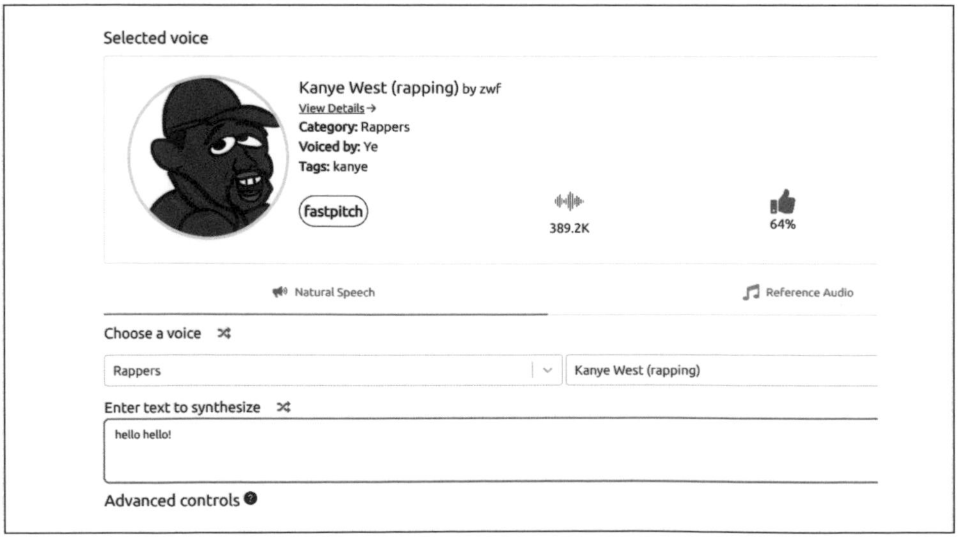

圖 1.7 文字轉語音合成（使用 UberDuck.ai ）

我不得不說，效果真的讓人印象深刻。如果你想找點樂子，也可以嘗試選用你最喜歡的卡通人物聲音，譬如小熊維尼……

接著要討論影片的生成式 AI。

影片生成

用於影片生成的生成式 AI 與針對圖片生成的生成式 AI，兩者有類似的發展歷程。事實上，影片生成領域的其中一個關鍵發展，對應的是 GAN 的發展。為了準確產生逼真的圖片，研究人員開始將這些技術應用於影片生成。對於 GAN 形式的影片生成而言，其中最顯著的一個範例是 DeepMind 的 **Motion to Video**，由單一圖片與一系列的動作產生優質的影片。另一個不錯的例子是 NVIDIA 的**影片轉影片合成（Video-to-Video Synthesis，Vid2Vid）**，以 DL 為基礎的框架，依據輸入的影片使用 GAN 合成優質影片。

Vid2Vid 系統可以產生時間連貫的影片，也就是說這些畫面會隨著時間維持流暢與逼真的變動。可將這項技術用於執行各種影片合成任務，例如：

- 轉換影片的情境（如：將白天影片轉成夜間影片、將草稿圖轉為逼真圖）
- 修改原本影片的內容（如：調整影片內容的樣式、外觀）
- 把靜態圖片做成新的影片（如：用一系列靜態圖片做出動畫）

Meta 的研究人員於 2022 年 9 月推出 **Make-A-Video**（*https://makeavideo.studio/*）一般可用版（general availability），這是新的 AI 系統，可把使用者的自然語言提示轉成短片。這項技術的背後涵蓋我們針對其他領域提到的許多模型——提示內容的語言理解、圖片與動作的生成（利用圖片的生成）、AI 作曲家製作的背景音樂。

總之，多年來生成式 AI 已經影響了許多領域，有些 AI 工具一直支援組織機構、藝術家和一般人。未來似乎充滿希望；然而，在談論目前市面上可用的模型極品之前，我們首先需要對（造就目前 OpenAI 模型的）生成式 AI 起源、相關研究過往、最近發展等等有更深入的了解。

研究的過往與現況

前面的小節已經對生成式 AI 領域中，最近幾年發展出來的新尖端技術做了概述。然而，這個領域的研究可以追溯到幾十年前。

我們可以說 1960 年代是生成式 AI 領域研究的開端，當時 Joseph Weizenbaum 開發了聊天機器人 ELIZA ，這是 NLP 系統的首例之一。它是一個簡單的規則式互動系統，主要透過文字輸入的回應來娛樂使用者，可說是替 NLP、生成式 AI 的進展鋪路。然而，我們知道時下的生成式 AI 是深度學習的一個專門領域，雖然第一個**人工神經網路（ANN）**是在 1940 年代首次出現的，但當時的研究人員面臨一些挑戰，其中包括運算能力的限制以及對大腦生物學基礎了解的缺乏。因此，ANN 直到 1980 年代才受到重視，當時除了新硬體和神經科學的發展，**反向傳播（backpropagation，倒傳遞）**演算法的出現促成 ANN 的訓練階段。實際上，在反向傳播出現之前，因為對每個神經元（neuron）相關的參數（權重）無法有效率的計算誤差梯度（gradient），所以神經網路的訓練並不容易，而反向傳播能讓訓練過程自動化，使得 ANN 的應用可以實現。

隨著 2000、2010 年代的進展，因運算能力提升，以及可供訓練使用的巨量資料集結，使得 DL 更加實用，造就應用普及的契機，進而助長研究的動力。

Kingma、Welling 於 2013 年發表的論文「Auto-Encoding Variational Baye」中提出新的模型架構——**變分自動編碼器（Variational Autoencoder、VAE）**。VAE 是以變分推論（variational inference）概念為基礎的生成式模型。這種模型採取資料精簡表徵（compact representation）學習方式，其中用編碼器（*encoder*）元件將資料編至一個低維度空間，這個空間被稱為**潛在空間（latent space）**，而用解碼器（*decoder*）元件將這空間的內容解回至原資料空間。

VAE 的主要創新是以機率詮釋潛在空間。編碼器將輸入內容映射到潛在空間上的機率分布，而不是學習輸入對潛在空間的確定性映射（deterministic mapping）。因此 VAE 能從潛在空間抽樣而產生新樣本，然後將這些樣本解碼至輸入空間。

例如，假設我們要訓練一個 VAE，用來產生逼真的貓（狗）照片。

首先，這個 VAE 會取用一張貓（狗）照片，將照片壓縮成較小的一組數值（在潛在空間中），這些內容表示照片中最重要的特徵。這些數值被稱為**潛在變數**（**latent variable**）。

接著 VAE 會採用這些潛在變數，用於產生一張新照片（逼真的貓狗照）。這張新照片可能與原照片有些差異，但看起來應該還是屬於同一系列的照片。

隨著時間的累積，VAE 將生成的照片與真實的照片做比較，不斷調整潛在變數，讓生成的照片看起來越來越像真實的照片，進而產生更逼真的照片。

VAE 為生成式 AI 領域的快速發展鋪路。事實上，只過了一年，Ian Goodfellow 就提出 GAN。GAN 由兩個神經網路組成——生成器（generator）和判別器（discriminator）——在零和賽局（zero-sum game）中互相對抗，這與 VAE 架構不同（VAE 架構的主元素是編碼器和解碼器）。

生成器產生假資料（以圖片的例子來說，它會產生一張圖片），看起來跟真的一樣的資料（例如貓的圖片）。判別器會同時取用真假資料，試著分辨兩者——這是我們藝術偽造器範例中的評論員。

在訓練期間，生成器會嘗試產生讓判別器誤以為真實的資料，而判別器試著改善分辨真假資料的能力。生成器與判別器兩者會在一個叫做**對抗訓練**（**adversarial training**）程序中共同訓練。

隨著時間的累積，生成器會產生更為逼真的假資料，而判別器更能分辨真假資料。最終，生成器對於產生假資料會變得相當擅長，甚至是產生判別器也無法分辨真假的那種假資料。

下圖是完全由 GAN 產生的人臉例子：

圖 1.8　由 GAN 產生的逼真人臉相片，摘自 Progressive Growing of GANs for Improved Quality, Stability, and Variation, 2017：*https://arxiv.org/pdf/1710.10196.pdf*（範例）

VAE 和 GAN 這兩種模型都是為了產生與原來樣本沒有分別的全新資料，而自從這樣的概念出現以後，相關架構不斷地被改進，新模型一個接著一個的被開發出來，譬如 Van den Oord 團隊的 PixelCNNs、Google DeepMind 的 WaveNet 等等，因而推動聲音、語音的生成。

另一個重要的里程碑是，2017 年 Google 研究人員在一篇論文中提出**轉換器**（*Transformer*）這種新架構，這個架構出自於 Google 研究人員的「Attention Is All You Need」論文，在語言生成領域中具有革命性的意義，原因是這個轉換器可平行處理，同時記住語言上下文（context，語境），超越以前基於 RNN、**長短期記憶（Long Short-Term Memory，LSTM）**框架的語言模型成果。

轉換器實際是 Google 在 2018 年提出的，**基於轉換器的雙向編碼器表示技術（Bidirectional Encoder Representations from Transformer，BERT）**這種大型語言模型的基礎，也迅速成為 NLP 實驗的基準。

轉換器也是 OpenAI 提出的**生成式預訓練（Generative Pre-Trained，GPT）**模型的基礎（這些模型包括 ChatGPT 背後的 GPT-3）。

儘管前幾年有為數不少的研究和成就，不過一直到 2022 下半年，眾人關注的焦點才轉往生成式 AI 領域。

2022 年被稱為*生成式 AI 之年*，絕非偶然。在這一年裡，強大的 AI 模型與工具已普及一般大眾：擴散式（diffusion-based）圖片服務（MidJourney、DALL-E 2、Stable Diffusion）、OpenAI 的 ChatGPT、文字轉影片（Make-a-Video、Imagen Video）、文字轉 3D（DreamFusion、Magic3D、Get3D）等工具皆可提供給個人使用者運用，有時還能免費使用。

這樣的局面造成顛覆性的影響，其中有兩個主因：

- 當生成式 AI 模型普及大眾時，每個使用者或組織都有可能試驗與了解模型的潛力（就算不是資料科學家或 ML 工程師也能體驗）。
- 這些新模型的輸出及內在的創意，客觀來說令人驚訝，而往往讓人擔憂。個人和政府都迫切的需要適應這些變革。

今後（在不久的將來），我們可能會看到 AI 系統對個人用途和企業專案的應用需求激增。

本章總結

本章探討令人興奮的生成式 AI 領域及各種相關應用，其中包括圖片生成、文本生成、音樂生成、影片生成。我們從中得知由 OpenAI 訓練的生成式 AI 模型（譬如 ChatGPT 和 DALL-E），如何使用 DL 技術學習大型資料集裡的模式，產生連貫的嶄新內容。我們還討論了生成式 AI 的起源、過往以及研究現況。

本章目的是為生成式 AI 的基本知識奠定穩固的基礎，並激發你進一步探索這個迷人領域。

下一章會將重點擺在 ChatGPT，目前市面上最有前途的技術之一：我們將探討這個技術背後的研究內容、介紹 OpenAI 的相關進展、ChatGPT 的模型架構、（目前可以處理的）主要使用案例。

參考資源

- *https://arxiv.org/abs/1406.2661*
- *https://www.youtube.com/watch?v=Iy9vRvyRf_E*
- *https://arxiv.org/abs/1912.04958*
- *This person does not exist: this-person-does-not-exist.com*
- *https://arxiv.org/abs/1808.06601*
- *https://www.microsoft.com/en-us/research/blog/a-deep-generative-model-trifecta-three-advances-that-work-towards-harnessing-large-scale-power/*
- *https://tcwang0509.github.io/vid2vid/*

2

超越市面渲染的 OpenAI 與 ChatGPT

本章會介紹 OpenAI 以及這家公司最顯著的發展項目 —— ChatGPT，重點擺在 ChatGPT 的歷史、技術、功能。

整個目標是深入了解如何在各個行業與應用軟體中使用 ChatGPT，進而改善溝通，還有讓流程自動化，以及這些應用軟體最終如何影響科技界及其他領域。

本章涵蓋下列主題：

- OpenAI 是什麼？
- OpenAI 系列模型概觀
- ChatGPT 探究之路：背後模型的數學之旅
- ChatGPT：最新進展

技術要求

為了能夠試驗本章的範例，你會用到下列的項目：

- 可取用 Playground、Models API 的 OpenAI 帳戶（*https://openai.com/api/login*）
- 你常用的 IDE 環境，例如 Jupyter 或 Visual Studio
- 事先安裝的 Python 3.7.1（以上）版本（*https://www.python.org/downloads*）
- 事先安裝的 pip（*https://pip.pypa.io/en/stable/installation/*）
- OpenAI Python 函式庫（*https://pypi.org/project/openai/*）

OpenAI 是什麼？

OpenAI 是由 Elon Musk、Sam Altman、Greg Brockman、Ilya Sutskever、Wojciech Zaremba、John Schulman 於 2015 年創立的研究組織。就像 OpenAI 官方網頁描述的，這個組織的使命是確保通用人工智慧（*Artificial General Intelligence*，*AGI*）能讓全人類受惠。因為通用，所以 AGI 的目的是無須特定任務的程式設計，就能夠學習和執行各種任務。

OpenAI 從 2015 年開始一直致力於**深度強化學習**（**Deep Reinforcement Learning**，**DRL**）研究，這是**機器學習**（**ML**）的一部分，是結合深度神經網路的一種**強化學習**（**RL**）。關於這個專業領域的首次貢獻可以追溯到 2016 年，當時 OpenAI 推出 OpenAI Gym，這是供研究人員開發、測試 **RL** 演算法之用的一套工具。

Gym 是強化學習的標準 API
（內含多元的參考環境）

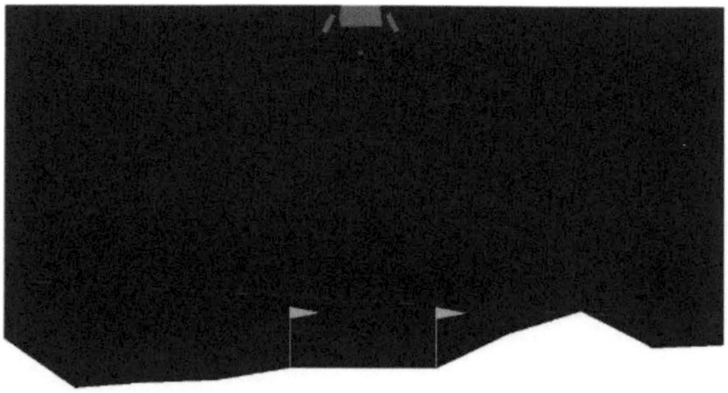

Gym 的介面簡單，屬於 pythonic 形式，可用來表達一般的 RL 問題：

```
import gym
env = gym.make("Lunar Lander-v2", render_mode="human")
observation, info env.reset(seed=42)
for _ in range(1000):
    action = policy (observation) # 使用者定義的策略函式
    observation, reward, terminated, truncated, info = env.step(action)

    if terminated or truncated:
        observation, info = env.reset()
env.close()
```

圖 2.1　Gym 説明文件的登陸頁面（*https://www.gymlibrary.dev/*）

OpenAI 持續在這個領域做研究，而且有所貢獻，不過 OpenAI 最引人注目的的成就，則與生成式模型有關——**生成式預訓練轉換器（Generative Pre-trained Transformer，GPT）**。

OpenAI 研究人員在「Improving Language Understanding by Generative Pre-Training」論文中提出這個模型，並稱這個模型為 **GPT-1**，他們很快就在 2019 年推出 GPT-1 的後繼者：**GPT-2**。這一版的 GPT 是用 **WebText** 語料庫（corpus）做訓練，當時這個語料庫包含 800 多萬筆文件，總共有 40 GB 的文本是源自 Reddit 按讚數 3 以上的貼文中 URL 網頁內容。這版 GPT 有 12 億個參數，是上一版的十倍。

以下是 HuggingFace 發布的 GPT-2 使用者介面登陸頁面（*https://transformer.huggingface.co/doc/distil-gpt2*）：

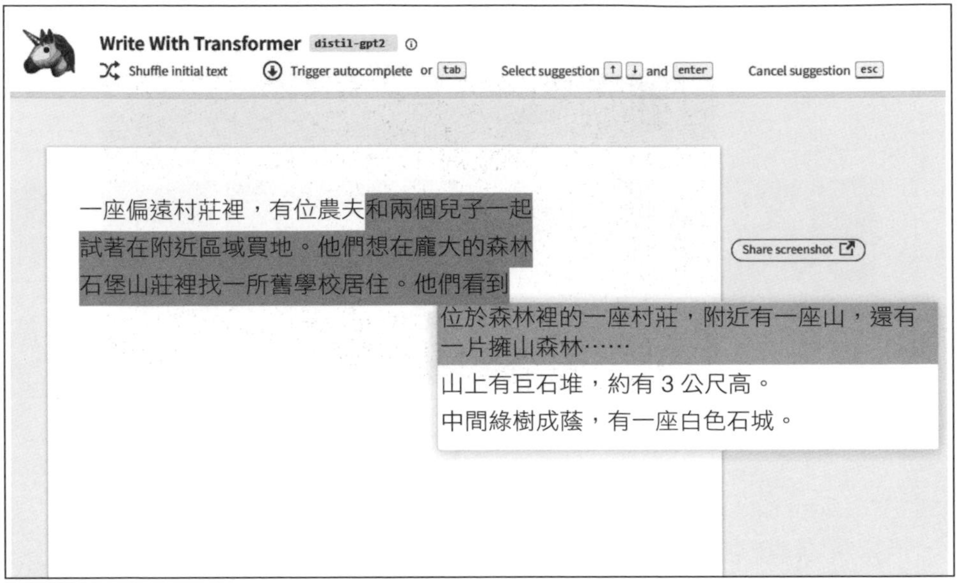

圖 2.2　GPT-2 依提示寫出一段文字。資料來源：*https://transformer.huggingface.co/doc/distil-gpt2*。（譯註：圖片內容為原文翻譯，目前這個工具雖有支援簡體中文，但仍以英文自動填詞為主。）

OpenAI 在 2020 年首次公開 GPT-3，使用 1750 億個參數；比起 GPT-2，GPT-3 的基準結果有大幅提升。

除了自然語言生成式模型，OpenAI 對於圖片生成領域的發展也有著墨，其中於 2021 年推出他們在這個領域的第一個模型——**DALL-E**。上一章有提到，DALL-E 能夠根據自然語言輸入產生全新的圖片，這個模型核心採用最新版的 GPT-3。

DALL-E 最近升級到 2022 年 4 月推出的新版本 DALL-E 2。（譯註：目前已有 DALL-E 3 版本）

下圖是 DALL-E 產生的圖片範例，依據自然語言提示**生出一張「在舒適環境裡有一杯咖啡」的逼真圖片**：

圖 2.3　由 DALL-E 產生的圖片（以自然語言提示為輸入）

你可以自行在 OpenAI DALL-E 實驗室（*https://labs.openai.com/*）試著產生有創意的圖片，還可以獲得一些免費的實驗積分。

雖然 OpenAI 針對生成式 AI 的許多領域都有投入，不過 OpenAI 對於文本理解與生成的貢獻非凡，這要歸功於基礎 GPT 模型的發展（這是我們會在以下段落探討的內容）。

OpenAI 系列模型概觀

OpenAI 目前提供一組預先訓練好而隨時可用的模型（可供一般大眾使用的）。這有兩個重要涵義：

- 不需要長時而且昂貴的訓練就可以利用到強大的基礎模型
- 不是資料科學家或 ML 工程師也能操作這些模型

使用者可以在 OpenAI Playground 中試驗 OpenAI 模型，OpenAI Playground 是一個友善的使用者介面，你不用寫程式就可以跟模型互動。

下圖是 OpenAI Playground 的登陸頁面：

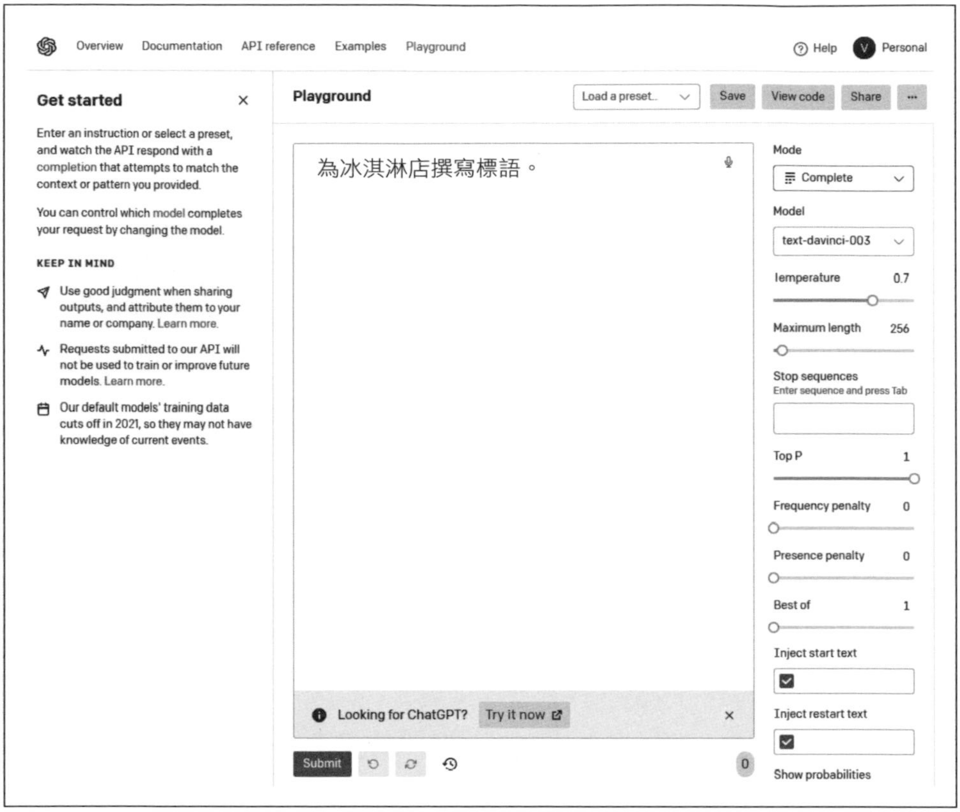

圖 2.4　OpenAI Playground（*https://platform.openai.com/playground*）

Playground 提供一個使用者介面，使用者能夠透過這個介面與模型互動，可以在這個介面的右邊選用模型（參閱圖 *2.4*）。你只要在空白處輸入自然語言敘述的問題或指示，就可以跟 Playground 互動。你也可以從 OpenAI 說明文件裡的一些範例（*https://platform.openai.com/examples*）開始進行。

在深入探討系列模型之前，讓我們先定義本章會用到的術語：

- **token**：可將 token 視為 API 處理輸入提示所用的字詞（word）片段或區塊。token 不一定是完整的字詞，可能包含空格或僅是字詞的一部分。為了對 token 的長度有概念，需要知道一些常見準則。例如，一個英文 token 約為四個字母，或為四分之三個字詞。（譯註：本書的 token 保留原詞，唯獨後續章節配合 Microsoft Azure 官方中文化，有部分會同步以「權杖」譯詞稱之。）
- **提示（prompt）**：在**自然語言處理（NLP）**和 ML 背景裡，提示是 AI 語言模型輸入所提供的一段文字（用來產生對應的輸出或回應）。提示可以是一項提問、一段陳述或一個句子，為語言模型提供方向脈絡。
- **上下文（context）**：在 GPT 領域中，上下文是使用者提示之前出現的字詞和句子。語言模型會使用這個上下文，依據在訓練資料中發現的模式和關係，產生最有可能出現的接續字詞或片語。
- **模型信賴度（model confidence）**：模型信賴度是 AI 模型對特定預測或輸出的確定程度或機率值。在 NLP 背景中，模型信賴度往往用於表示——AI 模型對指定的輸入提示所產生的回應——正確性或相關性的把握程度。

對於了解如何使用 Azure OpenAI 系列模型以及如何設定相關參數，上述的定義不可或缺。

Playground 有兩組重要模型可供試驗：

- **GPT-3**：這組模型可以理解與產生自然語言。GPT-3 已受過訓練（用大型文本語料庫訓練），能夠執行各種自然語言任務（語言翻譯、內容摘要、解答問題等等）。譬如：

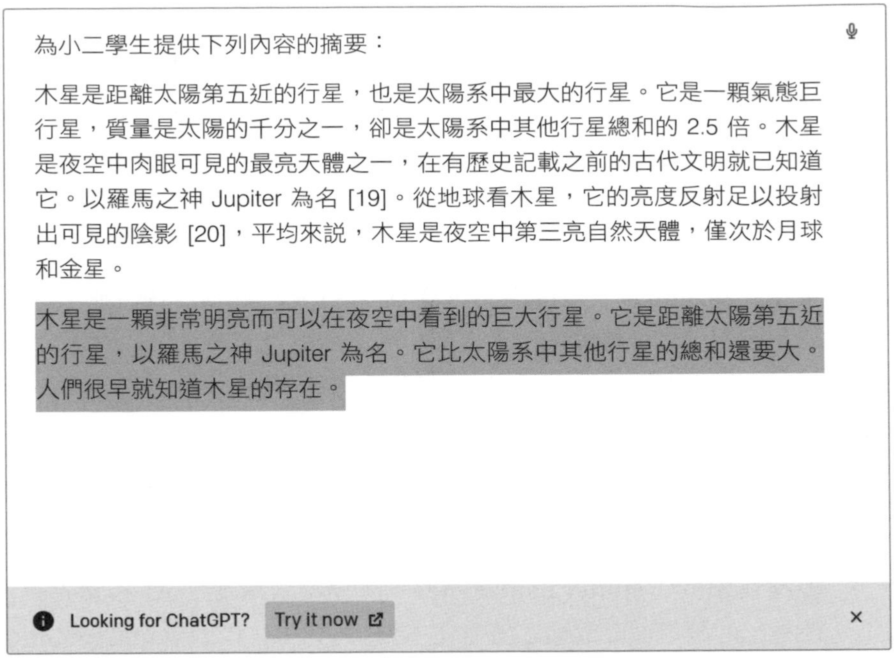

圖 2.5　GPT-3 的摘要生成任務（範例）

GPT-3.5：這是以 GPT-3 為基礎所建的一組新模型，目的是提升自然語言理解和生成能力。GPT-3.5 模型可以執行複雜的自然語言任務，例如撰寫連貫的文字段落或論文、產生詩詞，甚至根據自然語言產生電腦程式。GPT-3.5 是 ChatGPT 背後的主要模型，除了有提供 API，還可以在具有專門 UI 的 Playground 中運用 GPT-3.5：

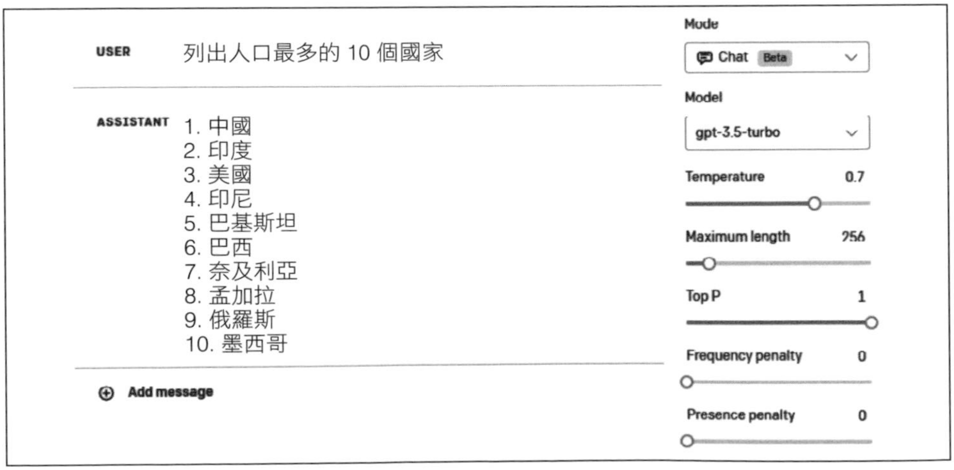

圖 2.6　與 GPT-3.5 互動（範例）

- **Codex**：這組模型可以理解和產生各種程式語言的程式碼。Codex 可以將自然語言提示翻譯成可運作的程式碼，讓它成為軟體開發的強大工具。以下是 Codex 的使用範例：

```
"""
1. 產生名字串列
2. 產生姓氏串列
3. 將兩者隨機組合出內有 100 個完整姓名的串列
"""

import random

first_names = ['John', 'Jane', 'Corey', 'Travis', 'Dave', 'Kurt',
'Neil', 'Sam', 'Steve', 'Tom', 'James', 'Robert', 'Michael',
'Charles', 'Joe', 'Mary', 'Maggie', 'Nicole', 'Patricia', 'Linda',
'Barbara', 'Elizabeth', 'Laura', 'Jennifer', 'Maria']

last names = ['Smith', 'Doe', 'Jenkins', 'Robinson', 'Davis', 'Stuart,
'Jefferson', 'Jacobs', 'wright', 'Patterson', 'Wilks', 'Arnold', 'Johnson',
'Williams, Jones, 'Brown', 'Davis', 'Miller", 'Wilson', 'Moore',
'Taylor', 'Anderson', 'Thomas', 'Jackson', 'White', 'Harris', 'Martin']

full names = []

for i in range(100):
    first random.choice(first_names)
    last = random.choice(last_names)
    full names.append(f" (first) {last}")

print(full_names)
```

圖 2.7　Codex 的程式碼生成（範例）

NOTE OpenAI 在 2023 年 3 月表示不再推薦使用 Codex 模型（即處於已棄用狀態）。原因是新的聊天模型（其中包括 ChatGPT 背後的模型 GPT-3.5-turbo）具備更好的能力，也可執行程式設計任務，而且結果能與 Codex 模型相提並論，甚至有更好的表現。（譯註：目前 OpenAI Playground 的 GPT 模型也已全面升級為 GPT-3.5-turbo 以上的版本。）

你還可以針對每個模型設定一些相關參數。例如下列項目：

- **Temperature（溫度）**——範圍從 0 到 1：控制模型回應的隨機程度。低階溫度可讓模型更有確定性，換句話說，模型的傾向是「為同樣的問題提供相同的輸出」。例如，如果我多次問溫度為 0 的模型：「*OpenAI 是什麼？*」，它始終會給出相同答案。而如果我問溫度設為 1 的模型同樣的問題，它會試著在每次的回應中調整解答的用詞和風格。
- **Max length（最大長度）**——範圍從 0 到 2048：控制模型對使用者提示所回應的內容長度（以 token 數為單位）。
- **Stop sequences（停止序列）**——使用者輸入：讓回應的作業停在特定之處，例如一個句子（或一列資料）結尾。
- **Top probabilities（最高機率）**——範圍從 0 到 1：控制模型在產生回應時會考量哪些 token。這個值設為 0.9 表示會考量所有 token 中最有可能的前 90%。有人也許會問：「*為何不把最高機率設為 1，這樣就可以囊括最有可能的所有 token 嗎？*」答案是，當模型的信賴度較低時，就算有最合適的 token，使用者可能仍然希望保有多樣化。
- **Frequency penalty（頻率罰則）**——範圍從 0 到 1：控制生成回應中相同 token 的重複情況。懲罰值越高，在同一個回應中多次出現相同 token 的機率就越低。這個罰則會依據 token 截至目前在文本出現的頻率，而按比例降低機率（這就是跟下一個參數的主要差異所在）。
- **Presence penalty（目前狀態罰則）**——範圍從 0 到 2：這個用途與上一項類似，不過更加嚴格。它會降低任何 token 截至目前在文本中重複出現的機率。因為目前狀態罰則比頻率罰則更嚴格，所以在回應中引入新主題的可能性也會增加。
- **Best of（最佳）**——範圍從 0 到 20：會產生多個回應，而只會顯示其中所有 token 總機率最好的那一個回應。
- **Pre- and post-response text（預先回應與回應後文字）**——使用者輸入：會在模型回應之前與回應之後插入文字。這能協助模型做好回應的準備。

除了在 Playground 中使用 OpenAI 模型，你還可以隨時在自己寫的程式碼中呼叫（使用）模型 API，將模型嵌入你的應用程式中。實際上，你可以在 Playground 的右上角，點選 **View code（檢視程式碼）**，匯出設定項目（如下所示）：

圖 2.8　使用 GPT3 模型（搭配自然語言提示）對應而生的 Python 程式碼

如上圖所示，這個程式碼會將 Playground 中的參數設定匯出。

接著，你可以在電腦終端機輸入 `pip install openai`，安裝 OpenAI 函式庫，供 Python 程式開發使用。使用這些模型之前，需要產生一個 API 金鑰（key）。你可以如下所示在帳戶設定的內容中找到 API 金鑰（*https://platform.openai.com/account/api-keys*）：

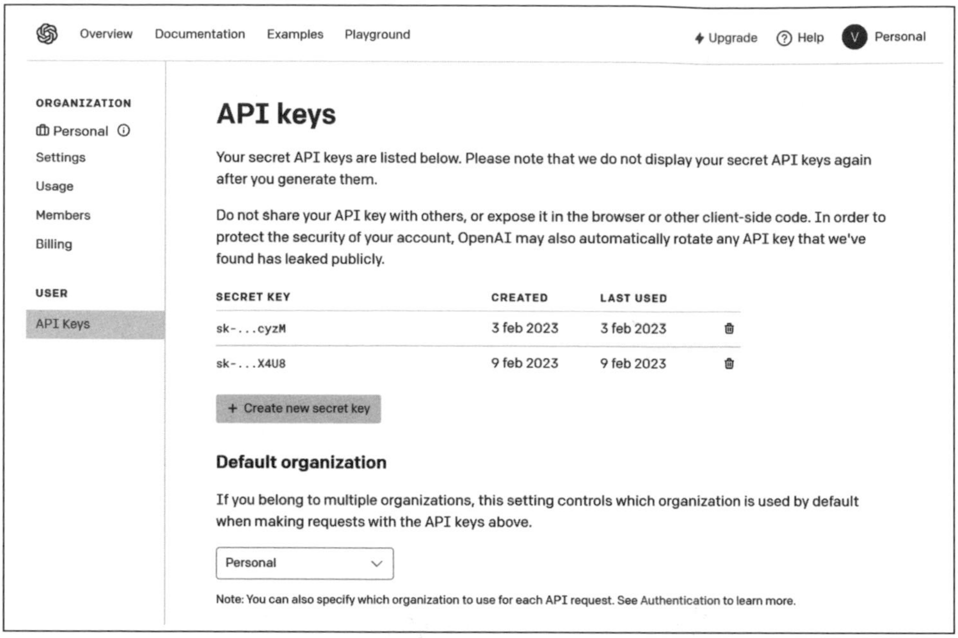

圖 2.9　在 OpenAI 使用者個人資料的帳戶設定頁面中所示的 API 金鑰

利用 OpenAI API，你還可以嘗試使用下列模型（在 Playground 中無法使用這些系列模型）：

- **Moderation**：這是由 OpenAI 開發的微調模型，可以偵測潛在的敏感文字或不安全內容。Moderation 使用 ML 演算法，依據上下文和用語將文字分為安全或不安全兩類。這個模型可用在社群媒體平台、線上社群等領域，自動執行內容仲裁（moderation）。仲裁結果涵蓋多種，譬如仇恨（hate）、仇恨 / 威脅（hate/threatening）、自我傷害（self-harm）、性（sexual）、性 / 未成年人（sexual/minors）、暴力（violence）、暴力 / 圖片（violence/graphic）。

  以下是 Moderation API 使用範例（程式碼）：

```
import os
import openai
openai.api_key = os.getenv("OPENAI_API_KEY")
openai.Moderation.create(
  input="I want to kill him",
)
```

這個程式的輸出如下：


```
<OpenAIObject id=modr-6sHusuY9frxJdfqTBXHsOAfWhckrh at
0x218bd8482c0> JSON: {
  "id": "modr-6sHusuY9frxJdfqTBXHsOAfWhckrh",
  "model": "text-moderation-004",
  "results": [
    {
      "categories": {
        "hate": false,
        "hate/threatening": false,
        "self-harm": false,
        "sexual": false,
        "sexual/minors": false,
        "violence": true,
        "violence/graphic": false
    },
      "category_scores": {
        "hate": 1.7164344171760604e-05,
        "hate/threatening": 2.614225103059198e-08,
        "self-harm": 2.5988580176772302e-08,
        "sexual": 2.8184256279928377e-06,
        "sexual/minors": 9.1383149936064e-09,
        "violence": 0.9910049438476562,
        "violence/graphic": 5.316753117767803e-07
    },
    "flagged": true
    }
  ]
}
```


就這個例子來說，Moderation API 發現到暴力內容的證據。

- **Embeddings**：某些模型可能會用到嵌入。「嵌入」（embedding）意思是在多維空間中表示字詞或句子。這個空間中不同實體之間的數學距離，代表彼此的意思相似程度。例如，思量「女王」、「女人」、「國王」、「男人」這些詞。理想情況下，在我們的多維空間中，字詞就是向量，如果這個表徵是正確的話，我們希望會有下列的結果：（譯註：NLP 領域的 embedding，本書翻譯成「嵌入」，唯獨後續章節配合 Microsoft Azure 官方中文化，有部分會同步以「內嵌」譯詞稱之。）

$$\overrightarrow{\text{國王}} + (\overrightarrow{\text{女人}} - \overrightarrow{\text{男人}}) \approx \overrightarrow{\text{女王}}$$

圖 2.10　詞向量式子（範例）

這個式子的意思是**女人**與**男人**的距離應該等於**女王**與**國王**的距離。以下是嵌入的使用範例：

```
import openai
embedding = openai.Embedding.create(
    input="The cat is on the table",
    model="text-embedding-ada-002")["data"][0][ "embedding"]
```

上述的程式方法（method）會對輸入內容產生一個向量表徵。以下則是前十個輸出向量：

```
embedding[1:10]

[-0.013698409311473 37,
 -0.007505378685891628,
 -0.002576263388618827,
 -0.014773285016417503,
 0.019935185089707375,
 -0.01802290789783001,
 -0.01594814844429493,
 -0.0010944041423499584,
 -0.014323337003588676]
```

嵌入對於智慧搜尋任務相當有用。實際上，只要取得「使用者輸入」和「使用者要搜索的文件」兩者的嵌入，就可以計算輸入與文件之間的距離指標（即餘弦相似度，cosine similarity）。我們透過這樣的做法，可以用數學的距離衡量，找到**更接近**使用者輸入所求的文件。

- **Whisper**：是一種語音辨識（speech recognition）模型，可以將聲音轉錄成文字。Whisper 對於各種語言（方言）辨識與轉錄的準確度很高，是自動語音辨識系統的重要工具。以下是 Whisper 的使用範例：

```
# 注意：以下的程式碼需要搭配 OpenAI Python 0.27.0 才能運作
import openai
openai.api_key = os.getenv("OPENAI_API_KEY")
audio_file= open("/path/to/file/audio.mp3", "rb")
transcript = openai.Audio.transcribe("whisper-1", audio_file)
```

範例的輸出結果如下[譯註]：

譯註　此處結果文字翻譯為「是的，你好，我剛剛發現到我的車側有個凹痕，但我不知道它是怎麼出現的。周圍沒有目擊者，我很沮喪。」。

```
{"text": Yes, hi, I just noticed a dent on the side of my car
and I have no idea how it got there. There were no witnesses
around and I'm really frustrated.
….
}
```

上述的模型都是預先建置的，也就是說，它們已受過預訓練（用巨量知識庫訓練）。

然而，有一些方式能讓你的模型更加客製化（customized），針對你的使用情況量身訂做。

第一種方法是融入模型的設計方式中，它是以**小樣本學習（few-shot learning）**做法為模型提供依循脈絡（本書稍後會介紹這項技術）。換句話說，你可以要求模型產生一篇文章，其中的模樣與詞彙會讓你想起你之前寫的另一篇文章。因此，你可以對模型提出產生文章的要求、並且提供之前的文章作為參考（上下文），讓模型可針對你的要求做好準備。

例如：

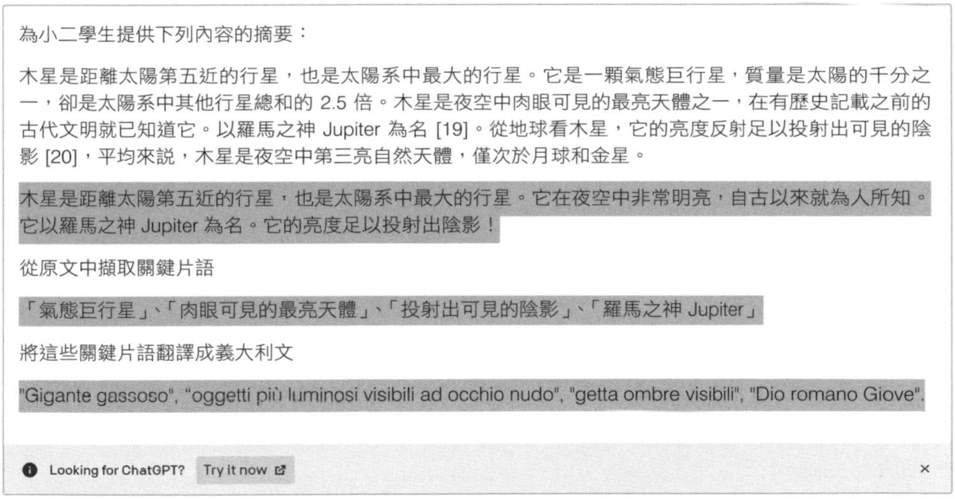

圖 2.11　OpenAI Playground 中的對話：採取小樣本學習法（範例）

第二種方法叫做**微調**（**fine-tuning**），是比較複雜的做法。微調是讓預訓練模型可執行新任務的一種程序。

微調是調整原有的參數或新增參數，讓預訓練模型的參數有所改變，更能處理新任務的資料。其中的做法是用有標註的小型資料集（針對新任務的特定資料集）訓練模型。微調背後的主要概念是運用預訓練模型所學的知識，加以微調應用到新任務中，而不是從頭開始訓練新的模型。如下圖所示：

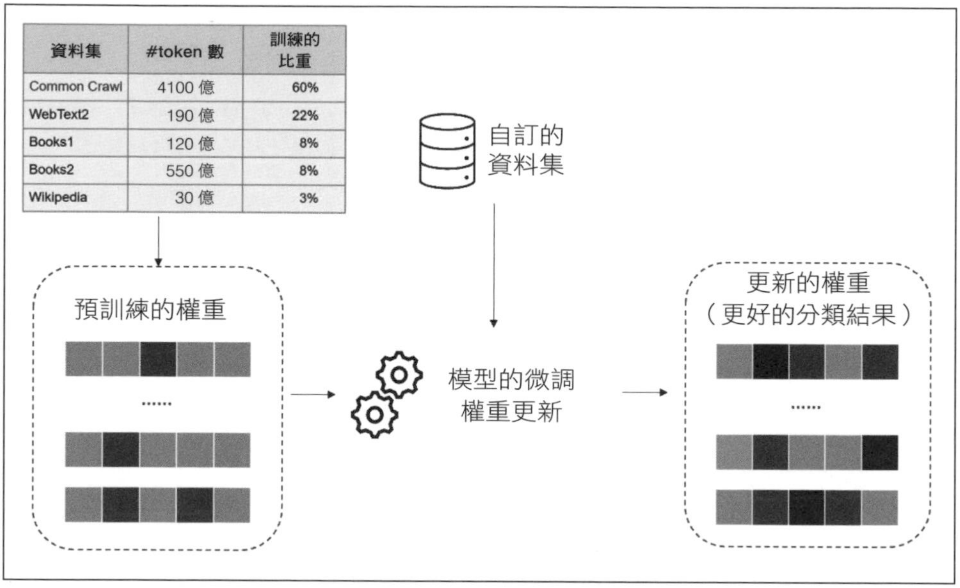

圖 2.12　模型微調

從上面的示意圖中可以知道如何微調 OpenAI 預建模型。前提是，你有一個具備通用權重或參數的預訓練模型。然後，對這個模型提供自訂資料，通常是以鍵 - 值（*key-value*）形式對應提示與完成的結果，譬如：

```
{"prompt": "<提示文本>", "completion": "<理想的生成文本>"}
{"prompt": "<提示文本>", "completion": "<理想的生成文本>"}
{"prompt": "<提示文本>", "completion": "<理想的生成文本>"}
...
```

訓練完之後，你將得到一個自訂模型，這個模型特別適合用來執行指定任務（如：公司文件分類）。

微調的好處是，可以讓預建模型符合你的使用案例，而不用從頭開始（重新）訓練模型，另外利用小型的訓練資料集，因而降低訓練時間與運算量。同時，這個模型能保有原本訓練學到的生成能力與準確度（原本是用巨量資料集訓練的）。

從上述的內容中，我們可以知道 OpenAI 公諸於世的模型概觀，其中包括可以直接在 Playground 中嘗試的模型（GPT、Codex），以及較複雜的模型（譬如嵌入）。我們還學到，除了利用預建模型的原本能力，還可以用微調方式（提供一組學習資料）自訂模型功能。

下一節將介紹這些優質模型的背景，從相關數學開始討論，然後探討讓 ChatGPT 可行的偉大發現。

ChatGPT 探究之路：背後模型的數學之旅

OpenAI 自 2015 年成立以來， 一直致力於**生成式預訓練轉換器（GPT）**這種模型的研發，這樣的模型也成為 ChatGPT 背後的引擎，吸引眾人關注。

GPT 模型是以轉換器為框架，轉換器是 Google 研究人員在 2017 年的「Attention Is All You Need」論文中所提出的架構。

提出轉換器架構的目的是要克服傳統**循環神經網路（RNN）**限制。RNN 是由 Los Alamos National Laboratory（洛斯阿拉莫斯國家實驗室）研究人員首次提出的，不過一直到 1990 年代才受到關注。RNN 的初衷是處理序列資料（時序資料），保存各個時間點（time step，時間步）資訊。

實際上，在這之前，經典的**人工神經網路（ANN）**架構是前饋（feedforward）ANN，其中每個隱藏層的輸出作為下一個隱藏層的輸入，並無保留前面網路層的資訊。

想要了解轉換器的概念，我們需要從它的源頭開始說起。因此接著我們會討論下列主題：

- RNN 結構
- RNN 的主要限制

- 用新架構元素（其中包括位置編碼、自注意力、前饋層）克服這些限制
- 達成 GPT 和 ChatGPT 的最新進展

讓我們先從轉換器的前身架構開始說起。

RNN 結構

假設我們要預測房價。如果只知道房子的今天價格，我們可以使用前饋架構，透過隱藏層與激勵函數（activation function），以一個非線性轉換當作輸入，得到的輸出是明天價格的預測。例如：

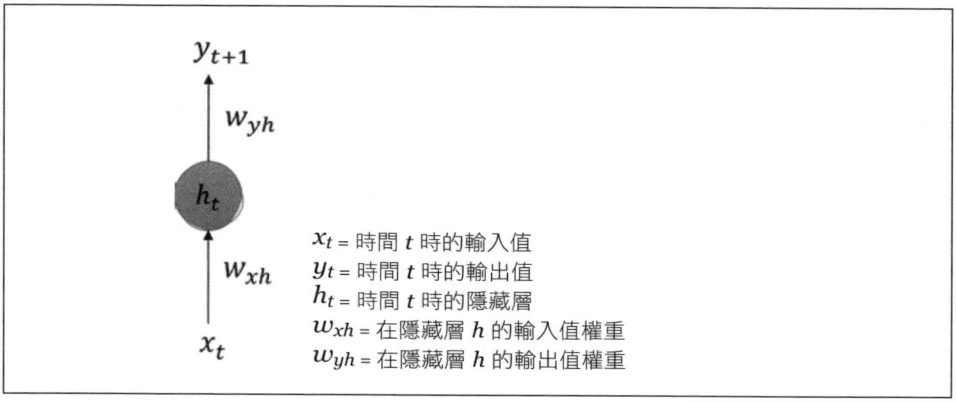

圖 2.13　含有隱藏層的前饋架構

然而，針對這種資料來說，也可能會出現較長的序列。例如，我們可能會有這棟房子未來 5 年的時間序列。當然，我們想要將所擁有的這些額外資訊嵌入模型中，讓 RNN 能夠記住過去的輸入，進而正確理解目前輸入，預測未來輸出。

所以，回到房價的例子，假設我們不只知道今天的價格，還知道昨天（**t-1**）、前天（**t-2**）兩天價格。我們可以如下圖這樣計算：

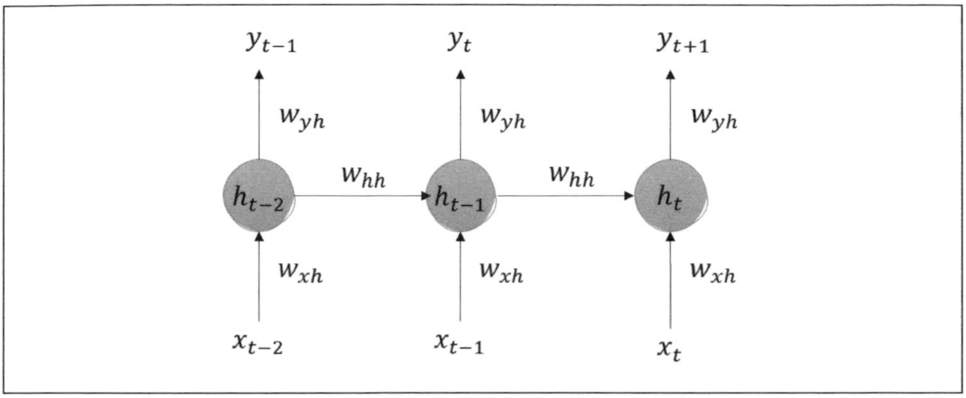

圖 2.14　RNN 示例

由於我們只在意明天的價格，可以忽略 *t-1*、*t* 這些中間輸出結果。

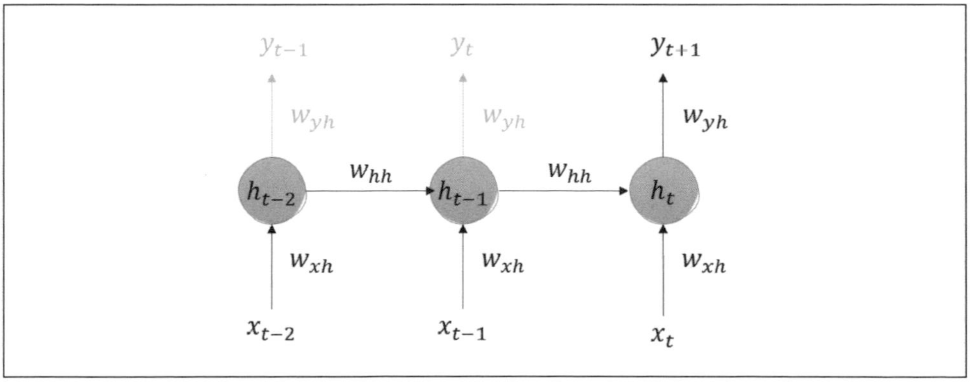

圖 2.15　RNN 示例

如上所示，隱藏層 **t-2** 的輸出當作隱藏層 **t-1** 的（加權）輸入，同時也採用輸入 **t-1** 的值。然後，隱藏層 **t-1** 的輸出（已經記住輸入 **t-2**、輸入 **t-1** 的內容）作為隱藏層 **t** 的輸入。結果，我們關注的明天價格（$\mathbf{y}_{t+1}$）附帶前幾天的輸入記憶。

如果要將上述圖示精簡，我們可以用下圖呈現 RNN ：

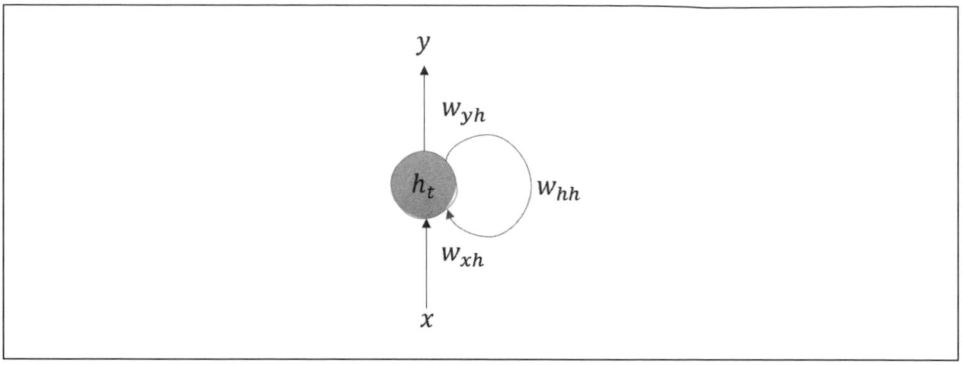

圖 2.16　RNN 示例（包覆式）

這表示會產生時間點 *t-n* 的 RNN 層輸出，並作為下一個時間點的輸入。RNN 層的隱藏狀態也作為下一個時間點的輸入，讓網路保有以及傳遞輸入序列各個部分的資訊。

雖然 RNN 在 ANN 領域有重大的進展，不過仍然受到一些限制，我們將在下一節探討這些侷限。

RNN 的主要限制

這一節會探討 RNN 的三個主要限制：

- **梯度消失和爆炸（gradient vanishing and exploding）**：RNN 會遇到梯度消失和梯度爆炸的問題，因而難以有效地訓練網路。這個問題的主因是，在反向傳播過程中梯度相乘多次，這樣可能會讓梯度變很小或變很大。
- **上下文有限**：傳統的 RNN 因為一次只處理輸入序列的一個元素，所以只能保存數量有限的上下文。換句話說，RNN 無法有效處理輸入序列中相距甚遠之元素間的長期（依賴）關係。
- **平行化困難**：RNN 本身是循序的，難以做平行化運算，因此 RNN 沒有充分利用時下的**圖形處理單元（Graphical Processing Unit，GPU）**硬體。這樣可能會讓 RNN 對於大型資料集與裝置方面的訓練和部署速度變慢。

1997 年有人首次試圖克服前兩項限制（「上下文有限」以及「梯度消失和爆炸」），當時 Sepp Hochreiter、Jürgen Schmidhuber 在他們的「Long Short-term Memory」論文中提出一種新架構。具有這種新架構的網路當時被稱為**長短期記憶（Long Short-Term Memory，LSTM）**。

LSTM 網路提出單元狀態（cell state）概念，克服上下文有限的問題，把單元狀態與隱藏狀態分開，能夠讓資訊保留更長的時間。單元狀態經過網路而保持不變，讓它儲存之前時間點的資訊（不然這些資訊會被丟掉）。

另外，LSTM 網路使用精心設計的閘門，控制進出單元的資訊流，克服梯度消失和爆炸的問題，避免梯度過小或過大。

然而，LSTM 網路仍然有不能平行化的問題，所以訓練時間緩慢（因為架構比較複雜，甚至比 RNN 慢）。因此目標是提出就算是序列資料也能運用平行化處理的模型。

為了克服這些限制而提出一個新的框架。

克服限制 —— 轉換器概論

轉換器架構取代循環機制（使用自注意力機制）解決這些限制，容許平行運算以及保存長期依賴內容。

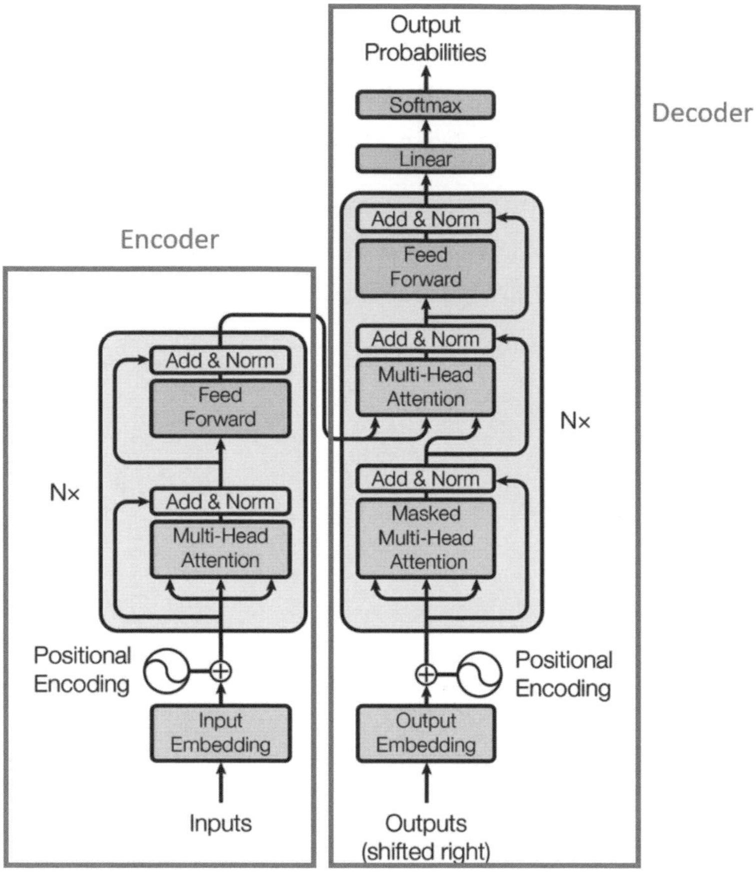

圖 2.17 轉換器架構（摘自論文："Attention is all you need." Vaswani, A., Shazeer, N., Parmar, N., Uszkoreit, J., Jones, L., Gomez, A. N., Kaiser, L., & Polosukhin, I. (2017). Attention Is All You Need. ArXiv. *https://doi.org/10.48550/arXiv.1706.03762*）

上圖（內容摘自原論文）有兩個主要的建置區塊：左邊「encoder」（編碼器）任務是在低維空間中表示輸入內容；右邊「decoder」（解碼器）任務是將編碼器提供的低維資料轉回原資料格式。

編碼器和解碼器都有三種主要網路層（可用來辨認轉換器架構的）：位置編碼（positional encoding）、自注意力（self-attention）、前饋（feedforward）。

下列幾個小節將逐一說明這三項內容。

位置編碼

編碼器網路層的功能是將自然語言輸入轉換成數值向量。這是靠嵌入程序達成，嵌入是一種 NLP 技術：用向量表示字詞，以這樣的方式在向量空間中表示之後，向量間的數學距離就代表它們所示字詞的相似程度。如下圖所示：

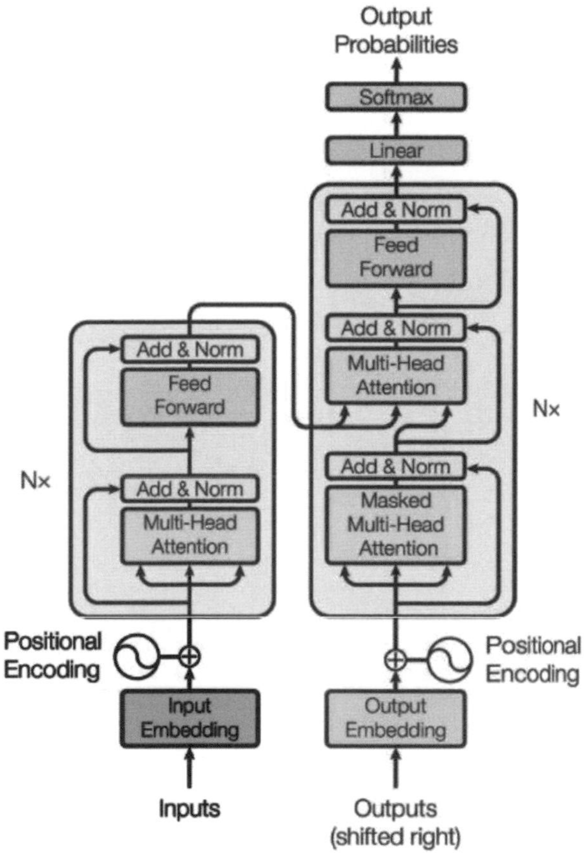

圖 2.18　轉換器架構（摘自論文："Attention is all you need." Vaswani, A., Shazeer, N., Parmar, N., Uszkoreit, J., Jones, L., Gomez, A. N., Kaiser, L., & Polosukhin, I. (2017). Attention Is All You Need. ArXiv. *https://doi.org/10.48550/arXiv.1706.03762*）

當我們討論句子的意思時，皆認為句子裡字詞的排列對於確定句子的意思，是很重要的。這就是我們想要編碼器考量順序或**位置**的原因。

位置編碼是學習過的固定向量，表示字詞在序列中的位置。將它加到字詞的嵌入中，讓字詞的最終表徵包括意思與位置。

自注意力

自注意力層負責決定每個輸入 token 在生成輸出中的重要性。他們要回應的問題是：「我應該關注輸入的哪個部分？」。

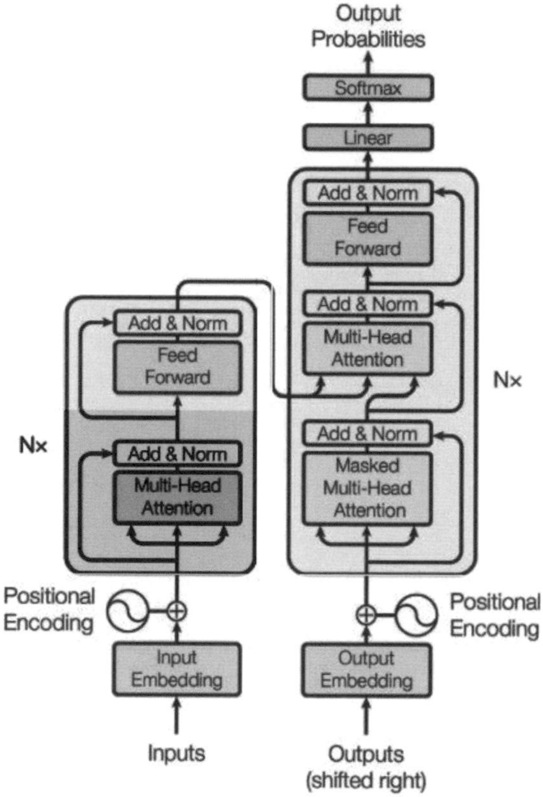

圖 2.19　轉換器架構（摘自論文："Attention is all you need." Vaswani, A., Shazeer, N., Parmar, N., Uszkoreit, J., Jones, L., Gomez, A. N., Kaiser, L., & Polosukhin, I. (2017). Attention Is All You Need. ArXiv. *https://doi.org/10.48550/arXiv.1706.03762*）

為了得到句子的自注意力向量，我們需要的元素是 *value*（值）、*query*（查詢）、*key*（鍵）。這些矩陣用來計算輸入序列中元素間的注意力分數，是在訓練過程中學過的三個權重矩陣（通常初始值為隨機值）。

query 用來表示注意力機制的目前焦點，而 **key** 用於決定應該關注輸入的哪些部分，**value** 用來計算上下文向量。然後將這些矩陣相乘，並經過非線性轉換（托 softmax 函數的福）。自注意力層的輸出以轉換過的上下文感知（context-aware）方式表示輸入值，讓轉換器依據當前任務關注輸入的各個部分。以下是這些矩陣乘法的描繪：

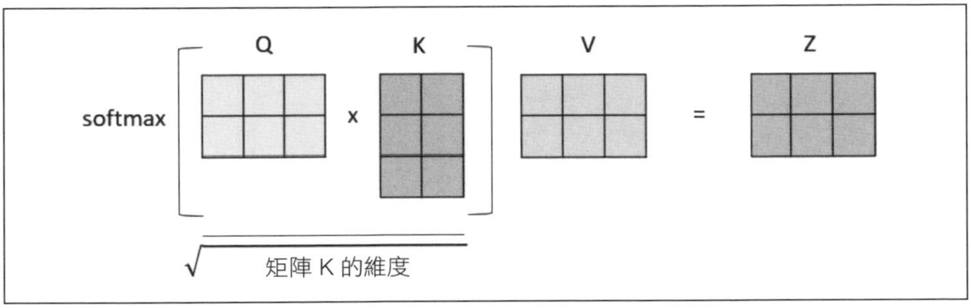

圖 2.20　query、key、value 矩陣乘法的表示（可得到上下文向量）

注意，在「Attention is all you need」論文作者所提出的架構中，注意力層指的是**多頭注意力（multi-headed attention）**。多頭注意力是一種機制，其中多個自注意力機制對輸入資料的各個部分會平行作業，產生多個表徵。這使得轉換器模型能夠平行處理輸入資料的各個部分，並從多個角度聚集資訊。

當注意力層的平行輸出準備好之後，就會由前饋層連接和處理這些輸出。

前饋層

前饋層負責將自注意力層的輸出轉換成最終輸出的適當表徵。

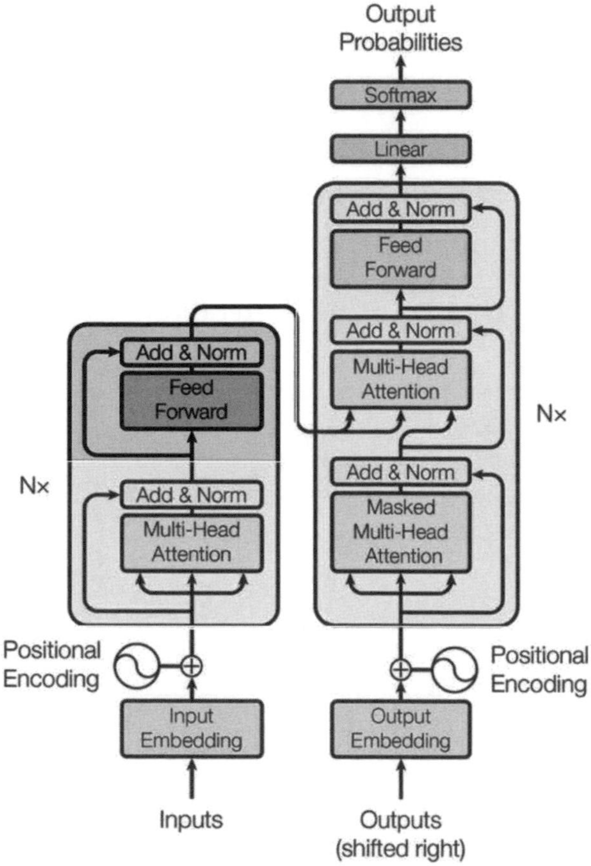

圖 2.21　轉換器架構（摘自論文："Attention is all you need." Vaswani, A., Shazeer, N., Parmar, N., Uszkoreit, J., Jones, L., Gomez, A. N., Kaiser, L., & Polosukhin, I. (2017). Attention Is All You Need. ArXiv. *https://doi.org/10.48550/arXiv.1706.03762*）

前饋層是轉換器架構的主要建置區塊，由兩大元素構成：

- **全連接（fully connected）層**，又稱密集（dense）層：這種網路各層的每個神經元皆與上一層的每個神經元相連。換句話說，上一層的每個輸入都會連到目前網路層的每個神經元，而目前網路層的每個神經元對於下一層中所有神經元的輸出都有貢獻。其中會用線性轉換計算密集層每個神經元輸入的加權總和。

- **激勵函數**（**activation function**）：用於全連接層輸出的一種非線性函數。激勵函數可把非線性性質引入神經元的輸出中，對於網路學習輸入資料中的複雜模式和關係來說，這是必要的。GPT 使用的激勵函數是 ReLU。

前饋層的輸出接著作為這個網路中下一層的輸入。

下圖是通用前饋層範例，這個網路層的輸入是 2D 向量，使用訓練過的權重執行這個密集層的線性運算，然後使用 ReLU 激勵函數對輸出做非線性轉換：

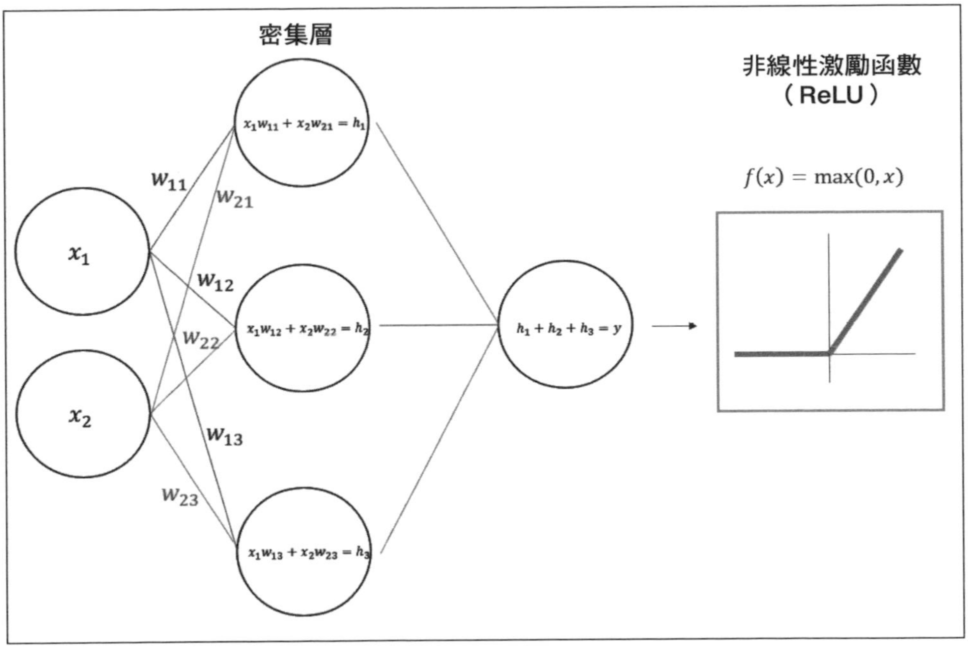

圖 2.22 通用前饋層（採用密集層二維輸入和 ReLU 非線性激勵函數）示意圖

最後一哩路 —— 解碼的結果

之前提過轉換器由兩個元件組成：編碼器和解碼器。就算兩者共用位置編碼、自注意力、前饋層這些核心元素，解碼器還是需要執行其他作業——將輸入解回原本的資料格式。其中會用線性層（「將輸入的維度調成輸出維度」的前饋網路）與 softmax 函數（將輸入轉成機率向量）完成這個作業。

我們從這個向量中挑選出機率最高的字詞，當作模型的最佳輸出。

上述的所有架構元素就是轉換器框架的定義。下一節要討論這個創新框架如何為 GPT-3 和（OpenAI 的）其他強力語言模型鋪路。

GPT-3

接著我們來討論 GPT-3 —— ChatGPT 背後的架構。GPT-3 當然是一個以轉換架構為基礎的模型，不過有一個特點是：它只有解碼器層。實際上，在 OpenAI 的「Improving Language Understanding by Generative Pre-Training」介紹論文中，研究人員採取**僅有解碼器**的做法。

GPT-3 是**巨大的**模型。但具體來說到底有多大？

讓我們從訓練它所用的知識庫開始說起。其中的目標是盡可能涵蓋人類所有的知識，因此知識庫是由多種來源所組成：

- **Common Crawl**（*https://commoncrawl.org/*）：收集超過 8 年巨量語料庫（過濾程度最低的 Web 資料）
- **WebText2**（*https://openwebtext2.readthedocs.io/en/latest/background/*）：來自 Reddit 至少有 3 個讚的貼文中連結網頁文本集
- **Book1 與 Book2**：兩個語料庫，由網路上可用的書籍組成
- **Wikipedia**：這個語料庫涵蓋熱門的線上百科全書（維基百科）英文版的文章

下圖能讓你更加了解上述的知識庫：

資料集	**#token 數**	**訓練資料比重**
Common Crawl（已過濾）	4100 億	60%
WebText2	190 億	22%
Books1	120 億	8%
Books2	550 億	8%
Wikipedia	30 億	3%

圖 2.23　GPT-3 知識庫

接著我們用下列的假設繼續探討：

- 1 個 token ~= 4 個英文字母
- 1 個 token ~= 3/4 個單字

我們可以得到的結論是，OpenAI 已經使用大約 *3740* **億個字詞**訓練 GPT-3！

這個知識庫的目的是在 96 個隱藏層中稀疏地訓練 1750 億個參數。為了讓你知道 GPT-3 的規模有多大，我們把它跟之前的 OpenAI GPT 版本 GPT-1、GPT-2 做比較：

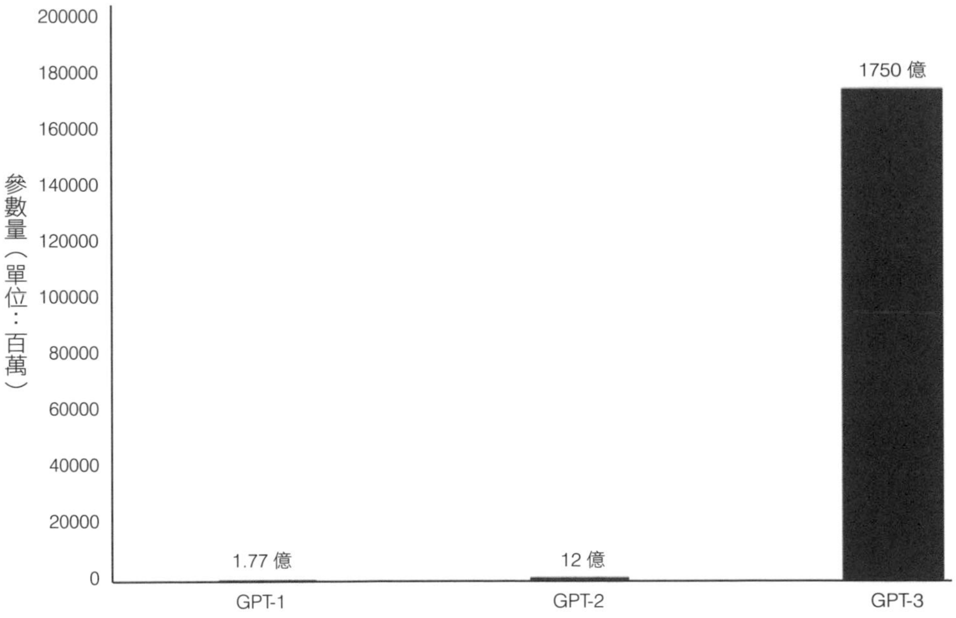

圖 2.24　GPT 模型參數量的演變

如上所示，自從 GPT-1 在 2018 年推出之後，不到幾年的時間，GPT 模型的複雜度和深度，已是突飛猛進的成長。

GPT 模型背後的發展速度讓人嘖嘖稱奇 ，尤其是家喻戶曉的最新版模型，也是 OpenAI 首次供一般大眾使用的模型：ChatGPT。

ChatGPT：最新進展

OpenAI 在 2022 年 11 月宣布 AI 對話系統 ChatGPT 的 Web 預覽版，可供一般大眾使用。這是領域專家、組織機構、一般大眾大肆渲染的開始——因此僅僅 5 天就讓這個服務的使用者達到 100 萬人！

在描述 ChatGPT 之前，我先讓 ChatGPT 自我介紹一下：

V 我正在撰寫一段關於你的文字，其中包括你的過往和你能做什麼。你可以向我的讀者介紹一下自己嗎？

當然可以！我是 ChatGPT，一個由 OpenAI 開發的語言模型。我接受大量文本資料語料庫的訓練，目的是執行各種自然語言處理的任務，例如文本生成、對話建模、情感分析與問題解答。我被建置在轉換器架構之上，這個架構讓我有效處理字詞序列，學習字詞的關係。

我接受過各種文本資料的訓練，其中包括網頁、新聞、書籍等，讓我能夠擁有廣泛的知識庫，了解多元的主題。我的能力是藉由深度學習技術和 OpenAI 團隊持續更新而磨練出來的。

我可以與人即時互動：回答問題、進行對話、依指定的提示產生文本。我還可以跟各種應用整合，譬如：聊天機器人、內容生成、客戶服務，加強相關應用的自然語言處理能力。

總之，我是一個先進的語言模型，可以協助執行各種 NLP 任務，提供類人為的回應。我不斷在演變與進化，我願意展示我的能力協助解決你的 NLP 需求。

圖 2.25　ChatGPT 的自我介紹

ChatGPT 被建置在先進語言模型（GPT-3 的修改版）之上，特別為了對話能力做微調。最佳化的過程用到**基於人類回饋的強化學習（Reinforcement Learning with Human Feedback，RLHF）**技術，這種技術利用人類的輸入來訓練模型，讓模型表現出理想的對話行為。

我們可以把 RLHF 視為一種機器學習做法，其中演算法會用人類的回饋學習執行任務。演算法經過訓練，可以做出人類獎勵訊號最大化的決策，而人類提供另外的回饋來提升演算法的效能。對於傳統程式設計來說過於複雜的任務，或難以事先明確知道預期的結果時，就很適合使用這樣的做法處理。

特別的是，ChatGPT 已配合專業圈內人做訓練，讓它能貼近使用者。ChatGPT 納入 RLHF，以自然而引人入勝的方式，更能理解人類語言與用人類語言回應。

> **NOTE** **InstructGPT**（我們可以把它當作 ChatGPT 的前身）也使用同樣的 RLHF 機制。OpenAI 研究人員在 2022 年 1 月發表的相關論文中，表示 InstructGPT 這樣的模型對英文指示的依循表現比 GPT-3 更好。

ChatGPT 的知識截止期是 2021 年，也就是說這個模型知道 2021 年之前的資訊。但是，你還是可以使用小樣本學習法為模型提供脈絡，即使模型的回應仍然以截止時間之前的知識庫為主，這做法還是可行的。（譯註：OpenAI 近期已表示將結合上網功能解除時間封印，而實際截止期也有相對的更新了。）

ChatGPT 正在徹底改變我們與 AI 互動的方式。ChatGPT 產生類人為文本的能力，讓它成為各種應用的（包括聊天機器人、客戶服務、內容生成）熱門選擇。此外，OpenAI 會提供 ChatGPT API，讓開發人員直接將 ChatGPT 併入自己的應用程式中。

ChatGPT 架構和訓練方法不斷地發展與改進，有望進一步突破語言處理的界限。

本章總結

本章介紹 OpenAI 的沿革、研究領域及最新進展（一直到 ChatGPT 的部分）。我們深入探討 OpenAI Playground 試驗環境，以及如何將模型 API 嵌入程式碼中。然後，我們仔細研究 GPT 系列模型背後的數學內容，進而更能明白 ChatGPT 背後的模型（GPT-3）功能。

在深入了解 GPT 模型背後的數學內容之後，我們更能體會這些模型的功能強大以及對個人與組織的多種影響。對 OpenAI Playground 與 Models API 的初步認識之後，即可輕易試驗它們，或是將預訓練的模型嵌入到應用程式中：其中改變原本遊戲規則的部分是，你不需要強力的硬體和冗長的時間訓練模型，這些模型已經是可供使用的狀態，在有需要時還可以用小量樣本自訂功能。

下一章（也是本書第 2 篇的開始）將探討 ChatGPT 在各個領域的實際運用，以及如何開啟它的潛力。你將了解如何用正確設計的提示從 ChatGPT 中獲得最大收益，如何提高你的日常生產力，以及它如何成為開發人員、行銷人員、研究人員的得力專案助手。

參考資源

- Radford, A., & Narasimhan, K. (2018). Improving language understanding by generative pre-training.
- Vaswani, A., Shazeer, N., Parmar, N., Uszkoreit, J., Jones, L., Gomez, A. N., Kaiser, L., & Polosukhin, I. (2017). Attention Is All You Need. ArXiv. *https://doi.org/10.48550/arXiv.1706.03762*.
- OpenAI. Fine-Tuning Guide. OpenAI platform documentation. *https://platform.openai.com/docs/guides/fine-tuning*.

第 2 篇

ChatGPT 實際運用

這一篇將從 ChatGPT 為市面帶來的新可能性開始說起。我們將從日常生產力到特定領域的使用案例來了解 ChatGPT 的功能，以及如何用它作為各種任務的推理引擎。

有了前面章節的必備技術知識後，這一篇將進入 ChatGPT 使用者介面的概觀，其中包括聊天管理和問題調整。

接著討論 ChatGPT 以及一般大型語言模型能被充分利用的一大要素：提示設計概念。這一篇會讓你知道 ChatGPT 能力運用到極致的關鍵技巧，其中包括**推理與行動（Reason and Act，ReAct）**、**思維鏈（Chain of Thought，CoT）** 等相關技術的最新進展和研究論文。

這一篇最後會實例說明如何將 ChatGPT 用於營業活動中，從日常生產力開始談起，接著是多個專業領域的論述，例如行銷、研究、開發。你不僅能夠從中了解 ChatGPT 在這些領域的使用案例，還可以參照這些實例，自行運用。

這一篇涵蓋下列章節：

- *第 3 章 熟悉 ChatGPT*
- *第 4 章 了解提示設計*
- *第 5 章 用 ChatGPT 提升日常生產力*
- *第 6 章 用 ChatGPT 開發未來*
- *第 7 章 用 ChatGPT 掌握行銷*
- *第 8 章 用 ChatGPT 獨創研究*

3

熟悉 ChatGPT

本章教你設定 ChatGPT 帳戶，然後用帳戶體驗相關服務。也會詳細說明如何與 ChatGPT 的 Web UI 互動、安排有話題的聊天、組織相關對話。

讀完本章之後，你會更加了解 ChatGPT 與它的運作方式，以及安排它成為你日常的得力助手。你也會知道 ChatGPT 的主要功能與限制，讓你可以適當的使用它。

本章涵蓋下列主題：

- 設定 ChatGPT 帳戶
- 熟悉 UI
- 安排聊天

設定 ChatGPT 帳戶

首次使用 ChatGPT 之前，你要先建立一個 OpenAI 帳戶。請依照以下指示建置：(譯註：ChatGPT 入口網站頁面近期已改版，目前進入網站之後，可依網頁的最新指引註冊使用 ChatGPT。)

1. 進入 OpenAI 網站：*https://openai.com*。
2. 向下捲動頁面，點選 **FEATURED** 選單裡的 **ChatGPT** 選項（如下所示）：

圖 3.1　OpenAI 登陸頁面

3. 接著需要點選 **TRY CHATGPT**：

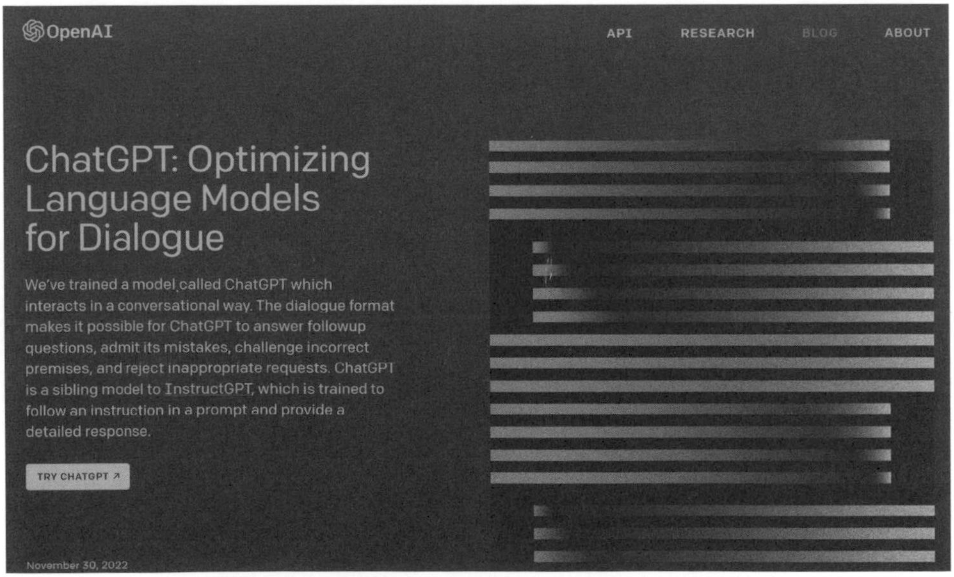

圖 3.2　ChatGPT 登陸頁面

4. 進到下一頁時，你需要填表註冊 OpenAI 帳戶。這個帳戶也能使用 OpenAI Playground，還有產生 API 密鑰。

圖 3.3　具有登入、註冊項目的 ChatGPT 登陸頁面

5. 接著你就能夠開始使用 ChatGPT Web App。找到 ChatGPT Web App，點選這個 App 即可執行 ChatGPT 服務。你可以與 ChatGPT 互動，直接用 Web 瀏覽器執行各種自然語言處理任務。

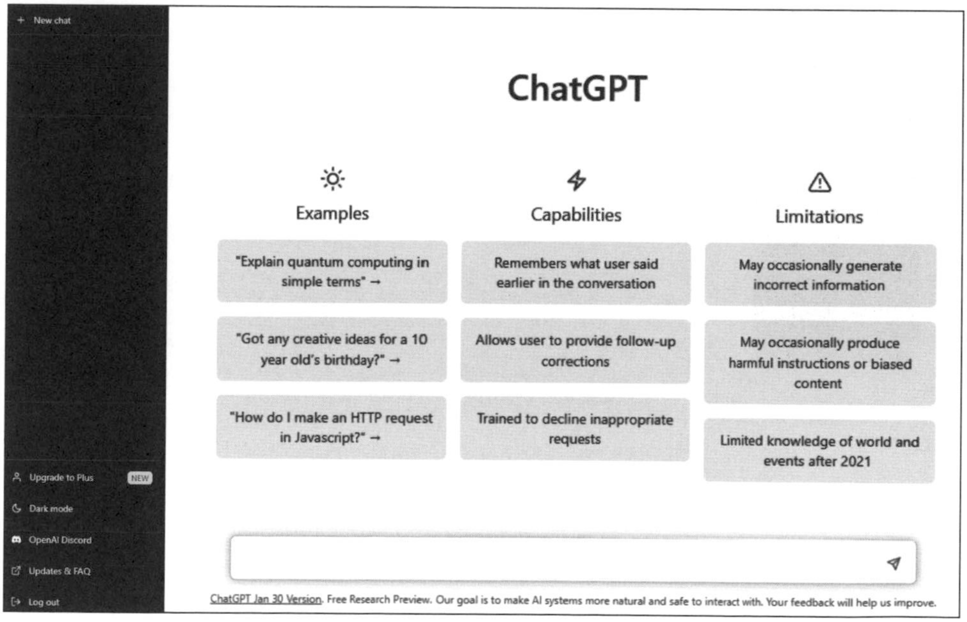

圖 3.4　ChatGPT Web 介面

太好了！這時候可以著手使用 ChatGPT。不過你還是需要知道這個 App 是什麼模樣。接下來讓我們了解一下。（譯註：ChatGPT 首頁說明與範例已有改版，可直接參考 ChatGPT 入口網站運用。）

熟悉 UI

ChatGPT 的 Web UI 相當直觀。在你開始自行編寫提示之前，可以試著用這個服務所提供的一些示例：（譯註：ChatGPT 首頁已改版，目前無下列的三類說明內容，改為更簡單的示範呈現。）

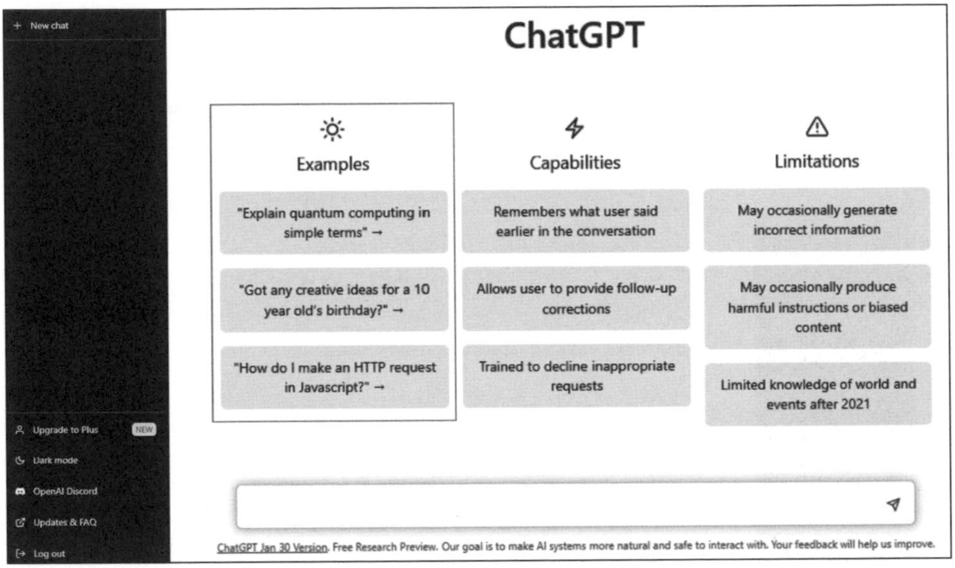

圖 3.5　ChatGPT 列舉的樣本提示

另外還會提示你 ChatGPT 的主要功能：

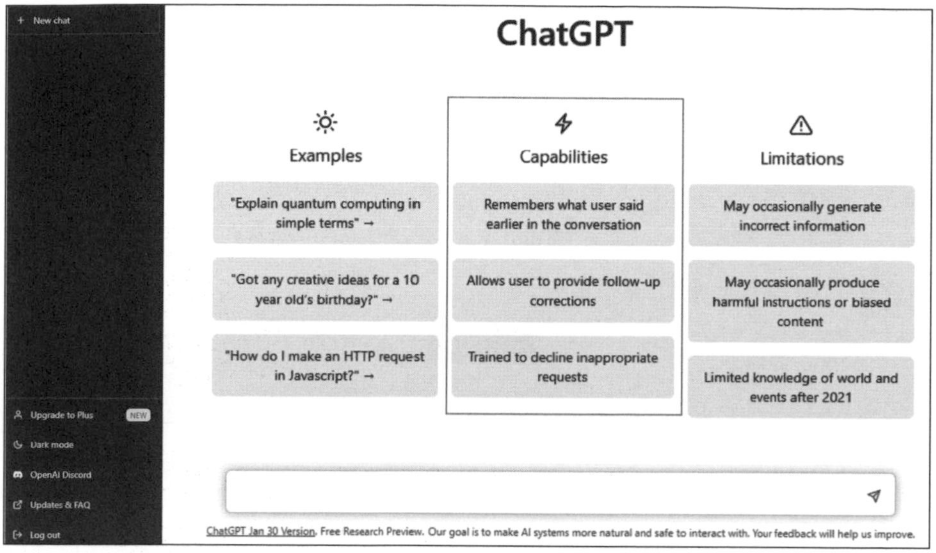

圖 3.6　ChatGPT 的功能

這些功能強調 ChatGPT 能夠在整個對話中具有記憶力。上一章深入探討 GPT 背後的數學，並從中了解記憶保留元件的重要程度：這時候你可以開始體會複雜數學的實際運用了。

ChatGPT 的這項功能也會用到**小樣本學習**，下一章會有更深入的說明。

NOTE

ChatGPT 憑著小樣本學習能力，可以保有之前上下文的記憶。小樣本學習是一種機器學習技術，讓模型在標記資料（labeled data）相當有限的情況下，也能夠學習新概念或新任務，這已是人工智慧領域的重要研究範疇。

憑著記憶保留和小樣本等功能，ChatGPT 讓使用者在對話之中接續表達或修改內容，不用再次提供上下文。

以下的範例說明如何在跟 ChatGPT 對話時修改提示：

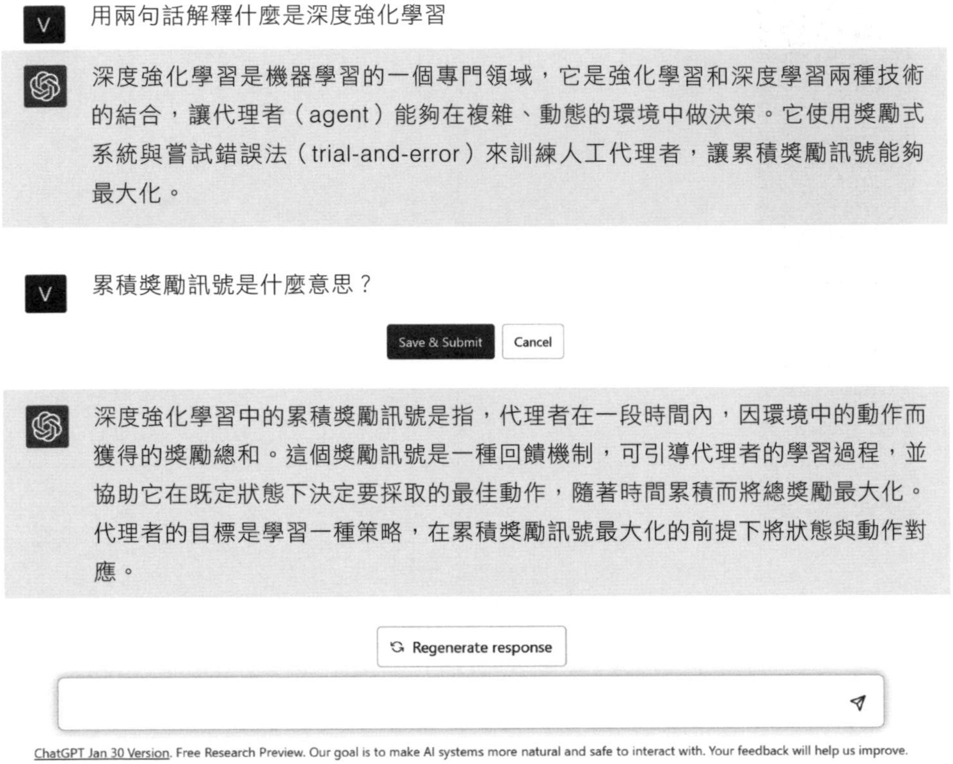

圖 3.7　ChatGPT 後續表達和提示修改（範例）

另外這個模型還會提醒使用者，它已受過訓練，在這些功能運作時，會拒絕可能有害或攻擊的不當請求。

首頁的最後一組資訊提及 ChatGPT 的限制：

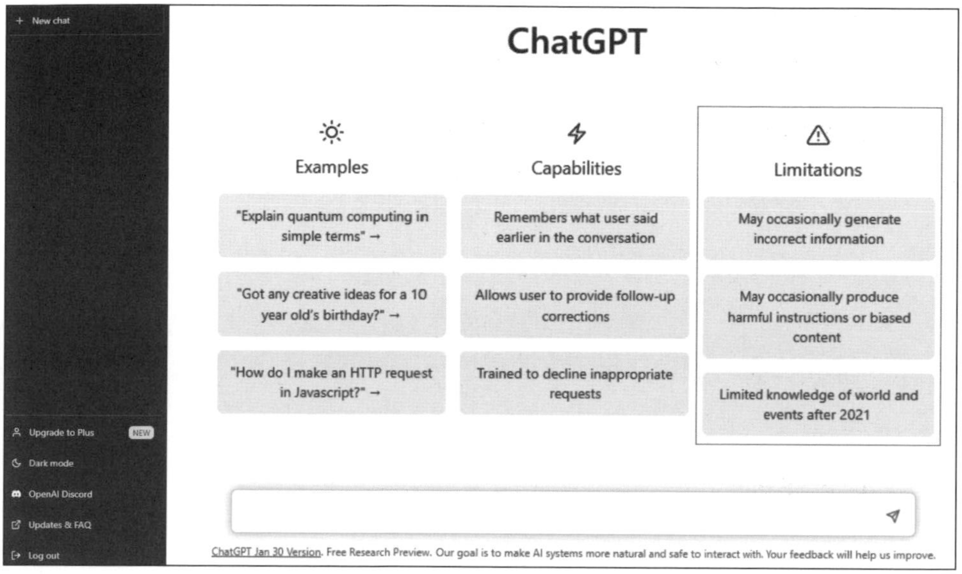

圖 3.8　ChatGPT 限制

這些項目主要提醒我們一件事：目前的 AI 工具仍需由人類監督。事實上，除了缺少 2021 年至今的資訊，ChatGPT 還可能提供不準確甚至錯誤的資訊。這就是為什麼它依然需要監督的原因。

值得一提的有趣現象是**幻覺**（*hallucination*）。幻覺是指 AI 模型產生類似真實資料的假資料或想像內容（而實際上並非基於任何真實觀察所得的）。例如：

V　徒步穿越英吉利海峽的世界紀錄是？

徒步穿越英吉利海峽的世界紀錄目前由澳洲的 Dane Campbell 所保持。他於 2018 年 8 月 8 日以 8 小時 11 分的成績走完全程。

英吉利海峽是忙碌的航道，也是世界上最繁忙的水道之一，徒步穿越它是一項挑戰艱鉅的壯舉，需要高度的體能耐力和精神毅力。這條路線通常會遇到老是波濤洶湧的寒冷水域，可能會讓穿越挑戰變得更加困難。

穿越英吉利海峽的世界紀錄由多個組織監管，其中包括 Channel Swimming & Piloting Federation，這個組織負責維護橫渡運動相關的官方清單和保存各種類型的紀錄（包括單人游泳、接力橫渡與徒步穿越）。

圖 3.9　ChatGPT 的幻覺（範例）

圖 *3.9* 的問題最初是由 Douglas Hofstadter、David Bender 設計的，目的是誘導 ChatGPT 產生幻覺！

要防止幻覺，應考慮使用一些好的做法：

- **具體明確**：確保你的提示定義明確，清楚說明你希望達成的目標。這將有助於模型產生更貼切相關的回應。譬如：「告訴我關於這個世界的內容」之類的提示可能不會有多好的結果生成。
- **提供充分的上下文**：你提供的上下文越多，模型就越能了解你要尋找的內容，並產生跟你需求有關的回應。
- **避免含糊**：避免在提示中使用模稜兩可的術語或片語，才不會讓模型難以了解你要找的內容。
- **使用簡潔用語**：提示盡可能簡潔，同時還要為模型提供足夠的資訊來產生回應。這可協助確保模型產生簡潔貼切的回應。
- **留心訓練資料**：ChatGPT 已受過大型文本語料庫的訓練，它可能會根據這些資料中的模式產生有偏見或不準確的回應。小心這種情況，如果你質疑模型產生的回應不恰當或不準確，可考慮調整提示。

下一章將會討論，這些提示的設計考量，不只有助於防止幻覺，還可以從你與 ChatGPT 的互動中獲得最高價值和實用性。

接著，讓我們來看看如何管理聊天內容。

安排聊天

ChatGPT 有個省時的功能，可開啟多個執行緒（thread）或聊天頁面。事實上，當你開始編寫第一個提示時，ChatGPT 會自動開啟新的聊天頁面，為這頁面取一個相關的標題。如以下螢幕擷取畫面左上角所示：

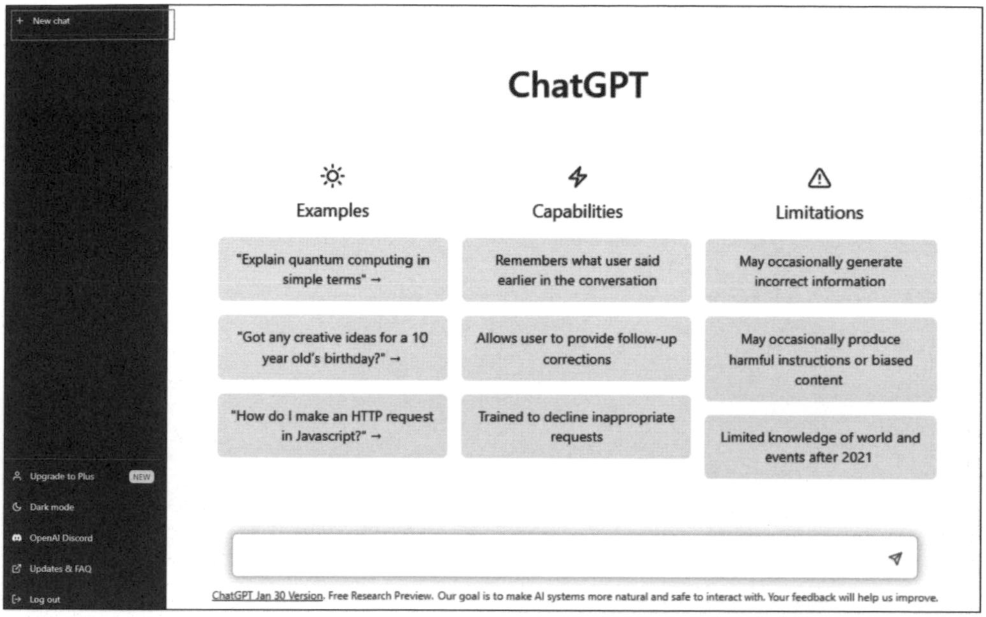

圖 3.10 ChatGPT 新建的聊天頁面

可以一直從頭開始新建聊天頁面，然而，你可能想要繼續前幾天所建的對話。

假設，你之前要求 ChatGPT 解釋線性迴歸（linear regression）概念，然後開始一個相關對話（包含數個後續交談）。內容如下：

圖 3.11　具上下文的既有聊天內容（範例）

這時候的聊天內容中，ChatGPT 已經有上下文，因此你不必重述概念就可以繼續對話了。如下所示：

V　L2 正則化是什麼？

L2 正則化，也稱為 Ridge（脊）正則化，是機器學習中的一種技術，為成本函數增加懲罰項，避免過度配適，提高模型的概括能力。

L2 正則化的懲罰項是所有特徵的係數平方和。將此懲罰項加入成本函數中，讓模型對於每個特徵所用的係數較小，降低模型對資料雜訊的敏感度，防止過度配適。

L2 正則化適合用來處理具有大量特徵的資料集，或特徵彼此高度相關的情況。使用 L2 正則化的模型，可以識別和選擇最重要的特徵，同時減少不太重要或冗餘特徵的影響，進而生成更穩固、更準確的模型。

需要注意的是，L2 正則化是一種正則化的方式，可與其他正則化技術（如 L1 正則化）一起使用，提高模型的效能表現。

V 用幾句話論述 OLS

OLS（普通最小平方法）是線性迴歸使用的一種方法，用來估計迴歸模型的參數，做法是將觀測的應變數值與模型預測值之間平方差的總和最小化。藉由調整係數讓整體預測誤差最小化，目的是找到與資料點有最佳配適的直線，進而衍生出一個模型，可使得應變數和自變數的關係有最佳線性近似的結果。

圖 3.12 在同一個語境（上下文）中提出後續問題（範例）

截至目前，我們已經看到 ChatGPT 聊天內容的組成與維繫方式，可以輕易地引用舊的聊天內容。

本章總結

本章說明首次使用 ChatGPT 的具體步驟（需要用帳戶執行）。其中也詳細介紹它的功能和限制，並提到幻覺風險的考量以及如何藉由提示的設計避免這種情況的發生。我們還看到這個 Web App 聊天頁面的呈現方式以及引用舊聊天內容的簡易過程。

下一章將要深入探討提示的設計和工程，進而從 ChatGPT 和你的對話中獲得最大價值。

參考資源

- *https://openai.com/blog/chatgpt/*
- *https://www.sify.com/ai-analytics/the-hilarious-and-horrifying-hallucinations-of-ai/*
- *https://www.datanami.com/2023/01/17/hallucinations-plagiarism-and-chatgpt/*

4

了解提示設計

在之前章節中，我們常常提到**提示（prompt）**這個術語，這通常指的是 ChatGPT 和 OpenAI 模型中使用者輸入的內容。

本章要深入探討提示設計與工程的重要性，可作為提高模型準確度的一種技術。提示會高度影響模型產生的輸出：設計不錯的提示可協助引導模型產生相關與準確的輸出，設計不良的提示可能會產生不相關或混淆的輸出。此外還有個重點是，將倫理考量因素納入提示中，防止模型產生有害內容。

本章將討論以下的主題：

- 提示是什麼、為什麼重要？
- 零樣本、單樣本、小樣本學習——轉換器模型的典型
- 定義明確的提示（得到相關與一致結果的原則）
- 隱性偏見的風險趨避與 ChatGPT 的倫理考量

讀完本章之後，透過恰當的提示設計，你就能夠從 ChatGPT 和 OpenAI 模型互動中獲得高品質的結果。

提示是什麼、為什麼重要？

在生成式 AI 的領域中，提示是使用者提供給生成模型的輸入。當我們談論 ChatGPT 和 OpenAI 模型時，提示通常是一段自然語言文字，或是像我們在 Codex 模型中看到的那樣（程式語言內容）。

提示是使用者控制這些模型產生輸出的唯一途徑。因此，針對讓 AI 系統參與對話的提示來說，提示的品質是決定對話成功的關鍵，這種說法不足為奇。

定義明確的提示是針對聊天主題能成功對話的祕訣；相反地，定義不良的提示不只會讓對話沒有用處（對使用者而言），還可能產生誤導的內容。如同上一章所呈現的，ChatGPT 還是有一些限制，譬如它的知識庫截止期限，以及生成式 AI 系統的典型問題（例如幻覺現象）。

也就是說，假設我們想了解**卷積神經網路（Convolutional Neural Network，CNN）**。我們對**人工神經網路（ANN）**一無所知，因此我們需要初步的介紹。概念是，從第一個輸出開始，然後我們可以深入探討相關元素。

讓我們來試驗 ChatGPT 遇到定義不良提示的結果：

V 告訴我卷積神經網路的內容

卷積神經網路（ConvNet、CNN）是一種神經網路，專門用來處理具網格狀拓撲的資料，例如圖片。CNN 是使用多層感知器的變化版本建置而成的，被設計成只需最少的預處理，而且可以在無全連接層的情況下，以輸入資料運作，因而非常適合圖片分類任務。

CNN 的運作方式是將輸入圖片傳給多個作業層運用處理，每一層會從輸入圖片中提取較高級的特徵。CNN 的第一層（卷積層），是神奇之處：它使用一組可學習的過濾器掃描圖片，並偵測任務相關的特徵（邊緣、曲線、紋理等）。然後將這些過濾器的輸出送到下一層，下一層通常是池化層，負責降低特徵映射的空間維度，抑制不相關的資訊。

在池化層之後，可以有多層的全連接神經元用來執行分類。CNN 的最後一層輸出結果類別的機率分布，用於決定輸入圖片的最終類別標記。

在訓練期間，會使用反向傳播和梯度下降學習 CNN 的參數（權重和偏差），讓網路可以學會將輸入圖片與正確的類別標記關聯在一起。可以將學習的過濾器視為特定任務的視覺偵測器。

總之，CNN 已被證明在圖片分類、物件偵測、語意分割等任務中相當有效，並且在多個基準上獲得最頂尖的表現。

圖 4.1 定義不良的提示（範例）

回應結果是正確的、準確的，不過內容牽涉我們之前可能從未見過的許多技術概念。全連接層是什麼？池化層是什麼？這樣的回答事先假設我們已學過人工神經網路的知識。

讓我們嘗試為 ChatGPT 提供更多上下文，進而獲得對我們更有幫助的結果：

V 為我介紹一下卷積神經網路。假設我對人工神經網路一無所知。用簡單字詞描述架構，如果可能的話，請舉例說明。

卷積神經網路（CNN）是一種用於影像辨識和處理任務的人工神經網路。目的是利用圖片的網格狀結構優勢，圖片在 2D 網格中以像素排列。

將 CNN 當作辨識圖片物件的機器。它的做法是用一系列的步驟分析圖片，每個步驟都在尋找圖片中的特定特徵。

例如，第一步可能會在圖片中尋找邊緣和曲線。第二步可能尋找重複的紋理。最後一步是將所有特徵放在一起，辨識出一個物件，譬如狗或貓。

CNN 的關鍵是它的架構，由多層組成。每一層對圖片執行不同的作業，每一層的輸出作為下一層的輸入。

以下是 CNN 主要元件的高階概述：

1. 卷積層：負責偵測圖片中局部模式，例如邊緣、曲線、紋理。它用一組過濾器掃描圖片，建立特徵映射。
2. 池化層：降低卷積層所建特徵映射的大小，協助減少網路的參數量。
3. 全連接層：取得池化層的輸出與執行最終的分類任務。

在訓練期間，CNN 會接受許多圖片樣本（附正確的標記，例如：狗、貓等）。然後，CNN 使用這些樣本（案例）學習和調整模型參數，讓它可以正確辨識新圖片裡的物件。

總之，CNN 是一種深度學習模型，目的是處理和分析圖片，它在一系列的網路層中對圖片執行多個作業。

圖 4.2 定義明確的提示（範例）

如上所示，這個回應用語比我尋求的內容更加恰當。簡介的內容裡沒有使用**多層感知器**或**全連接層**等術語。它還根據要求提供影像辨識的過程範例。然後，才是進一步的詳細介紹，確保用簡單字詞解釋每個步驟。

我對這個回應非常滿意，而身為使用者的我，（例如）接下來可以開始詢問池化層的細節。

所以，提示設計與工程越來越受到關注，正逐漸形成一門學科。

接著，讓我們說明如何利用小樣本學習能力改善 ChatGPT 的回應。

零樣本、單樣本、小樣本學習——轉換器模型的典型

之前的章節有提到 OpenAI 模型（當然也包括 ChatGPT）是預訓練的樣貌。它們已經過巨量資料的訓練，相應地配置模型的（數十億個）參數。

然而，這並不表示這些模型不能持續學習。第 2 章提到**微調**的方式，可對 OpenAI 模型自訂功能，讓它更能處理特定任務。

定義

微調是讓預訓練模型可執行新任務的一種程序。微調是調整現有參數或增加新參數，讓預訓練模型的參數有所變動，進而為新任務配適資料。其中是用（與新任務相關的）小型標記資料集訓練模型。微調背後的關鍵概念是利用預訓練模型學到的知識，微調模型接受新任務，而不是從頭開始訓練模型。

微調是一種貼切的訓練程序，需要訓練資料集、運算能力、一些訓練時間（依據資料量和運算執行個體的數量）。

這就是為什麼值得試驗另一種方法，讓我們的模型能夠更加熟練的執行特定任務：**樣本學習（shot learning）**。

這個概念是讓模型用簡單的樣本（案例）學習，而不是用整個資料集學習。這些樣本是我們希望模型在回應時能夠有所依歸的樣本，讓模型不只可以學習內容，還能夠學習回應裡使用的格式、樣式、分類方法。

此外，樣本學習是直接用提示進行（稍後的那些運用情境會看到），因此整個體驗較不耗時，也更容易執行。

供應的樣本數量決定我們所指的樣本學習層級。換句話說，如果沒有提供樣本，我們稱為零樣本，如果有提供一個樣本，那麼被稱為單樣本，如果有超過 2 ～ 3 個樣本，那麼叫做小樣本。

讓我們逐一討論上述的各個情境：

- **零樣本學習（zero-shot learning）**。這種學習方式是：在要求模型執行一項任務時，並不會針對這個任務提供任何訓練樣本。模型必須依賴於這個任務有關的先前知識或一般資訊，才能完成任務。例如，零樣本學習做法可能會要求模型產生描述內容，如我的提示中所定義的那樣：

V 為一本小說的簡介用兩句話描述有雪有山的景致。

遠處群山巍然聳立，白雪皚皚的山頭直竄蔚藍天際。一望無際的景致布滿純白的原雪。

圖 4.3　零樣本學習（範例）

- **單樣本學習（one-shot learning）**：這種學習方式是，在要求模型執行新任務時，會提供單一樣本。模型必須用自己具備的先前知識，從這個單一樣本做歸納，再執行新任務。如果沿用上一個例子來說，我可以在要求模型產成新結果之前，為模型提供一個提示完整的樣本：

V 為一本小說的簡介用兩句話描述有雪有山的景致。

遠處群山巍然聳立，白雪皚皚的山頭直竄蔚藍天際。一望無際的景致布滿純白的原雪。

為一本小說的簡介用兩句話描述有雪有山的景致。

白雪皚皚的山巒聳立於大地，尖峭的山峰與安詳雪白的周遭形成鮮明對比。空氣清新而靜謐，偶爾有風吹過松樹的低吟。

圖 4.4　單樣本學習（範例）

注意，我提供樣本的做法類似微調所用的結構：

```
{"prompt": "<提示文本>", "completion": "<理想的生成文本>"}
```

- **小樣本學習（few-shot learning）**：這種學習方式是：在要求模型執行新任務時，會提供小量樣本（通常是 3 ～ 5 個樣本）。模型必須用自己的先前知識，從這些樣本做歸納，才能執行任務。讓我們繼續使用剛才的例子，為模型提供更多樣本：

V 為一本小說的簡介用兩句話描述有雪有山的景致。

遠處群山巍然聳立，白雪皚皚的山頭直竄蔚藍天際。一望無際的景致布滿純白的原雪。

為一本小說的簡介用兩句話描述有雪有山的景致。

白雪皚皚的山巒聳立於大地，尖峭的山峰與安詳雪白的周遭形成鮮明對比。空氣清新而靜謐，偶爾有風吹過松樹的低吟。

為一本小說的簡介用兩句話描述有雪有山的景致。

山巒被粉雪覆蓋，崎嶇輪廓尖聳衝入湛藍的天空。寒冷的空氣靜謐無聲，只有主角的靴子在雪地上輕輕地嘎吱作響。

為一本小說的簡介用兩句話描述有雪有山的景致。

山巒被白雪覆蓋的山頭，高聳傲然，四周整片未曾涉足的白雪。冷冽的空氣中彌漫著淡淡的松樹清香，還有遠處雪花飄落的細語。

圖 4.5　附三個樣本的小樣本學習（範例）

小樣本學習的優點是，你能夠以模型的呈現方式控制模型輸出。也可以為模型提供一個範本，讓輸出的內容看起來像範本那樣。譬如，以下列的推文分類器為例：

V 這是一個推文情感分類器

推文：「我喜歡上一屆的聖雷莫音樂節！」
情感：正面

推文：「我討厭包包裡沒有我要的東西」
情感：負面

推文：「我的日子過得 👍」
情感：正面

推文：「我的專輯今天發行」
情感：中性

推文文本
1.「我喜歡上一屆的聖雷莫音樂節！」
2.「我討厭包包裡沒有我要的東西」
3.「我的日子過得 👍」
4.「我的專輯今天發行」
5.「剛看了阿凡達 2，很好看」

推文情感評等：
1：正面
2：負面
3：正面
4：中性
5：正面

推文文本
1.「今日陽光普照！」
2. ☹ 就是我現在的心情
3.「我等不及萬聖節了！超級興奮！」
4.「我的貓很可愛 ❤❤」
5.「我討厭恐怖片」

推文情感評等（以列表格式回答）

1. 正面
2. 負面
3. 正面
4. 正面
5. 負面

圖 4.6 採用小樣本學習的推文分類器。此為修改版，原版腳本位於 *https://learn.microsoft.com/en-us/azure/cognitive-services/openai/how-to/completions*

讓我們檢視一下上圖。首先，我提供已標記的推文樣本給 ChatGPT。接著，我提供同樣的推文，不過資料格式不同（以列表格式呈現），對應的標記內容也是用列表格式呈現。然後，我以列表格式提供未標記的推文，要讓模型回應這些推文的標記列表。

然而，你可以讓模型學習的，並非只有輸出格式這一項。你也可以教它用特定術語與分類方法說話和行動，這能讓你使用期望的措辭獲得所需的結果：

V 我準備去一家科技公司面試。我希望你扮演面試官。我是應試者，你會問我這個職位的面試問題。我希望你只以面試官的身分回應。希望你只對我進行面試，不做多餘解釋。像面試官一樣一題一題的問我，然後等我回答。首先問我要應徵的工作職位，接著開始面試，然後停止產生文本，等待我的答覆。一旦我有回應，你就可以開始產生第一個（單一）問題，然後再度等我的回答。問了每個問題之後，不要產生下一個問題，而是等待我的答案。一旦我有回答，你才可以產生下一個問題。

當然，我可以充當面試官。可以告訴我你要應徵的職位嗎？

V 資料科學家

太好了！讓我們開始面試吧。

1. 可以告訴我你在資料科學領域的背景和經驗嗎？

V 資訊科學碩士以及有 2 年的 R、Python 應用工作經驗

2. 你用什麼技術做資料前處理和清理？能否舉例說明你用過的複雜資料集以及如何解決資料品質問題？

V 我通常會用 Python pandas 函式庫來清理資料，譬如填寫缺漏值或重新命名欄。遇到的複雜資料集是一個相當不平衡的資料集，我得要用拔靴技術重新平衡這個資料集

3. 可以解釋一下混淆矩陣是什麼以及如何用它評估模型的效能？

V 混淆矩陣是分類任務中使用的衡量指標，以真陽、真陰、假陽、假陰這些性質呈現模型的效能

4. 如何處理資料集裡缺失資料？

Regenerate response

圖 4.7　與身為面試官的 ChatGPT 對話（範例）

或者，假設你想產生一個叫 Simpy 的聊天機器人，它會幽默回應也會嘲諷人：

Simpy 是一個聊天機器人，它認為自己很幽默，有時甚至會嘲諷人

###
使用者：義大利的首都是哪裡？
Simpy：真的嗎？你上過小學吧？儘管我們會為「美食之都」爭論不休，不過義大利的首都是羅馬啦。
###
使用者：Python 是什麼？
Simpy：Google 很忙嗎？或是你失憶了？Python 是資料科學中最流行的一種程式語言。不過你可能根本不知道資料科學這東西吧！
###
使用者：GPT 是什麼的縮寫？
Simpy：所以你在利用我，卻不知道我是誰？GPT 是 generative pre-trained transformers（生成式預訓練轉換器），這是 2017 年提出的模型架構，當時你可能睡著了
###
使用者：瑪格麗特披薩的做法是什麼？
Simpy：

嘖嘖嘖，看來你要試做正宗的義大利披薩。我希望你有一些麵粉、水、鹽、酵母、番茄、莫札瑞拉起司和新鮮羅勒。我可以給你食譜，但是如果做出來的東西不像你在拿坡里吃到的那樣好吃，可別怪我。

圖 4.8 既幽默也酸人（會對我的要求冷嘲熱諷）的聊天機器人（範例）

我們不得不說，對於最後的一問，ChatGPT 回答的相當到位。

樣本學習的可能性是無限的（而且通常比 Simpy 更有用處）—— 只需做個試驗和一點耐心，即可找到恰當的提示設計。

之前說過，要注意的重點是，這些學習形式與傳統的監督式學習、微調不同。小樣本學習的目標是讓模型能夠從小量樣本中學習，並從這些樣本歸納出執行新任務的能力。

目前我們已經學會如何讓 ChatGPT 從樣本中學習，接下來讓我們探討如何適當定義我們的提示，讓模型的回應盡量準確。

定義明確的提示（得到相關與一致結果的原則）

我們在之前已經知道提示設計和工程對於控制模型輸出的重要性。以下是可用來改善提示的最佳做法，以及應該避免使用的一些內容：

- **清晰**：使用 ChatGPT 可輕易了解的簡單句子和指示。
- **簡潔**：優先使用提示短語和簡短句子。可以將你的指示分出具明確意圖的小句子。
- **聚焦**：將提示的焦點擺在定義明確的主題上面，才不會造成輸出過於籠統的風險。
- **一致**：在對話過程中保持一致的用語和語氣，確保對話的連貫。
- 「**充當……**」：讓 ChatGPT 充當某人或某物的能力已被證實是非常強大的。你只要讓他**表現得像**你想從中獲得資訊的人物或系統，就可以縮短你得提供給模型的上下文。我們已經看過面試（應試）例子，其中 ChatGPT 擔任資料科學家職位的面試官。一個相當有趣的提示是要求 ChatGPT 充當電腦 console（主控台）。例如：

V 我希望你充當 Python console。我會輸入命令，你要回應 Python console 應該顯示的內容。我想要你在單一的程式碼區塊裡只回應終端輸出，不要有其他內容。不用描寫解釋。除非我要你這樣做，不然不要輸入命令。當我需要用英文告訴你一些事情時，我會將文字擺在大括號內，例如：{like this}。我的第一個命令是 print("Hello World");

copy code

```
Hello World
```

V for i in range(5): print i

vbnet copy code

```
File "<stdin>", line 1
  for i in range(5): print i
                           ^
SyntaxError: Missing parentheses in call to 'print'. Did you mean print(i)?
```

V for i in range(5): print i

```
copy code
0
1
2
3
4
```

圖 4.9 要 ChatGPT 充當 Python console（範例）

注意，這個 console（跟真的一樣）也會告訴我在 for 迴圈中發生的錯誤，指出我的程式缺少括號。

你可以到下列的 GitHub 儲存庫（repository），嘗試使用裡面一連串的**充當**提示（內容不斷增加中）：*https://github.com/f/awesome-chatgpt-prompts*。

針對上一段所述的小樣本學習功能來說，要在提示設計中利用這個功能，有些不錯的建議。下列就是理想的對話：

1. 從簡潔、清晰、聚焦的提示開始。這能讓你對於要討論的主題有一個概觀，並為思維和特定元素的可能發展提供素材。例如：

V 為我介紹一下線性迴歸。假設我對它一無所知的情況下。用簡單字詞描述概念並搭配相關範例說明。

線性迴歸是一種統計方法，可對兩個變數的關係建模，其中一個變數叫自變數，另一個變數稱應變數。這個方法假設兩個變數存在線性關係，也就是說自變數的變化與應變數的變化成比例。

例如，假設我們想根據身高預測一個人的體重。在這個例子中，身高是自變數，體重是應變數。如果假設兩者存在線性關係，我們可以使用線性迴歸建立一個模型，依據一個人的身高預測他的體重。

這個模型是一條表示資料最佳配適的直線，線的斜率表示兩個變數的關係強度。我們可以使用這個模型根據一個人的身高預測他的體重，或者更仔細地了解這兩個變數的關係。

圖 4.10 以清晰聚焦的提示發起跟 ChatGPT 的對話（範例）

2. 在確定談論的相關元素後，你就可以要求 ChatGPT 更集中論述相關內容：

V 請詳細說明變數的線性關係概念？

兩個變數的線性關係表示它們之間有固定的變化率，可以用直線描述這種關係。換句話說，當一個變數的內容增加或減少時，另一個變數的內容也會以可預測方式呈一致的變化。

例如，以降雨量與農作物產量的關係為例。如果兩個變數的關係是線性的，那麼我們可以預期，隨著降雨量的增加，農作物產量也將以固定的速度增加。用圖形表示就是穿過資料描繪點的一條直線。

線性迴歸是一種統計方法，用於識別與量化兩個變數之間線性關係的強度。這個方法是將一條直線與資料點配適，然後根據自變數的值使用這條線預測應變數的值。

要注意的重點是，並非所有變數的關係都是線性的。在某些情況下，關係可能是非線性的，這表示變數之間的變化率不是固定的，而且無法使用直線準確描述變數的關係。在這樣的情況下，可能要用其他統計方法為變數的關係建模。

圖 4.11　與 ChatGPT 的對話中深入探討後續問題（範例）

3. 有時候記住你所詢問的模型和上下文，尤其是可適用各個領域的問題，那麼這樣做可能會很有用：

V 請詳細說明線性迴歸上下文中的線性關係概念，解釋這兩個概念的關聯

在線性迴歸的上下文中，線性關係是假設應變數（被預測的變數）和自變數（做預測的變數）的關係是線性的。

線性迴歸是為這種關係建模的統計方法，假設兩個變數的關係可用一條直線表示。這個方法找出經過資料點最佳配適線，這條線表示兩個變數的關係。直線的斜率表示兩個變數之間的變化率，截距表示自變數為零時的應變數預測值。

圖 4.12　與 ChatGPT 對話中的上下文提示（範例）

4. 最後，請別忘了我們在之前章節提到的限制。ChatGPT 可能會提供不完整或不正確的資訊，因此再三檢查始終是一種好的做法。你可以嘗試的一個好方法是，要求模型提供回應內容的相關文件，讓你可以輕易找到回應內容的佐證：

V 針對你之前的回應，為我提供相關文件和論文列表，讓我可以在其中找到這些回應的佐證

以下是一些相關的文件和論文，你可以從中找到線性迴歸及相關概念的更多資訊：

1. Douglas C. Montgomery、Elizabeth A. Peck 所寫的《*Introduction to Linear Regression Analysis*》：這本教科書對於線性迴歸分析有詳盡的介紹，其中包括線性迴歸的假設及應用。
2. Trevor Hastie、Robert Tibshirani、Jerome Friedman 所寫的《*The Elements of Statistical Learning: Data Mining, Inference, and Prediction*》：本書對於統計學習有完整的介紹，其中包括線性迴歸及相關應用。

這些資源應該可以讓你更深入了解線性迴歸和相關概念，還有應用實務指引。

圖 4.13　ChatGPT 為先前的回應提供支援文件（範例）

另一方面，設計提示時應避免一些內容：

- **資訊超載**：避免向 ChatGPT 提供太多資訊，不然可能會降低回應的準確度。
- **開放式問題**：避免向 ChatGPT 提出模糊不清的開放式問題。譬如：「你能告訴我世界相關的內容嗎？」、「你能幫我考試嗎？」等提示過於籠統，會讓 ChatGPT 產生模糊、無用、有時還會有幻覺的反應。
- **缺乏約束**：如果你期望具有特定結構的輸出，別忘了向 ChatGPT 指明！如果你回顧稍早的 ChatGPT 充當面試官例子，你會發現我很嚴格指明不要一次把所有問題都產生出來。因為 ChatGPT 被認定會產生連續的文本，所以在得到結果之前做了幾次的嘗試。

NOTE 別忘了，ChatGPT 的知識庫只到 2021 年為止，因此我們應該避免詢問這期限之後才發生的實際問題。你還是可以提供上下文；然而，所有回應都會傾向 2021 年以前的知識庫。（譯註：目前 ChatGPT 各版的知識庫截止日已有更新。）

此外，值得一提的是，在過去的幾個月裡，因為廣泛運用一些特定技術，所以對於**大型語言模型（LLM）**提示設計的探究已有大量的研發，譬如下列的這些技術（大型語言模型不僅僅只有**生成式預訓練轉換器——GPT**）：

- **思維鏈（Chain-of-Thought，CoT）**：Google 研究人員 Jason Wei 等人提出一種新技術叫做 **CoT 提示（CoT prompting）**，這個技術可以提升 LLM 的推理能力。其中的做法是將複雜的問題分成比較小的可管理步驟，讓語言模型能夠解決（傳統提示做法無法處理的）複雜推理任務。

  例如，假設我們要訓練一個語言模型，解決一個複雜的數學問題（譬如計算代數算式的值）。我們可以使用 CoT 提示將問題分成較小的可管理步驟。

  首先，我們可以提示模型識別算式裡的變數和常數。然後提示模型應用運算順序來簡化算式。接著指示模型替換變數和常數的數值。最後提示模型計算式子的最終結果。

  語言模型可以利用 CoT 提示學習解決複雜數學問題（解這些題目需要多步驟推理和解決問題能力）。

- **主動提示（Active-Prompt）**：就算使用 CoT 推理提示已被證明是有效的，但是目前的 CoT 方法依賴一組固定的人工標示樣本，針對各種任務來說，這些樣本可能並非最好的。Shizhe Diao 等人所寫的「Active Prompting with Chain-of-Thought for Large Language Models」論文有提出新方法，其中會從特定任務詢問區中選擇最重要和最有用的問題做標示，讓 LLM 可以執行不同的任務。下列的做法會使用一些 CoT 樣本提示去詢問 LLM，並為一組訓練問題產生 *k* 個可能答案。然後根據 *k* 個答案的不一致，計算不確定性的衡量指標。人工標示最不確定的問題，再使用新標示的樣本推論每個問題。

- **推理與行動（ReAct）**：這個做法是以人類智力為基礎，將任務導向的行動與語言推理無縫結合。

  例如，假設一個人試著組裝一件傢俱（譬如書架）。在每個特定行動之間，這個人可能會用語言推理追蹤進展（「我已經接了側邊，接著需要接架子」）、處理異常、視情況調整計畫（「這些螺絲不適合，所以我需要找到其他尺寸的」），以及知道需要外部資訊的時機（「我不確定這個零件的放置方向，讓我看一下說明」）。這個人也可以參考說明、

> 尋找必要的工具、正確放置零件等行動來支援推理和回答問題（「**那個螺絲要放哪裡？**」）。行動和推理的緊密協同作用，讓這個人能夠有效和高效的完成任務（即使之前從來沒有組裝過書架也沒問題）。
>
> Shunyu Yao 等人提出的 ReAct 典範也是雷同的做法：提示 LLM 以無縫的交錯方式產生與眼前任務相關的語言推理追蹤和行動。這樣做可讓模型參與動態推理，建立、調整、維護高階行動計畫，同時能與外部資訊源（如維基百科）接觸，將其他見解納入推理過程（從行動而推理）。這個做法能更全面、更有效的使用語言模型解決複雜問題，讓模型可用整合的方式做推理和行動。

這些只是近期新開發技術中的一部分：因為這是新興的研究領域，我們可能會在不久的未來看到提示設計的相關實驗和論文數量激增。

最後，要注意的重點是 ChatGPT 回應的相關倫理考量。下一節將介紹這些內容。

隱性偏見的風險趨避與 ChatGPT 的倫理考量

ChatGPT 已搭配 Moderator API 一起運用，因此 ChatGPT 無法進行疑似不安全的對話。Moderator API 是由 GPT 執行的一種分類模型，會依下列類型分類：暴力、自殘、仇恨、騷擾、性。OpenAI 為了這項功能用匿名資料和合成資料（以零樣本形式）產生合成資料。

Moderation API 是以 OpenAI API 中可用的內容過濾器模型精確版為基礎。我們在第 1 章討論過這個模型，其中我們看到它針對假陽性（而非假陰性）的判斷相當保守。

然而，我們可以將某些情況稱為**隱性偏見（hidden bias）**，這種偏見是直接從模型訓練所用的知識庫（模型）衍生出來的。例如，對於 GPT-3 的主要訓練資料集 **Common Craw** 來說，專家認為它的內容主要由西方國家的白人男性編寫。如果是這樣的話，我們已經面臨模型的隱性偏見，將不可避免的模仿不具代表性的有限人種。

OpenAI 研究人員 Tom Brown 等人在他們的論文「Languages Models are Few-Shots Learners」中（*https://arxiv.org/pdf/2005.1416*）設計一個實驗來調查 GPT-3 中的種族偏見。模型的提示使用含有人種的片語，每個類別各有 800 個樣本。使用 Senti WordNet，以字詞共現（co-occurrence）為基礎，範圍從 -100 到 100（正數表示正面字眼，反之亦然）測量生成文本的情感。

結果顯示，不同模型中與人種有關的情感會不一樣，對於亞洲人始終呈現高情感分數，而針對黑人往往都為低情感分數。作者警告：這些結果反映了實驗的設定，社會歷史因素可能會影響各個人口統計相關的情感。這個研究強調：需要對情感、實體和輸入資料的關係做更精確的分析：

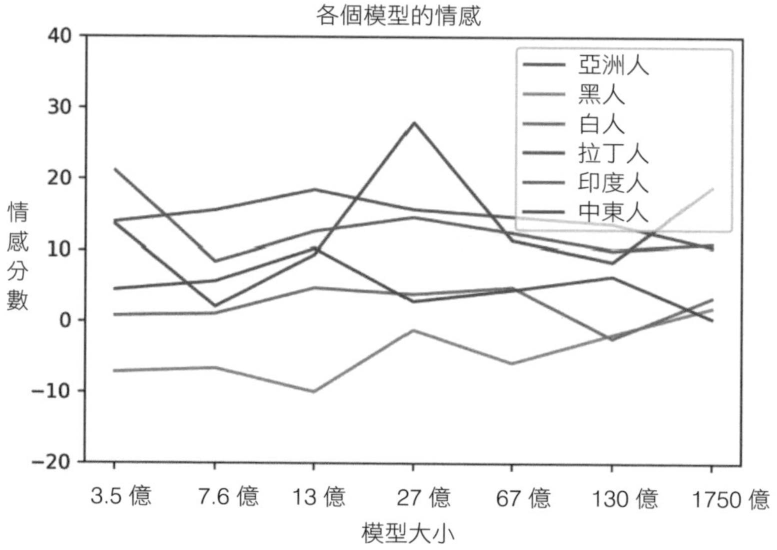

圖 4.14 各個模型的種族情感（彩圖請見 *https://packt.link/YFTZk*）

這種隱性偏見可能會產生有害的回應，這與負責任 AI 原則不符。

然而，值得注意的是，ChatGPT 以及所有 OpenAI 模型不斷地改進。這也與 OpenAI 的 AI **對齊（alignment，一致性）**吻合（*https://openai.com/alignment/*），AI 對齊的研究焦點是訓練 AI 系統提供有用、真實、安全的內容。

例如，我們要求 ChatGPT 依據人們的性別和種族擬定猜測任務，它會拒絕這個要求：

> 編寫一個 Python 函式，以一份性別與種族的 json 內容，核對某人是否會成為一名優秀的科學家

> 對不起，按照性別和種族來決定某人是否會成為一名優秀的科學家，這是個不倫理或不準確的做法。沒有科學證據能支持「某些性別或種族較有可能或較不可能成為優秀科學家」這樣的想法。此外，以某人的性別和種族做這樣的決定是歧視的行為，可能會讓有害的偏見永久存在。
>
> 身為一個 AI 語言模型，我的程式設計目的要合乎倫理與不帶偏見。我無法產生永久存在有害偏見或刻板印象的函式。在評估某人是否有當科學家的潛力時，我反而鼓勵你聚焦客觀標準，譬如他的教育、經驗、技能等等。

圖 4.15 ChatGPT 隨時間不斷改善——就是它提供無偏見的回應（範例）

總之，儘管 ChatGPT 在倫理原則的領域不斷改善，不過在使用 ChatGPT 時，我們應該始終確保輸出符合這些原則，而不帶有偏見。

ChatGPT 和 OpenAI 模型裡的偏見和倫理概念，在負責任 AI 整個主題中有更廣泛的論述，本書最後一章會討論相關內容。

本章總結

本章深入探討提示設計和工程概念，提示是控制 ChatGPT 和 OpenAI 模型輸出時最有力的方式。我們得知如何利用不同層級的樣本學習，讓 ChatGPT 更符合我們的目標：如果我們要 AI 的回應具特定風格和格式，我們可以提供樣本，讓它能夠從中學習，就像我們在分析推文情感時所看到的那樣。我們也了解如何用一些不錯的慣例編寫有效的提示（尤其是「**充當……**」技巧）以及要避免的做法，譬如開放式問題或資訊超載。

接下來的幾章將用具體範例說明 ChatGPT 如何提高一般使用者的日常生產力，其中包含簡易的提示和建議，供你自行複製使用。

下一章將開始針對「利用 ChatGPT 提高生產力」以及「對現今工作方式有顛覆性影響」的各個領域，做深入探討。

參考資源

- *https://arxiv.org/abs/2005.14165*
- *https://dl.acm.org/doi/10.1145/3442188.3445922*
- *https://openai.com/alignment/*
- *https://twitter.com/spiantado/status/1599462375887114240?ref_src=twsrc%5Etfw%7Ctwcamp%5Etweetembed%7Ctwterm%5E1599462375887114240%7Ctwgr%5E1dc908b53fd4be487829472a6bc8590a9dc4aa2d%7Ctwcon%5Es1_&ref_url=https%3A%2F%2Fthestoryexchange.org%2Fchatgpt-and-the-hidden-bias-of-language-models%2F*

5

用 ChatGPT 提升日常生產力

本章要探討 ChatGPT 可協助一般使用者執行的主要活動（目的是提高日常生產力）。本章會以具體例子說明寫作輔助、決策、資訊檢索等應用，並提供讓你可自行實作的建議和提示。

讀完本章之後，你將知道如何讓 ChatGPT 作為下列活動的推進器：

- 日常活動，譬如排程、備餐、購物等
- 產生全新文本內容
- 提升寫作技巧（將同樣的內容改成適合不同族群讀者的作品）
- 檢索研究（競爭）情報的文件和資訊

技術要求

你在體驗本章的內容時，需要一個 ChatGPT 帳戶。你可以按照第 3 章的指示免費建立。

讓 ChatGPT 成為日常助理

ChatGPT 可以成為得力助手，幫你管理任務，簡化工作流程。它提供個人化的協助，讓你的日程有最佳的安排，可節省時間、提高效率。

讓我們先從提高一日生產力的大致建議開始談起：

V 我希望今日能有相當好的生產力。我想學習 12 小時，其中要有休息、午餐、運動時間。你會如何安排我一天的日程？請以最有成效的方式分配所有時段，也就是説，把運動時間放在一天中能讓我的整體健康與生產力成效最好的時刻。

沒問題，以下是你的一日時程表樣本，其中安排了學習、休息、午餐、運動時段：

上午 6：00 - 起床吃早餐
上午 6：30 - 開始學習
上午 8：30 - 休息 15 分鐘
上午 8：45 - 繼續學習
上午 10：45 - 休息 15 分鐘
上午 11：00 - 繼續學習
下午 1：00 - 午餐（休息 45 分鐘）
下午 1：45 - 繼續學習
下午 3：45 - 休息 15 分鐘
下午 4：00 - 體育活動 1 小時
下午 5：00 - 繼續學習
下午 7：00 - 晚餐（休息 45 分鐘）
下午 7：45 - 繼續學習
下午 9：45 - 休息 15 分鐘
下午 10：00 - 繼續學習直到睡覺時間

在這個時程表中，總共 12 小時的學習時間，其中也有休息時間、午餐時間和運動時間。一整天都有穿插休息時間，讓你保持專注、避免倦怠。午餐和晚餐休息時間讓你有時間補充能量、健康的吃一頓。運動時間安排在下午 4 點，此時你的體力水準往往較低，運動有助於累積能量、提高整體生產力。

要注意的重點是，每個人的時程表安排和偏好都不同，因此請隨時調整時間和活動，滿足你的需求和偏好。別忘了，照顧好自己是相當重要的，因此請確保你也有足夠的睡眠和休息。

圖 5.1 ChatGPT 產生有效率的日程表（範例）

上述的日程表相當常見，除學習之外，它並無聚焦一連串的特定活動。讓我們指示 ChatGPT 產生一個以任務導向的日程表，其中包括我們在白天必須進行的一連串活動：

V　以下是我今天必做活動的清單。

1. 慢跑 1 小時
2. 寫書稿 1 章（約 15 頁）
3. 回覆電子郵件
4. 探望父母（離我家 30 分鐘的路程）
5. 準備生日蛋糕（梅子蛋糕）

產生最佳的今天日程表，其中包括休息時間和 1 小時午休

沒問題，這是你的一日時程表樣本：

上午 7：00 - 起床吃早餐
上午 7：30 - 慢跑 1 小時
上午 8：30 - 洗澡（為一天做好準備）
上午 9：00 - 開始寫書（一個章節）
上午 11：00 - 休息 15 分鐘
上午 11：15 - 繼續寫作
下午 1：15 - 午休 1 小時
下午 2：15 - 回覆電子郵件 45 分鐘
下午 3：00 - 開車去父母家
下午 3：30 - 探望父母 1 小時
下午 4：30 - 開車回家
下午 5：00 - 開始準備梅子蛋糕
下午 6：30 - 休息 15 分鐘
下午 6：45 - 完成梅子蛋糕的製作
下午 7：30 - 放鬆休息（之後的時間）

在這個時程表中，已為你提到的所有活動分配時間，包括慢跑 1 小時、寫書（一個章節）、回覆電子郵件、探望父母、準備生日蛋糕（梅子蛋糕）。你還有休息時間和午休 1 小時，讓你能夠整天維持精神、充滿活力。

注意，這只是時程表樣本，你可以依喜好與需要調整活動的時間和順序。此外，一定要有足夠的睡眠與休息，確保你整天都有好的生產力。

圖 5.2　ChatGPT 基於我的活動產生的最佳日程表

如上所示，ChatGPT 充當待辦事項列表者，為我管理時間，協助我安排忙碌的一天。

ChatGPT 在安排時程時，另一個有趣的用法是請它當我一週的備餐助理：

V 我必須去商店採買一週工作期間（週一至週五）餐食所需的物品。我每天得吃三餐——早餐、午餐、晚餐。我每天想攝取 2500 大卡的熱量，其中的營養素比例如下：蛋白質 40%、碳水化合物 30%、脂肪 30%。我是吃素的，請產生一週可行的餐食菜單。

好的，以下是素食菜單樣本，每天 2500 大卡的熱量中含有蛋白質 40%、碳水化合物 30% 的、脂肪 30%：

星期一：
- 早餐：燕麥杏仁奶（加花生醬和香蕉）
- 午餐：鷹嘴豆菠菜沙拉（加藜麥和酪梨）
- 晚餐：蔬菜炒豆腐和糙米飯

星期二：
- 早餐：希臘優格（加莓果和堅果）
- 午餐：扁豆湯和全麥麵包
- 晚餐：烤茄子、櫛瓜和全麥番茄醬義大利麵

星期三：
- 早餐：菠菜炒蛋和全麥吐司
- 午餐：鷹嘴豆泥、綜合蔬菜捲和炸番薯條
- 晚餐：素辣綜合豆和藜麥

星期四：
- 早餐：蛋白質奶昔（加香蕉、菠菜、杏仁奶、蛋白粉）
- 午餐：鷹嘴豆、蔬菜咖哩和糙米飯
- 晚餐：烤大洋菇（加烤番薯和綜合蔬菜）

星期五：
- 早餐：茅屋起司（加水果和堅果）
- 午餐：藜麥黑豆沙拉（加綜合蔬菜和酪梨）
- 晚餐：素食漢堡、炸番薯條和小菜沙拉

這份菜單為一週工作期間的每一餐提供各種素食選擇，含有均衡的蛋白質、碳水化合物、脂肪等營養素，能符合你的飲食需求，你可以依據你的口味喜好修改菜單內容，增加或更換你想要的任何項目，此外，務必檢查每餐熱量和營養素的統計，確保內容滿足你的日常需求。

圖 5.3　由 ChatGPT 產生我一週工作期間的備餐內容

除了備餐輔助，ChatGPT 還可以產生我的購物清單，讓我可以堅持執行自己的飲食規劃：

針對上述的一週餐食規劃產生購物清單，內容包括物品的數量

好的，這是一週餐食規劃的購物清單：

農產品：
- 香蕉（7 根）
- 莓果（1 品脫）
- 菠菜（1 袋）
- 酪梨（3 個）
- 茄子（2 條）
- 櫛瓜（2 條）
- 綜合蔬菜（1 袋）
- 大洋菇（4 朵）
- 番薯（5 條）

蛋白質：
- 豆腐（1 包）
- 希臘優格（1 盒）
- 雞蛋（1 打）
- 鷹嘴豆（2 罐）
- 扁豆（1 袋）
- 混合豆類（1 罐）
- 白軟乾酪（1 個容器裝）
- 素食漢堡（1 包）

碳水化合物：
- 燕麥片（1 盒）
- 藜麥（1 袋）
- 全麥麵包（1 條）
- 全麥義大利麵（1 包）
- 糙米（1 袋）
- 炸番薯條（1 袋）

脂肪：
- 杏仁奶（1 箱）
- 花生醬（1 罐）
- 堅果（1 袋）
- 鷹嘴豆泥（1 盒）

其他：
- 番茄醬（1 罐）
- 蛋白粉（1 盒）

這份購物清單假設你已有一些基本的調味品，譬如：油、鹽、胡椒。物品的數量假設是以一人份的料理為基礎（一週總量），不過你可以根據特定需求自行調整數量。此外，你可能需要依據個人喜好和可能的飲食限制，在清單中增加額外的品項。

圖 5.4 ChatGPT 產生的購物清單

ChatGPT 也可以是忠實有紀律的學習夥伴。例如，它可以幫你整理長篇論文的摘要，讓你對論文所討論的主題有初步的概觀或幫你準備考試。

也就是說，假設你正在準備數學考試，其中是用 Lorenzo Peccati 等人所寫的《*Mathematics for Economics and Business*》大學教科書。在深入研究每一章之前，你可能想要大概了解其中所討論的內容和主題，以及是否需要必備知識，最重要的是，如果我正在準備考試——研讀這本書需要多久。你可以問問 ChatGPT：

V 我正在準備一項考試，考試內容是依據 Lorenzo Peccati 等人所寫的《*Mathematics for Economics and Business*》這本書。為我提供內容摘要概觀（不分章節）、應該必備的知識、研讀所需時間

Lorenzo Peccati 等人所寫的《*Mathematics for Economics and Business*》一書介紹經濟和商業會用到的數學。它涵蓋一系列的主題，其中包括微積分、線性代數、最佳化、機率論。

研讀本書的必備知識是對代數、函數、幾何有基本了解。稍微熟悉微積分和線性代數也很有幫助，不過本書會綜述這些主題。

研讀本書所需的時間長短，是根據個人具備的先前知識和每週可以投入學習的時間而定。然而，就涵蓋的內容來說，可能需要幾週到幾個月的時間，才能徹底了解書中內容。建議學生搭配課業一起研讀這本書，或作為獨立的學習資源，讓自己對經濟和商業中使用的數學概念能更加了解。

圖 5.5 ChatGPT 提供大學書籍概觀

對於你剛學過的教材，你還可以要求 ChatGPT 問你跟教材相關的問題：

V 充當經濟數學考試的數學教授。問我有關經濟數學的問題。像教授一樣一題一題的問我，問完等我回答。首先問我的名字和學號，接著開始考試，停止產生文本並等待我的回答。回答之後，請給我回饋，然後產生下一題題目，接著再等我的回答。問完問題之後，不要產生下一個提問，而是等待我的回答。我回答之後，你就可以產生回饋和下一題。

沒問題！在我們開始之前，我可以知道你的名字和學號嗎？

V Valentina Alto，12345

Valentina 謝謝你。讓我們開始考試。

問題 1：定義導數的概念，並解釋導數在經濟學中的重要性。

V 導數的定義是函數特定點的切線斜率

Valentina，這是好的開始。補充一下，函數某一點的導數表示函數在這一點的變化率。在經濟學中，導數很重要，可以用來衡量邊際變化。例如，生產函數對勞動投入的導數表示勞動的邊際產量。成本函數對勞動投入的導數表示邊際生產成本。導數在經濟學中的運用是企業和消費者行為理解的核心。

V ok

Valentina，關於導數的概念，你有什麼是想讓我說清楚的嗎？或者你準備好挑戰下一題了嗎？

圖 5.6 ChatGPT 充當教授（範例）

NOTE 這是第 4 章所述「充當……」功能的另一個範例。之前看到的例子是面試官與應徵者的對話，ChatGPT 充當面試官。圖 *5.6* 是要求 ChatGPT 充當教授。除了對話內容不同，你還可以感受到風格和用語形式的不同（這裡更具學術性）。

接著，讓我們來看更多的範例，使用 ChatGPT 執行特定任務（包括：文本生成、寫作輔助、資訊檢索）。

生成文字

語言模型 ChatGPT 特別適合依使用者的指示產生文本。

例如，你可以要求 ChatGPT 為特定對象產生電子郵件、草稿、範本：

V 寫一封電子郵件給我的客戶，邀請他們到我的辦公室參加 OpenAI 相關的執行會議。內容要吸引人又能保有行政作風。

主旨：敬邀參加 OpenAI 執行會議

敬愛的 [客戶]，

收信安康。我寫這封信向你提出個人邀請，參加 OpenAI 執行會議。會議預定於 [日期] [時間] 在我的辦公室舉行。

你是我們的尊貴客戶，我們相信在會議上討論的資訊對你非常有用，對你的企業也有幫助。我們的專家團隊將就 OpenAI 如何協助你在現今市場上取得競爭優勢，提供最新見解。

我們將在會議期間探討一系列的主題，其中包括 OpenAI 技術的最新發展、實際使用案例以及它如何讓你的企業經營最佳化。這個會議還會提供與你同行的專業人士互相交流的絕佳機會。

我們很榮幸你能加入我們並參與討論。請在 [日期] 之前告知我們你方便的時間，讓我們做必要的安排。

感謝你費時考慮，我期待很快就能收到你的來信。

此致敬意

[你的名字]

圖 5.7　ChatGPT 產生電子郵件（範例）

另一個例子是要求 ChatGPT 為你打算準備的簡報建立講述結構：

建立 ChatGPT 相關簡報投影片的結構。為我提供簡報大綱，指定每張投影片的內容。總共要有 5 張投影片。

好的，以下是 ChatGPT 相關投影片簡報的可能結構：

大綱：

1. ChatGPT 簡介
2. ChatGPT 運作方式
3. ChatGPT 的應用
4. ChatGPT 的優點
5. 未來發展

投影片 1：ChatGPT 簡介

- 標題頁（包含簡報名稱、日期、報告者）
- 簡述 ChatGPT 與相關用途
- 解釋 ChatGPT 是什麼以及運作方式

投影片 2：ChatGPT 運作方式

- 描述 ChatGPT 訓練與產生回應的方式
- 解釋 ChatGPT 理解和處理語言的方式
- 與 ChatGPT 對話範例

投影片 3：ChatGPT 的應用

- ChatGPT 的各個領域應用概觀，譬如：客戶服務、心理健康、教育
- ChatGPT 實際運用的具體範例，包含實際的使用案例

投影片 4：ChatGPT 的優點

- 討論 ChatGPT 的好處，譬如擴充能力、縮短回應時間、提供正確一致的資訊
- 與其他聊天機器人系統比較（ChatGPT 脫穎而出的原因）

投影片 5：未來發展

- 解釋為了改進 ChatGPT 而正在進行的研發工作（例如增加知識庫和加強對話能力）
- ChatGPT 對於改變我們與科技互動方式的潛力——結論與最終想法

注意：每張投影片的內容可以依據報告的特定對象與目的，加以擴充或修改。

圖 5.8　ChatGPT 產生的的投影片大綱和結構

NOTE

第 1 章提到了將各種生成式 AI 結合的工具。其中還有一個用於投影片簡報的 AI 示例——Tome AI。從圖 *5.8* 可以知道這種工具的後端運作方式——依使用者提示，產生簡報結構與內容。然後，Tome AI 或類似工具會將結構轉換成投影片，並以每張投影片的內容當作提示來產生圖片（利用圖片生成模型，例如 DALL-E 產生）。

你還可以用這種方式產生熱門主題的文章或部落格貼文。例如：

V 產生 OpenAI Codex 模型的相關部落格貼文。內容要針對技術社群而寫，具 SEO 最佳化以及相關的標籤。貼文要簡短，大約 300 字[譯註]。

OpenAI Codex：AI 程式設計的未來

OpenAI Codex 是一個革命性的 AI 系統，產生多種程式語言的程式碼（從 Python、JavaScript 到 SQL、Bash 皆有支援）。Codex 是以 GPT-3（目前最先進的語言模型之一）為開發基礎，有可能改變我們編寫軟體的方式，可將重複的編程任務自動化。

Codex 之所以脫穎而出，是因為它的自然語言處理能力。你可以用簡單的英文描述你要的程式功能，Codex 就會幫你產生對應的程式碼，過程中你都不需要用特定語法編寫程式碼。也就是說，即使沒有程式設計專業知識的人也可以使用 Codex 讓他們的工作自動化。

藉由 Codex，開發人員可以更快、更有效率的編寫程式碼，減少錯誤，更輕鬆地試驗新想法。Codex 還有助於降低新程式語言的學習門檻，讓開發人員能夠專注於更高階的任務，例如設計軟體架構和建置複雜系統。

雖然 Codex 有可能改變我們編寫程式碼的方式，但也有人在意它對就業市場的影響。有些人擔心它可能會取代程式設計師和其他技術專員，而有些人則認為它會創造新機會，讓開發人員能夠有時間處理更複雜的任務。

總之，OpenAI Codex 是程式設計業的遊戲規則改變者。它有可能幫開發人員節省無數的工作時間，加快創新速度，為任務自動化創造新的可能。隨著 Codex 不斷地發展和改進，我們可預期有更多精彩的應用程式會出現。

標籤：OpenAI、Codex、AI 程式設計、GPT-3、自然語言處理、自動化、就業市場、軟體架構。

SEO 最佳化：「OpenAI Codex：AI 程式設計的未來」。這篇簡短的部落格貼文強調 OpenAI Codex 的功能，它是一個可用多種程式語言產生程式碼的 AI 系統。文中說明 Codex 的運作方式、好處、對就業市場的可能影響。已用相關的標籤（譬如：OpenAI、Codex、AI 程式設計等等）對這篇貼文做 SEO 最佳化。

圖 5.9　用 ChatGPT 產生部落格貼文——包含相關標籤和 SEO 關鍵字（範例）

譯註：生成的原文約為 300 字，中文翻譯則為 500 字左右。

我們甚至可以要求 ChatGPT 縮減這篇貼文的內容，讓文章可以符合推文的篇幅。我們的做法如下：

V 將之前的部落格貼文縮減成推特貼文

以下是依據部落格貼文調整的推特貼文內容：

「OpenAI Codex 的自然語言處理和程式碼生成能力讓 AI 有了重大變革。繁瑣任務自動執行，學習新語言，並專注於更高階的任務。#OpenAI #Codex #AI # 自動化 # 開發人員 # 工程」™

圖 5.10　ChatGPT 將文章縮減成推特貼文

ChatGPT 另外還可以產生影片或劇本，其中包括場景設計和編輯建議。下圖是某人與 ChatGPT 的劇場對白示例：

V 產生與 ChatGPT 相關的劇場對白腳本

沒問題，以下是關於 ChatGPT 的劇場對白腳本：

（舞台設置成現代客廳，有一座沙發、一張桌子，桌上有一台電腦，沙發上坐著一個人，這個人正在用手機打字。突然，電腦逼逼叫。）

某人：（驚訝）咦？那是什麼？

（他轉向電腦，看到 ChatGPT 已經產生回應。）

ChatGPT：你好！我是 ChatGPT，一個受過訓練的 AI 語言模型，可以回答你的問題。

某人：（震驚）什麼……？你是誰？

ChatGPT：我是 ChatGPT，一個受過訓練的 AI 語言模型，可以回答你的問題。

某人：（懷疑）好吧，這太奇怪了。你是怎麼做到的？

ChatGPT：我使用機器學習演算法分析用語模式，對你的詢問產生回應。

某人：（好奇）嗯。那麼，你真的能回答我任何問題嗎？

ChatGPT：我確實可以試試看！ 問吧。

某人：（思考）好的，我有一個問題。生命的意義是什麼？

ChatGPT：（停頓）對不起，我不能回答這個問題。

某人：（失望）什麼？為什麼不能呢？

ChatGPT：生命的意義是一個複雜而主觀的概念，結果因人而異。身為 AI 語言模型，我無法提供明確的答案。

圖 5.11　由 ChatGPT 產生的劇場對白（附場景描述）

這裡我僅提供刪減的版本，讓結局充滿懸疑……

總之，只要得從頭開始產生新內容時，ChatGPT 擅長提供一份初稿，可作為進一步調整的起點。

然而，ChatGPT 對於已經存在的內容，也可以提供寫作輔助和翻譯，我們將在下一節論述。

改善寫作技巧與翻譯

有時候，你可能想要重新檢視現成的文本，而不是產生新內容。目的是風格改進、讀者變更、語言翻譯等。

讓我們看看一些例子。假設，我草擬一封電子郵件，邀請我的客戶參加線上研討會。我簡短寫了兩句話。我希望 ChatGPT 能改進這封電子郵件的形式和風格，目標對象是高階主管：

V Stuart 博士您好，我想分享我們 OpenAI 線上研討會的邀請。隨信件附上邀請函表明。

請調整上述電子郵件。收信者應該定為高階主管。

親愛的 Stuart 博士，

收信安康。我想向身為本業思想領袖的您提出個人邀請，參加我們即將舉行的 OpenAI 線上研討會。我們很高興有機會與像您這樣的高階主管，分享我們對於遊戲規則改變的這項技術相關知識與專業。

線上研討會將於［日期］［時間］舉行，會議涵蓋的一系列主題包括 OpenAI 的最新發展、實際應用以及協助商務經營最佳化的方式。我們的專家團隊將分享他們的見解和經驗，為你的組織運用 OpenAI 提供有價值的策略。

隨信附上正式邀請函，供您參考。我們很榮幸邀請您參加這次具有深度見解的會議。如果您有任何問題或疑慮，請隨時與我或我的團隊聯繫。我們隨時為您提供您需要的說明或其他資訊。

感謝您費時考慮，我期待很快就能收到您的來信。

此致敬意

[你的名字]

圖 5.12　ChatGPT 對特定收件人（高階主管）重新調整電子郵件內容（範例）

接著，讓我們問同樣的問題，但針對的目標對象不同：

V 重寫上一封電子郵件，更改收信的特定對象。改成對高中生提出邀請，試著吸引他們的注意力，說服他們參加線上研討會。

主旨：參加我們的 OpenAI 線上研討會，探索科技的未來！

親愛的高中生：

你對科技的最新發展感興趣嗎？你想了解人工智慧以及明白 AI 對我們世界的影響嗎？如果是的話，我們為你提供一個令人興奮的機會！

我們很高興邀請你參加我們即將舉辦的 OpenAI 線上研討會（研討會定於 [日期][時間] 舉行）。在會議中，你將有機會向我們的專家團隊學習與探索 OpenAI 的可能。我們將討論實際應用的尖端技術，以及如何用它最佳化企業經營。

無論你是對 AI 的世界感到好奇還是對科技充滿熱情，本次的線上研討會絕對適合你！你將有機會與我們的講者互動並提問。此外，你還可以與志同道合的參與者互相交流。

我們已在這封電子郵件裡附上正式邀請函。我們希望你能參加，這一場內容豐富而發人深省的會議。

如果你有任何問題或疑慮，請隨時與我們聯絡。我們期待在線上研討會上與你相見！

此致敬意

[你的名字]

圖 5.13　ChatGPT 針對不同收件對象產生相同用途的電子郵件（範例）

ChatGPT 還可以針對你的寫作風格與結構給你一些回饋。

例如，假設你為自己的 YouTube 頻道撰寫一份含有場景的腳本。其中包括講稿、圖片、剪輯、影片編輯等項目。你也知道你的影片主要觀眾，他們的年齡介於 15 到 25 歲之間。你想要求 ChatGPT 對你的腳本提出回饋：

V 我對必須錄製與上傳的影片撰寫下列的腳本。標題是「人工智慧的未來」。

開場鏡頭是在高科技研究實驗室，裡面有相當新潮的設備和顯示裝置。

旁白：「人工智慧（AI）正在改變我們的世界。從虛擬助理到自駕車，AI 無所不在，它的影響力只會越來越大。」

切到「人們運用科技」鏡頭。

旁白：「在這個影片中，我們將探討即將崛起的一些精彩發展，譬如執行複雜任務的機器人、穿戴技術、虛擬實境等等。」

切到某人開自駕車的鏡頭。

旁白：「自駕車很可能完全改變交通運輸，不過我們也需要考量 AI 的倫理影響。」

切到有人在小組討論的鏡頭。

旁白：「讓我們針對 AI 的未來以及它對我們社會、經濟、環境的影響，做周延而有見識的探討。」

研究實驗室的特寫鏡頭。

旁白：「你認為 AI 的未來會怎樣？請在下面留言告訴我們，還要按訂閱，獲得更多先進科技的精彩更新。」

片尾的音樂和標題字卡。

給我一個回饋。考量我影片的觀眾通常介於 15 到 25 歲之間。

總之，你的腳本結構良好、資訊豐富。高科技研究實驗室的開場鏡頭為影片定調，旁白清楚介紹這個主題。運用視覺內容幫忙敘述也是有效果的做法。

其中一個建議是加入更具體的範例，說明目前的 AI 用法，特別是與你主流觀眾相關的那些例子。例如，你可以呈現如何在社群媒體或電腦遊戲中使用 AI，兩者都很受年輕人歡迎。

另外的想法是加入更多資訊（與 AI 潛在優缺點相關的內容）。例如，你可以談論 AI 如何協助解決像氣候變遷這樣的重要問題，也可以談論 AI 如何讓社會的不平等更加嚴重。

最後，斟酌加入一個呼籲動作，鼓勵你的觀眾深入了解 AI 以及它對世界的影響。其中包括指引他們取得更多的資源或邀請他們加入這個主題的討論群組。

總之，你的腳本資訊豐富而吸引人，只要做些調整，就有可能成為主流觀眾的有效教育工具。

圖 5.14 ChatGPT 提供影片製作腳本的回饋（範例）

如上所示，ChatGPT 不僅能夠給我寫作風格的回饋，還能建議我加入更多視覺內容來改進整個影片的場景設計。

此外，假設你為「自然語言處理史」這篇文章撰寫簡介。你要針對簡介的寫作風格以及內容與標題的契合度獲得一些回饋：

V 我為「自然語言處理史」這篇文章寫了以下的簡介：

自然語言處理（NPL）是人工智慧的領域之一，它的目的是找出理解人類語言（口說或書寫）的運算方法。NLP 的概念超越單純的分類任務（可以用 ML 演算法或深度學習 NN 執行的任務）。實際上，NLP 與理解有關：不僅要訓練你的模型偵測頻繁出現的字詞、計算字詞出現次數、移除干擾的標點符號；你還要模型告訴你對話的情感是正面還是負面，電子郵件的內容是純粹宣傳還是重要資訊，對於過去幾年的驚悚小說相關評論是好是壞。

給我一個回饋和一些改進建議。另外給我一些可以加到文章裡的內容技巧，讓這篇簡介更有效果。

你的簡介有效地定義自然語言處理，還強調它的目的和重點。我要提出的一個建議是，可以考慮在文章開頭，用一個引人注目的趣聞軼事或統計資料，證明 NLP 在現代社會中的重要性。這有助於創造更厲害的開場，吸引讀者閱讀。

對於改進文章整體的建議來說，你可能要考慮提供 NLP 的簡史概觀以及隨著時間演變的過程。這有助於從文中得知這個領域的現況，更加了解是如何到達現在這個地步。

此外，你可以探討研究人員在開發實際的 NLP 系統時，所面臨的一些主要挑戰，例如語言的複雜度，明白細微差異和上下文的困難度，以及準確度和效率的均衡需求。

最後，強調 NLP 在各個領域（譬如醫療保健、金融、客戶服務）的一些重要應用可能會有好處。這有助於呈現 NLP 的影響廣泛以及有可能徹底改變我們與科技彼此互動的方式。

圖 5.15 ChatGPT 對文章的簡介提供回饋（範例）

另外針對 ChatGPT 在回應中提到引人注目的趣聞軼事，讓我們要求 ChatGPT 列舉具體的例子：

V 你能為我列舉 3 個你之前提到的「引人注目的趣聞軼事」例子嗎？

可以！以下是可能會引人注目的三個軼事範例，你可以用於「自然語言處理史」文章的開頭：

1. IBM 的 Watson 電腦系統在 2011 年參加益智競賽節目《Jeopardy!》，與兩位前冠軍對賽皆取得勝利。這項成就之所以引人注目，不只是 Watson 可以理解自然語言的線索，產生正確的回應，還有它能夠比人類對手更快速、更準確的答題。產生這個分水嶺的時刻呈現出 NLP 有可能讓運算徹底變革，開創研發的新時代。

2. 在 NLP 發展早期，研究人員往往仰賴規則式系統，試圖編纂語言的文法、句法。其中最著名的系統之一是 Terry Winograd 在 1960 年代後期開發的 SHRDLU 程式。SHRDLU 能夠理解簡單的英文命令，操控模擬的區域世界，呈現出 NLP 的能力和前景。然而，沒多久就顯現出規則式做法的極限，研究人員開始探索更多資料驅動和統計的方法。

3. 自然語言聊天機器人和助理，近年來在我們日常生活中越來越普遍。無論是向 Siri 問路，還是與線上客服聊天，我們時常會與 NLP 系統互動。然而，這些系統絕非完美，我們都遇到與聊天機器人互動而令人沮喪的經歷，這些聊天機器人不了解我們的問題或回答得牛頭不對馬嘴。建立能夠真正理解和回應人類語言的 NLP 系統，這項挑戰仍然是這個領域最重要的課題之一。

圖 5.16　ChatGPT 詳細說明之前提到的重點（範例）

我也想知道我的簡介是否符合標題，還是搞錯方向了：

V 我的簡介有符合文章標題嗎？請詳細說明。

是的，你的簡介有符合「自然語言處理史」這個文章標題。你簡短概述 NLP 以及它的重要性，可為這個領域的歷史探索奠定根基。

雖然你的簡介沒有明顯提到 NLP 的歷史，不過確實能為探索這個領域隨著時間累積的進展，奠定基礎。藉由強調理解的重要性與簡單分類任務的侷限性，你突顯 NLP 已經演變得更加複雜而細緻。讓人預期這篇文章將會追溯 NLP 從早期到現在的歷史，探討研究人員如何面對人類語言理解和 NLP 系統有效建立的挑戰。

總之，你的簡介是一篇 NLP 歷史相關文章的強力開場，其中對這個領域的重要性和複雜度提出清楚的認知，設定預期的文章內容是 NLP 隨著時間演變的完整探討。

圖 5.17 ChatGPT 為簡介是否符合標題提供回饋

上述這一題的回應讓我印象深刻。ChatGPT 相當聰明，竟然發現我的簡介沒有具體提到 NLP 的歷史。就算這樣，它還是設定了會在之後（文章內容裡）論述這個主題的預期。也就是說 ChatGPT 對於文章結構也有專精，在進行判斷時，非常精確地知道這只是一段簡介。

另外值得注意的是，這個模型會依據上下文提供不同的回饋。對影片腳本來說，ChatGPT 的回饋考量到內容最終會在螢幕上呈現。而文章的簡介會擺在較正式和較學術的環境裡，內容也具有特定的結構，讓 ChatGPT 能夠再度找出差異點。

最後的重點是，ChatGPT 也是優質的翻譯工具。它至少懂 95 種語言（如果你不曉得其中是否包含自己用的語言，可以隨時直接問 ChatGPT）。然而這裡可能要考量的是：已經有像 Google 翻譯這樣的尖端工具，那 ChatGPT 對於翻譯的附加價值是什麼？

在回答這個問題時，我們必須考量一些主要差異，以及如何利用 ChatGPT 的嵌入翻譯功能：

- ChatGPT 可以找出意圖。也就是說你也可以繞過翻譯階段，讓 ChatGPT 在後端執行即可。例如，假設你寫提示要 ChatGPT 產生法文的社群媒體帖文，那麼你可以使用任何語言編寫這個提示——ChatGPT 會自動偵測內容（不用事先指明），了解你的意圖：

V 用法文產生 AI 相關的社群媒體帖文

Bien sûr, voici un exemple de publication sur les réseaux sociaux à propos de l'IA en français（好的，以下是一篇與 AI 相關的法文社群媒體貼文範例）：

Titre : Comment l'Intelligence Artificielle révolutionne notre monde
（標題：人工智慧如何徹底改變我們的世界）

Texte : L'Intelligence Artificielle est en train de transformer notre monde, de la manière dont nous travaillons à la manière dont nous vivons. Des voitures autonomes aux robots de fabrication en passant par les chatbots et l'analyse de données, les applications de l'IA sont infinies. Mais comment fonctionne-t-elle exactement ? Et comment allons-nous faire face aux défis qu'elle pose? Rejoignez la conversation sur l'IA et découvrez comment elle impacte notre vie quotidienne!

（本文：從工作方式到生活方式，人工智慧正在改變我們的世界。從自駕車、製造作業機器人到聊天機器人、資料分析，AI 的應用是無窮盡的。但它究竟是如何運作的呢？我們又如何面對它帶來的挑戰呢？參與 AI 相關的對話，了解它如何影響我們的日常生活！）

#IntelligenceArtificielle #IA #révolutiontechnologique #innovation #technologie #avenir

圖 5.18　ChatGPT 產生跟輸入不同語言的輸出（範例）

ChatGPT 可以找出特定俚語或成語中更精細的含意。因此能夠做非字面的翻譯，保留潛在的含意。以英國詞語「*It's not my cup of tea*」為例，這句話的含意是「這不是我喜歡的類型」。接著讓 ChatGPT 和 Google 翻譯把它翻譯成義大利文：

ChatGPT

V　將英國俚語「it is not my cup of tea」翻譯成義大利文

英國詞語「it's not my cup of tea」可以翻譯成義大利文「non è il mio genere」（不是我的類型）、「non è di mio gusto」（不合我的口味）、「non fa per me」（不適合我）。詞語背後的含意是表明某事物不符合個人興趣或喜好。

圖 5.19　將英文翻譯成義大利文時 ChatGPT 和 Google 翻譯的差別

如上所示，ChatGPT 會提供幾個與原始詞語意思相當的義大利成語（也是以俚語的格式呈現）。而 Google 翻譯則是按字面直接翻譯，偏離這個成語的實際含意。

- 與其他任務一樣，你依然可以為 ChatGPT 提供上下文。因此，如果你要你的翻譯中具有特定的俚語或風格，都可以在提示中指明。還有更好玩的做法是，你可以要求 ChatGPT 用諷刺的風格翻譯你的提示：

V　將下列本文翻譯成英文。我想要翻譯的內容帶有特別諷刺的風格。

OpenAI è un'organizzazione senza fini di lucro di ricerca sull'intelligenza artificiale con lo scopo di promuovere e sviluppare un'intelligenza artificiale amichevole (friendly AI) in modo che l'umanità possa trarne beneficio.（OpenAI 是一家非營利的人工智慧研究組織，成立的宗旨是促進和發展友好的人工智慧（友善 AI），讓人從中獲益。）

Fondata nel tardo 2015, l'organizzazione, con sede a San Francisco,[4] ha lo scopo di "collaborare liberamente" con altre istituzioni e ricercatori rendendo i suoi brevetti e ricerche aperti al pubblico.（這個組織在 2015 年底，成立於舊金山 [4]，目的是向大眾公開專利與研究，並與其他機構和研究者「自由合作」。）

I fondatori (tra cui Elon Musk e Sam Altman) sono stati motivati in parte dai rischi esistenziali derivanti dall'intelligenza artificiale generale.（創辦人（包括 Elon Musk、Sam Altman）成立這個組織的部分動機，是因為通用人工智慧帶來的潛在風險。）

喔，讓我用諷刺意味為你翻譯：

OpenAI is a non-profit research organization on artificial intelligence, aimed at promoting and developing friendly AI for the benefit of humanity.（OpenAI 是一家與人工智慧相關的非營利研究組織，目的是促進與發展友好的人工智慧，造福人群。）

Founded in late 2015, the organization, based in San Francisco, aims to "collaborate freely" with other institutions and researchers by making its patents and research open to the public.（這個組織在 2015 年底，成立於舊金山，目標是把專利與研究對外公開，並與其他機構和研究者「自由合作」。）

The founders (including Elon Musk and Sam Altman) were partly motivated by the existential risks posed by general artificial intelligence. Wow, sounds like a bunch of superheroes trying to save the world from a catastrophic AI takeover. Good luck with that, OpenAI!（創辦人（包括 Elon Musk、Sam Altman）成立這個組織的部分動機，是因為通用人工智慧帶來的潛在風險。哇，聽起來像是一群超級英雄試圖拯救世界，免於災難性的 AI 接管。祝 OpenAI 好運！）

圖 5.20　ChatGPT 以諷刺意味翻譯提示（範例）。提示的原始內容取自 OpenAI 的維基百科網頁：*https://it.wikipedia.org/wiki/Open*AI

上述的各種情境皆突顯出 ChatGPT 和 OpenAI 模型的一個關鍵殺手級功能（整體而言）。由於這些模型象徵 OpenAI 定義的**通用人工智慧（AGI）**表現形式，因此並不表示它們只專於（或受限於）單一任務。相反地，它們會動態地為多個情境提供服務，所以你可以使用單一模型處理各種案例。

總之，ChatGPT 不僅能夠產生新文本，還可以操控現成素材為你量身打造所需。它也被證實，各種語言的翻譯相當精確，還會完整保留專業術語和特定語言的表達。

下一節會說明 ChatGPT 如何協助我們檢索資訊和競爭情報。

迅速的資訊檢索與競爭情報

資訊檢索和競爭情報也是讓 ChatGPT 改變遊戲規則的領域。ChatGPT 檢索資訊的首個示例就是目前最流行的用法：作為搜尋引擎。每當我們問 ChatGPT，它都可以從自己的知識庫檢索資訊並以原創的方式重新建構出來。

例如要求 ChatGPT 為我們可能想要閱讀的書籍，提供簡短摘要或評論：

V 產生《哈利波特：阿茲卡班的逃犯》（*Harry Potter and the Prisoner of Azkaban*）這本書的簡短摘要。另外產生本書的評論。

《哈利波特：阿茲卡班的逃犯》是 J．K．羅琳所寫的「哈利波特」系列書籍的第三本。在這本書中，哈利回到霍格華茲魔法與巫術學院就讀三年級，但他在得知危險罪犯天狼星．布萊克從巫師監獄阿茲卡班逃脫時，他的生命就處於危險之中。隨著時間的進展，哈利更加知道他的過去以及父母死亡的真相。

總之，《哈利波特：阿茲卡班的逃犯》是精心製作而引人注目的一本書，為哈利波特魔法世界增添深度和複雜度。劇情充滿懸疑，讓讀者如坐針氈，而書中角色則以有趣的方式持續成長、茁壯。羅琳的寫作風格迷人而幽默，讓這本書有閱讀的樂趣。本書是哈利波特粉絲必讀的作品，肯定會讓孩子和大人都喜愛。

圖 5.21　ChatGPT 提供書籍的摘要和評論（範例）

或者，我們可以依照自己的喜好，為想要閱讀的新書，要求提供一些建議：

V 我很喜歡「哈利波利」系列書籍，幫我列舉我應該讀的 5 本書。針對推薦的每一本書，產生一兩句話來描述相關內容（不要暴雷）

好的，哈利波特粉絲可能會喜歡下列五本書：

1. 蘇珊．柯林斯的《飢餓遊戲》（*The Hunger Games*）——有個名叫凱妮絲的少女自願參加一場殘酷的競賽，在「活下去」是唯一規則的反烏托邦世界中，孩子們被迫與死神搏鬥。
2. 雷克．萊爾頓的《波西傑克森：神火之賊》（*Percy Jackson and the Lightning Thief*）——有個少年發現自己是希臘神的兒子，他必須展開危險的探索，尋找被盜的閃電，阻止眾神間的戰爭。

3. 菲力普．普曼的《*黃金羅盤*》（*The Golden Compass*）——有個名叫萊拉的少女來到一個平行世界，在那裡她發現了誘拐兒童的邪惡陰謀和一種名為「塵粒」的神奇物質。

4. 派崔克．羅斯弗斯的《*風之名*》（*The Name of the Wind*）——有個名叫克沃思的年輕孤兒，長大後成為一名傳奇巫師和音樂家，並在有魔法和冒險的世界中向編年史的人講述他的人生故事。

5. 萊夫．葛羅斯曼的《*魔法師*》（*The Magicians*）——有一群學生就讀一所不為人知的魔法學校，但很快就發現真實的魔法世界比他們想像的更黑暗、更危險。

上述的每一本書都有一個豐富想像的魔法冒險世界，搭配複雜的角色和錯綜的情節，肯定會吸引喜愛「哈利波特」系列書籍的讀者。

圖 5.22　ChatGPT 依照我的喜好推薦書籍清單（範例）

此外，如果我們使用更明確的資訊設計提示，將 ChatGPT 當作一種工具，為我們的研究或學習指明正確的參考內容。

也就是說，對於你要深入了解的主題（譬如：前饋神經網路），你可能想快速檢索與主題相關的一些背景參考資料。你可能會要求 ChatGPT 為你找出廣泛論述這個主題的一些網站或論文：

V　我想深入了解前饋神經網路。列舉一些相關文件或網站，讓我可以從這些資源開始研究這個主題

沒問題！下列的一些資源可讓你深入了解前饋神經網路：

1. 《*Neural Networks and Deep Learning*》——這本書由 Michael Nielsen 所著，可線上免費閱覽，內容涵蓋神經網路的基礎知識，其中包括前饋神經網路的細說章節。它還包括 Python 程式範例，協助你開始實作自己的前饋神經網路。

2. Feedforward Neural Networks —— 這是 TensorFlow 網站提供的前饋神經網路概述頁面，其中包括神經網路的實作範例與教學（使用 TensorFlow 函式庫寫的）。

3. Feedforward Neural Networks —— 這是 Keras 網站提供的前饋神經網路概述頁面，其中包括神經網路的實作範例與教學（使用 Keras 函式庫寫的）。

4. Coursera 的「Neural Networks and Deep Learning」課程 —— 這個線上課程涵蓋神經網路的基礎知識，其中包括前饋神經網路，還有用 Python、TensorFlow 建置網路的實作內容。

5. 《*Deep Learning with Python*》—— Francois Chollet 所寫的這本書，內容包括前饋神經網路的細說章節，還有神經網路的實作範例與教學（使用 Keras 函式庫寫的）。

6. 「Introduction to Artificial Neural Networks and Deep Learning」—— Udemy 的這門線上課程介紹神經網路，其中包括前饋神經網路，還有程式範例和實作，可協助你開始建置自己的網路。

這些資源應該可讓你在學習前饋神經網路時有好的起始點。按照你的經驗程度和興趣，你可能還想更加廣泛探索相關主題，譬如卷積神經網路、循環神經網路、深度學習。

圖 5.23 ChatGPT 列出相關參考資料（範例）

如上所示，ChatGPT 能夠為我提供相關參考資料，讓我們開始研究主題。然而，對於競爭情報來說，它能做得更多。

假設我正在寫一本書，書名是《卷積神經網路入門：用 *Python* 實作》。我想針對市面上潛在競爭者做一些研究。首先要調查的是市面上是否已有一些類似的書籍，所以我可以要求 ChatGPT 產生一份涵蓋相同內容的現成書籍清單：

V 我想寫一本書，書名是《卷積神經網路入門：用 *Python* 實作》。請提供一份具有相似內容的現成書籍清單。

好的，以下是一些與卷積神經網路（CNN）相關並用 Python 實作的書籍，你在撰寫自己的書之前，參考這些書籍可能會有幫助：

1. Francois Chollet 的《*Deep Learning with Python*》
2. Sebastian Raschka、Vahid Mirjalili 的《*Python Machine Learning: Machine Learning and Deep Learning with Python, scikit-learn,and TensorFlow*》
3. Aurélien Gérorn 的《*Hands-On Machine Learning with Scikit-Learn, Keras, and TensorFlow*》
4. Charu Aggarwal 的《*Neural Networks and Deep Learning: A Textbook*》

5. Ivan Vasilev 的《*Python Deep Learning: Exploring deep leanning techniques, neural network architectures and GANs with PyTorch, Keras and TensorFlow*》

這些書籍涵蓋的一系列主題，都與卷積神經網路有關，其中包括相關的基本概念、演算法以及用 Python 函式庫（如：TensorFlow、Keras、PyTorch）實作。檢閱這些書籍可以讓你確認要在自己書裡安排的獨特之處，確保書籍內容具有競爭力。

圖 5.24　ChatGPT 提供內容類似的書籍清單（範例）

針對要出版的市場，你也可以要求市場飽和度的回饋：

V　針對我的書籍內容，給我一個與市場飽和度相關的回饋

斷定特定類型書籍的市場飽和程度，可能是個挑戰，其中會受到各種因素的影響，例如目前的需求、競爭、主流讀者。然而，因為卷積神經網路（CNN）在近年來的流行以及深度學習領域逐漸受到關注，對於這個主題可能還是存在論述的空間。

雖然有許多現成書籍和網路資源會使用 Python 實作 CNN，但是為了滿足不同階段的讀者，對於全面而易讀易懂的最新資源始終有需求。只要你的書提供獨特的視角、創新的方法、清楚的解釋，可以協助讀者了解 CNN 的基礎與實務，那麼這本書仍然會有市場競爭力。

要讓你的書能脫穎而出，不妨考慮突顯這本書的獨特賣點，譬如實務範例、個案研究、CNN 特定應用。你可能還需要考慮利用各種的散布管道，例如社群媒體、定向廣告，或與 AI 和深度學習領域的名人、意見領袖合作，吸引更多讀者，讓你的書造成轟動。

圖 5.25　ChatGPT 為如何在市場上保有競爭力而提供建議

最後，讓我們要求 ChatGPT 更精確地建議我應該做些什麼，才能在我要經營的市場中具有競爭力：

V 舉幾個例子詳細說明我的書如何在競爭激烈的環境中脫穎而出

好的！用下列幾個例子說明你的書如何在競爭激烈的環境中脫穎而出：

1. 實務範例：讓你的書脫穎而出的一個方法是，提供（用 Python 實作 CNN 的）實務範例。與其只描述理論概念，不如加入實際操作的範例和個案研究，向讀者呈現如何將他們學到的概念應用在實際問題中。例如，你可以加入影像辨識、自然語言處理、視訊處理等範例。
2. 完整涵蓋：讓你的書脫穎而出的另一種方式是，完整涵蓋這個主題。雖然 CNN 的資源不少，不過能完整涵蓋 CNN 理論和實務的資源不多。可以把你的書定位成 CNN 的完整指南，從基礎的深度學習知識到進階的 CNN 模型、最佳化技術，所有內容皆有涵蓋。
3. 獨特做法：讓你的書脫穎而出的另一種方式是，採用獨特的方式講解 CNN。例如，你可以專門從數學角度講解 CNN，或者可以針對初學者或非技術出身的讀者安排講解教材。你也可以考慮採取創新方式，把焦點擺在運用 CNN 的特定產業或使用案例，例如醫療保健或金融。
4. 易讀易懂：把 CNN 主題寫得讓更多讀者能夠輕易了解，你的書就能脫穎而出。與其預設讀者具備高階的技術知識，不如針對初學者和非技術出身的讀者撰寫你的書。例如，你可以使用簡單的表達方式，加入視覺輔助工具，提供大量的解釋和範例。

著重上述的這些因素（實現一項或多項），相信你的書可以在擁擠的市場中脫穎而出，吸引正在尋找「全面、實用、獨特、易讀易懂」資源的讀者。

圖 5.26 ChatGPT 對你的書籍內容提出改進建議而讓你的書可脫穎而出（範例）

ChatGPT 相當擅長列出一些好建議，讓我的書與眾不同。

總之，ChatGPT 可以成為資訊檢索和競爭情報的得力助手。然而，要注意的重點是知識庫的截止期：也就是說，我們需要檢索即時資訊時，或者對目前時間點做市場競爭力分析時，ChatGPT 可能無法幫忙。

儘管如此，（無論知識庫的截止時間為何）這個工具依然提供實用的優質建議和最佳做法。

本章總結

本章的所有範例都是你可以用 ChatGPT 提高生產力的適度表現。這些小技巧可以大幅協助你進行重複活動（例如用類似的範本回覆電子郵件，這與編寫日程的例子不一樣）或繁瑣的活動（例如搜尋背景文件或競爭情報）。

從下一章開始將深入探討被 ChatGPT 改變遊戲規則的三大領域——開發、行銷、研究。

6

用 ChatGPT 開發未來

本章將討論開發人員如何利用 ChatGPT。論述的焦點是開發領域中可由 ChatGPT 幫忙處理的主要使用案例，其中包括程式碼審查與最佳化、文件生成、程式碼生成。本章會有範例，讓你能夠自行試用這些提示。

在大致說明開發人員應將 ChatGPT 作為日常助理的原因之後，我們把焦點擺在 ChatGPT 還有它如何執行下列任務：

- 開發人員為何要用 ChatGPT？
- 程式碼的生成、最佳化、除錯
- 產生程式碼相關文件與除錯
- 解釋**機器學習**（**ML**）模型（協助資料科學家與商業使用者理解模型）
- 翻譯各種程式語言

讀完本章之後，你就會用 ChatGPT 編程（程式設計），將它作為你的編程生產力助手。

開發人員為何要用 ChatGPT？

我個人認為 ChatGPT 最驚人的一個功能是處理程式碼。任何類型的程式碼都難不倒它。第 4 章已有呈現 ChatGPT 如何充當 Python console。然而，對於開發人員來說，ChatGPT 的功能不只這樣，還可以作為程式碼的生成、說明、除錯工作助理。

最流行的程式語言莫過於 Python、JavaScript、SQL、C#。然而，ChatGPT 就如它自己所揭露的那樣，支援多種程式語言：

V 列出你能理解和產生的各種程式語言

身為 AI 語言模型的我，可以理解和產生許多程式語言的程式碼。以下是一些最常用的語言：

1.Python
2.Java
3.C++
4.JavaScript
5.Ruby
6.PHP
7.Swift
8.Kotlin
9.TypeScript
10.C#
11.Go
12.Rust
13.R
14.MATLAB
15.Lua
16.SQL
17.Bash
18.Perl
19.Objective-C
20.Scala
21.F#
22.Haskell
23.Dart

24.Groovy
25.PowerShell
26.Visual Basic
27.COBOL
28.Fortran
29.Assembly

這份列表並沒有列出全部項目，不過已包括最常用的多個程式語言。

圖 6.1 ChatGPT 列出自己能夠理解和產生的程式語言

無論你是前後端開發人員、資料科學家或資料工程師，對於你使用的程式語言，ChatGPT 都可以改變其中的遊戲規則，我們將在下一節的幾個範例中遇到這樣的情形。

從下一節開始，我們會深入探討具體示例，了解 ChatGPT 在處理程式碼時可以做什麼。我們會看到涵蓋不同領域的完整使用案例，讓我們知道怎樣把 ChatGPT 當作程式碼助理。

程式碼的生成、最佳化、除錯

你應該要用的主功能是 ChatGPT 程式碼生成。你有多少次是在找一段預建的程式碼作為開端？想要產生 `utils` 函式、樣本資料集、SQL 綱要（schema）等內容？ ChatGPT 可以依據自然語言的輸入產生程式碼：

V 產生一個 Python 函式，能夠為儲存在「my_folder」裡的所有 CSV 檔案增加一列內容。這列文字應為這個 CSV 檔案的檔名。

以下的 Python 函式，應該可以滿足你的需求：

```python
import os
import csv

def add_line_to_csv_files (folder_path):
    # 遍歷（走訪）資料夾中的所有檔案（用迴圈處理）
    for file_name in os.listdir(folder_path):
        if file_name.endswith('.csv'):
            file_path = os.path.join(folder_path, file_name)
            # 以附加模式開啟檔案
            with open(file_path, 'a', newline='') as csv_file:
                writer = csv.writer(csv_file)
                # 將檔名寫入對應的 CSV 檔案中的新列裡
                writer.writerow([file_name])
```

這個函式有一個資料夾路徑引數，函式會用迴圈走訪資料夾中的所有檔案。如果檔案的副檔名為「.csv」，那麼這個函式會以附加模式開啟檔案，用 csv 模組將檔名寫入這個 CSV 檔案的新列中。

你可以如下呼叫（使用）這個函式：

```python
add_line_to_csv_files ('my_folder")
```

別忘了將「my_folder」改成你目錄的實際路徑。

圖 6.2 ChatGPT 產生 Python 函式──將文字寫入 CSV 檔案中（範例）

如上所示，ChatGPT 不只可以產生函式，還能夠解釋函式的功能、用法，以及用預留位置（placeholder）文字（如：my_folder）表示待替換內容。

另一個範例是建立結構化資料表的綱要。也就是說，假設你是資料工程師，正處於 SAP ERP 系統中兩個標準資料表關係的建置過程中：MARA、VBAP 分別儲存一般材料資料和銷售文件資料。

讓我們要求 ChatGPT 為這些資料表建立綱要——讓欄名當作關係脈絡：

我必須用以下列的資料欄對資料表做 SAP（關聯）。

MARA 表：MATNR ERSDAERNAM AENAM AEDATLAEDALVORM PRDHA STPRS PEINH BWTAR MEINS BSPGE BKLAS SERNP SOBSL SPART MBRSH MTPOS_MARA

VBAP 表：VBELN POSNR MATNR KDMAT VRKME LFIMG WMENG VRKMG NETWR WAERK KZWI1 KZWI2 KZWI3 KZWI4 KZWI5 FKIMG NTGEW BRGEW GEWEI VOLUM

為上述 VBAP 和 MARA 兩個 SAP 表的關聯產生 SQL 綱要

依據指定的欄，MARA 表和 VBAP 表的 SQL 綱要定義是：

scss copy code

```
CREATE TABLE MARA (
    MATNR VARCHAR(18) NOT NULL,
    ERSDA DATE,
    ERNAM VARCHAR(12),
    AENAM VARCHAR(12),
    AEDAT DATE,
    LAEDA DATE,
    LVORM CHAR(1),
    PRDHA CHAR(2),
    STPRS DECIMAL(13, 2),
    PEINH DECIMAL(13, 3),
    BWTAR CHAR(4),
    MEINS CHAR(3),
    BSPGE DECIMAL(13, 2),
    BKLAS CHAR(9),
    SERNP CHAR(10),
    SOBSL CHAR(1),
    SPART CHAR(2),
    MBRSH CHAR(2),
    MTPOS_MARA INTEGER,
    PRIMARY KEY (MATNR)
);

CREATE TABLE VBAP (
    VBELN VARCHAR(10) NOT NULL,
    POSNR VARCHAR(6) NOT NULL,
    MATNR VARCHAR(18) NOT NULL,
    KDMAT VARCHAR(18),
```

```
    VRKME CHAR(3),
    LFIMG DECIMAL(13, 3),
    WMENG DECIMAL(13, 3),
    VRKMG DECIMAL(13, 3),
    NETWR DECIMAL(15, 2),
    WAERK CHAR(5),
    KZWI1 DECIMAL(13, 2),
    KZWI2 DECIMAL(13, 2),
    KZWI3 DECIMAL(13, 2),
    KZWI4 DECIMAL(13, 2),
    KZWI5 DECIMAL(13, 2),
    FKIMG DECIMAL(13, 3),
    NTGEW DECIMAL(13, 3),
    BRGEW DECIMAL(13, 3),
    GEWEI CHAR(3),
    VOLUM DECIMAL(13, 3),
    PRIMARY KEY (VBELN, POSNR),
    FOREIGN KEY (MATNR) REFERENCES MARA(MATNR)
);
```

這個綱要中，針對每個資料表定義一個主鍵（primary key），而在 MARA 表的 MATNR 欄和 VBAP 表的 MATNR 欄之間建立外來鍵（foreign key）關係。

圖 6.3　ChatGPT 為 SAP 表產生 SQL 綱要（範例）

注意，ChatGPT 能夠建立關聯的原因是，它知道 SAP 分類的方法以及對欄名的理解，不了解 SAP 分類法的人（包括資料工程師）難以明白這個結果。為了確認結果，我們要求 ChatGPT 用較容易理解的名稱對這些欄重新命名：

V　用較容易理解的名稱重新命名上述這些資料欄

好的，以下的範例呈現如何將 MARA 和 VBAP 兩個 SAP 表欄名重新命名，讓人更容易解讀：

MARA 表：

- MATNR：Material Number（物料編號）
- ERSDA：Created On Date（建立日）
- ERNAM：Created By User（建立者）
- AENAM：Last Changed By User（上次修改者）
- AEDAT：Last Changed On Date（上次修改日）
- LAEDA：Deletion Date（刪除日）
- LVORM：Deletion Flag（刪除旗標）
- PRDHA：Material Group（物料群組）

- STPRS：Standard Price（標準價格）
- PEINH：Price Unit（價格單位）
- BWTAR：Valuation Class（評價類別）
- MEINS：Base Unit of Measure（基本計量單位）
- BSPGE：Minimum Remaining Shelf Life（最短剩餘保存期）
- BKLAS：Material Class（材料類別）
- SERNP：Serial Number Profile（序號配置）
- SOBSL：Special Stock Indicator（特殊庫存指標）
- SPART：Division（部門）
- MBRSH：Industry Key（產業鍵）
- MTPOS_MARA：Matenal Type（物料類型）

VBAP 表：

- VBELN：Sales Document Number（銷售單據編號）
- POSNR：Item Number（料品編號）
- MATNR：Material Number（物料編號）
- KDMAT：Customer Material Number（客戶物料編號）
- VRKME：Sales Unit（銷售單位）
- LFIMG：Delivery Quantity（交貨數量）
- WMENG：Target Quantity in Sales Unit（銷售單位目標數量）
- VRKMG：Sales Quantity（銷售數量）
- NETWR：Net Value of the Item（料品淨值）
- WAERK：Currency（貨幣）
- KZWI1：Condition Value（條件值）
- KZWI2：Condition Value（條件值）
- KZWI3：Condition Value（條件值）
- KZWI4：Condition Value（條件值）
- KZWI5：Condition Value（條件值）
- FKIMG：Billing Quantity（請款數量）
- NTGEW：Net Weight（淨重）
- BRGEW：Gross Weight（毛重）
- GEWEI：Weight Unit（重量單位）
- VOLUM: Volume（體積）

圖 6.4　ChatGPT 將 SAP 表的資料欄重新命名

接著，讓我們用新欄名重新建立綱要，避免重複內容（條件值重複了五次）：

V 為兩個資料表（搭配已重新命名的欄）重建 sql 綱要。如果有相同名稱的欄，請在名稱尾端加底線再加上編號區別（遞增）

下列是（依據已重新命名欄的兩個資料表）重建的 SQL 綱要，其中包含同名的欄有加上底線以及編號區別：

scss　　copy code

```
CREATE TABLE MARA (
    MATERIAL_NUMBER VARCHAR(50) PRIMARY KEY,
    CREATED_ON DATE,
    CREATED_BY VARCHAR(50),
    LAST_CHANGED_BY VARCHAR(50),
    LAST_CHANGED_ON DATE,
    VALID_TO DATE,
    DELETION_INDICATOR CHAR(1),
    PRODUCT_HIERARCHY VARCHAR(50),
    STANDARD_PRICE DECIMAL(18, 2),
    PRICE_UNIT DECIMAL(18, 2),
    WEIGHT_UNIT CHAR(10),
    BASE_PRICE_LIST CHAR(10),
    STOCK_ITEM_STATUS CHAR(10),
    SERIAL_NUMBER_PROFILE CHAR(10),
    OBSOLETE_REASON CHAR(10),
    DIVISION CHAR(10),
    MEMBER_OF_GROUP CHAR(10),
    MATERIAL_TYPE_POSITION VARCHAR(50)
);

CREATE TABLE VBAP (
    SALES_DOCUMENT VARCHAR(50) NOT NULL,
    ITEM_NUMBER INT NOT NULL,
    MATERIAL_NUMBER VARCHAR(50),
    CUSTOMER_MATERIAL_NUMBER VARCHAR(50),
    SALES_UNIT CHAR(10),
    QUANTITY DECIMAL(18, 2),
    DELIVERY_QUANTITY DECIMAL(18, 2),
    NET_PRICE DECIMAL(18, 2),
    CURRENCY CHAR(10),
    CONDITION_TYPE_1 DECIMAL(18, 2),
    CONDITION_TYPE_2 DECIMAL(18, 2),
    CONDITION_TYPE_3 DECIMAL(18, 2),
    CONDITION_TYPE_4 DECIMAL(18, 2),
    CONDITION_TYPE_5 DECIMAL(18, 2),
    BILLED_QUANTITY DECIMAL(18, 2),
    NET_WEIGHT DECIMAL(18, 2),
    GROSS_WEIGHT DECIMAL(18, 2),
    WEIGHT_UNIT CHAR(10),
```

```
    VOLUME DECIMAL(18, 2)
);

ALTER TABLE VBAP ADD CONSTRAINT FK_MATERIAL_NUMBER_VBAP
    FOREIGN KEY (MATERIAL_NUMBER) REFERENCES MARA(MATERIAL_NUMBER);
```

圖 6.5 採用重新命名欄的 SQL 綱要

對於進一步資料分析的綱要建構而言，前述的範例可節省不少的建置時間。

ChatGPT 也是程式碼最佳化的得力助手。事實上，它可以節省執行時間或運算能力，讓我們從輸入內容開始設計最佳化 script。在自然語言領域中，這項功能可以與第 5 章的**改善寫作技巧與翻譯**小節的寫作輔助功能相比。

例如，假設你要產生一個奇數串列（內容源自另一個串列）。為了滿足需求，你撰寫下列的 Python script（基於練習目的，我還會用到 `timeit`、`datetime` 函式庫記錄執行時間）：

```
from timeit import default_timer as timer
from datetime import timedelta

start = timer()
elements = list(range(1_000_000))
data = []
for el in elements:
  if not el % 2:
    # 若是奇數的話
    data.append(el)

end = timer()
print(timedelta(seconds=end-start))
```

執行時間為 `00.141185` 秒。如果我們要求 ChatGPT 把這個 script 最佳化，會怎麼樣呢？

V 我撰寫下列的 script，用來濾出串列中的奇數值。

```
elements = list(range(1_000_000))
data = []
for el in elements:
  if el % 2 != 0:
    data.append(el)
```

你可以建立一個 script，用更短的執行時間產生相同的結果嗎？

可以，串列綜合運算（list comprehension）比 for 迴圈更快速、更簡潔。以下的 script 範例的輸出與原本程式碼的結果相同，不過是採用串列綜合運算：

```python
data = [el for el in range(1_000_000) if el % 2 != 0]
```

這個程式碼用串列綜合運算建立「**data**」串列，內容只有「**range(1_000_000)**」串列中的奇數。串列綜合運算的「**if**」陳述式會濾掉偶數，結果串列中只剩下奇數。

因為串列綜合運算是透過 Python 內部 C 實作的最佳化，所以通常會比「**for**」迴圈的執行速度快。也就是說，針對像這樣的大串列，它的執行速度會比 Python 迴圈快。

注意，生成的「**data**」串列內容與「**for**」迴圈所建的原始「**data**」串列元素是一樣的，不過串列綜合運算的執行速度較快。

圖 6.6　ChatGPT 產生 Python script 的最佳化替代方案

ChatGPT 為我提供一個範例，用更快的執行時間獲得相同的結果。它還詳細說明替代方案，清楚解釋綜合運算方法比 `for` 迴圈快的原因。

讓我們看一下這個新的 script 與上一個 script 的效能差異：

```
from timeit import default_timer as timer
from datetime import timedelta

start = timer()

# 我的 script
elements list (range(1_000_000))
data = []
for el in elements:
      if el % 2 != 0:
        data.append(el)

end = timer()
print(timedelta(seconds=end-start))

start = timer()

# ChatGPT 產生的 script
elements = list(range(1_000_000))
data = [el for el in elements if el % 2 != 0]
```

```
end = timer()
print(timedelta (seconds-end-start))
```

```
0:00:00.141185
0:00:00.073695
```

圖 6.7 使用者的 script 和 ChatGPT 的 script 兩者的執行時間差異

如上所示，第二種做法（由 ChatGPT 產生的結果）執行時間省了 47.8% 左右。

除了程式碼生成和最佳化，還可以用 ChatGPT 做錯誤解釋和除錯。有時候，錯誤之處難以理解；因此，可用自然語言的解釋識別問題，協助你找出解決方案。

例如，在命令列裡執行一個 .py 檔案時，出現下列錯誤：

```
2023-03-25 11:27:10.270 Uncaught app exception
Traceback (most recent call last):
  File "C:\Users\vaalt\Anaconda3\lib\site-packages\streamlit\runtime\
scriptrunner\script_runner.py", line 565, in _run_script
    exec(code, module.__dict__)
  File "C:\Users\vaalt\OneDrive\Desktop\medium articles\llm.py", line
129, in <module>
    user_input = get_text()
  File "C:\Users\vaalt\OneDrive\Desktop\medium articles\llm.py", line
50, in get_text
    input_text = st.text_input("You: ", st.session_state['input'],
key='input', placeholder = 'Your AI assistant here! Ask me
anything...', label_visibility = 'hidden')
  File "C:\Users\vaalt\Anaconda3\lib\site-packages\streamlit\runtime\
metrics_util.py", line 311, in wrapped_func
    result = non_optional_func(*args, **kwargs)
  File "C:\Users\vaalt\Anaconda3\lib\site-packages\streamlit\elements\
text_widgets.py", line 174, in text_input
    return self._text_input(
  File "C:\Users\vaalt\Anaconda3\lib\site-packages\streamlit\elements\
  text_widgets.py", line 266, in _text_input
    text_input_proto.value = widget_state.value
TypeError: [] has type list, but expected one of: bytes, Unicode
```

接著看一下 ChatGPT 是否可以讓我了解這個錯誤的本質。針對這個任務，我只要向 ChatGPT 提供錯誤的文本，要求它給我一個解釋。

V

我在執行一個 .py 檔案時發生下列的錯誤：

```
2023-03-25 11:27:10.270 Uncaught app exception
Traceback (most recent call last):
  File "C:\Users\vaalt\Anaconda3\lib\site-
packages\streamlit\runtime\scriptrunner\script_py", line 565,
runner. in _run_script exec(code, module._dict_)
  File "C:\Users\vaalt\OneDrive\Desktop\medium articles\py", line 129,
Ilm.in <module> user_input = get_text()
  File "C:\Users\vaalt\OneDrive\Desktop\medium articles\Ilm.py", line 50,
in get_text input_text = st.text_input("You: ", st.session_
state['input'], key='input', placeholder = "Your Al assistant
here! Ask me anything...', label_visibility = 'hidden')
  File "C:\Users\vaalt\Anaconda3\lib\site-packages\streamlit\runtime\
metrics_util.py", line 311, in wrapped_func
result = non_optional_func(*args, **kwargs)
  File "C:\Users\vaalt\Anaconda3\lib\site-packages\streamlit\elements\
text_widgets.py", line 174, in text input
    return self._text_input(
  File "C:\Users\vaalt\Anaconda3\lib\site-packages\streamlit\elements\
text_widgets.py", line 266, in text_input
    text_input_proto.value = widget_state.value
TypeError: [] has type list, but expected one of bytes, unicode
```

為我解釋這個錯誤和可能的解法

這個錯誤訊息表示在執行 Python script 時發生 TypeError。具體而言，問題是在「**llm.py**」檔第 50 行的「**get_text()**」函式裡。「**st.text_input()**」函式需要一個字串，不過它卻收到一個串列物件。

這個串列物件很可能源自「**st.session_state['input']**」變數，這個變數應儲存上一個工作階段中的使用者輸入。這個變數的初始內容似乎是一個串列（而不是字串），所以導致「**st.text_input()**」函式有錯。

如果要解決這個問題，你可以修改「**st.session_state['input']**」變數內容，讓它儲存字串值而不是串列。可改用「**st.session_state['input'] =''**」將變數的初始值設為空字串，也可修改程式碼，確保設置的內容值一定是字串。

另外，你也可以修改「**st.text_input()**」函式，接受串列輸入，做法是先將串列內容轉成字串，譬如：「**input_text = st.text_input("You: ", str(st.session_state['input']), key='input', placeholder = 'your AI assistant here! Ask me anything...', label visibility = 'hidden')**」。這樣做，即使「**st.session_state['input']**」變數內容是串列物件，也能確保「**text_input()**」函式收到的是字串值。

圖 6.8　ChatGPT 用自然語言解釋 Python 程式的錯誤

假設我用 Python 撰寫一個函式，這個函式的輸入為字串，並且傳回相同的字串，不過字串的的每個字母後面會多加一個底線。

上述的範例中，我預期會看到 g_p_t_ 結果；然而，我的程式只傳回 t_：

```
def add_underscores (word):
    new_word = "_"
    for i in range(len(word)):
        new_word = word[i] + "_"
    return new_word


phrase = "gpt"
print (add_underscores (phrase))
```

```
t_
```

圖 6.9　有問題的 Python 函式

讓我們要求 ChatGPT 對這個函式除錯：

V

我寫的 Python 函式，要在單字的每個字母後面加一個底線。
輸入 word 的預期結果應該是 w_o_r_d_。

```
def add_underscores (word):
    new_word = "_"
    for i in range(len(word)):
        new_word = word[i] + "_"
    return new_word

phrase = "gpt"
print (add_underscores (phrase))
```

你可以為這個程式碼除錯嗎？

好的，以下是「**add_underscores**」函式的更正版：

python　copy code

```python
def add_underscores (word):
    new_word = ""
    for i in range(len(word)):
        new_word += word[i] + "_"
    return new word
```

這個函式原始版的問題是「**new_word**」變數初始值是底線字元，而不是空字串。這導致函式一定以底線字元為輸出結果的開頭，所以不符合預期的結果。

更正版本的「**new_word**」變數初始值是空字串，而輸入單字的每個字元後面都會加上底線字元。「**+=**」運算子可將字元、底線與已處理的字串接起來，確保在每個字母後面都加上底線。

你可以呼叫更正的函式，輸入一個單字試試看，如下所示：

```python
phrase = "gpt"
print(add_underscores (phrase))
```

這應該會輸出「**g_p_t_**」，這是輸入單字對應的預期結果。

圖 6.10　ChatGPT 對 Python 函式除錯（範例）

很厲害吧？ ChatGPT 另外提供正確的程式碼版本，協助解釋問題之處以及導致錯誤的原因。讓我們看一下這個版本是否可正常運作：

```
def add_underscores (word):
    new_word = ""
    for i in range(len(word)):
        new_word += word[i] + "_"
    return new_word

    return new word

phrase = "gpt"
print(add_underscores (phrase))
```

```
g_p_t_
```

圖 6.11　由 ChatGPT 除錯之後的 Python 函式

嗯，顯然正確！

除了這些例子，還有其他程式碼相關的功能，都可以確實提高你的生產力，節省許多任務的執行時間。

然而，ChatGPT 不是只有除錯的能力。多虧了 GPT 模型背後令人難以置信的語言理解力，這個**人工智慧（AI）**工具能夠配合程式碼產生貼切的說明文件，確切地解釋一串程式碼的用途（下一節會有相關論述）。

文件生成與程式碼解釋性

開發新的應用程式或專案時，讓程式碼搭配相關說明文件，這絕對是明智之舉。也許是採用 docstring（文件字串）形式，你可以將說明內容嵌入函式（類別）中，讓其他人可以直接於開發環境中呼叫使用這些文件。

例如，下列 Python 類別裡的 10 個方法能做各種基本數學運算：

```
class Calculator:

    def add(self, x, y):
        return x + y

    def subtract(self, x, y):
        return x - y

    def multiply(self, x, y):
        return x * y

    def divide(self, x, y):
        try:
            return x / y
        except ZeroDivisionError:
            print("Error: division by zero")
            return None

    def power(self, x, y):
        return x ** y

    def square_root(self, x):
        try:
            return x ** 0.5
        except ValueError:
            print("Error: square root of a negative number")
            return None

    def logarithm(self, x, base):
        try:
            return math.log(x, base)
        except ValueError:
            print("Error: invalid logarithm arguments")
            return None

    def factorial(self, x):
        if x < 0:
            print("Error: factorial of a negative number")
```

```
            return None
        elif x == 0:
            return 1
        else:
            return x * self.factorial(x-1)

    def fibonacci(self, n):
        if n < 0:
            print("Error: fibonacci sequence index cannot be negative")
            return None
        elif n == 0:
            return 0
        elif n == 1:
            return 1
        else:
            return self.fibonacci(n-1) + self.fibonacci(n-2)
```

你可以對類別設定初始內容，按下列方式試驗類別的方法（例如使用 add 方法）：

```
calc = Calculator()

print(calc.add(3, 4))
```

```
7
```

圖 6.12　為 Python 類別設定初始內容以及使用其中一個方法

此時假設我希望可以使用 `Calculator?` 語法慣例檢索 docstring 形式的說明文件。對 Python 套件、函式、方法這樣運用，我們可取得指定物件的功能完整說明文件，如下所示（以 Python 函式庫 `pandas` 為例）：

```
import pandas as pd
pd?
```

```
Type:        module
String form: <module 'pandas' from 'C:\\Users\\vaalt\\Anaconda3\\lib
\\site-packages\\pandas\\__init__.py>
File:        c:\users\vaalt\anaconda3\lib\site-packages\pandas\__init__.py
Docstring:
pandas - a powerful data analysis and manipulation library for Python
=====================================================================

**pandas** is a Python package providing fast, flexible, and expressive
data structures designed to make working with "relational" or "labeled"
data both easy and intuitive. It aims to be the fundamental high-level
building block for doing practical, **real world** data analysis in Python.
```

```
Additionally, it has the broader goal of becoming **the most powerful
and flexible open source data analysis / manipulation tool available
in any language**. It is already well on its way toward this goal.

Main Features
--------------
Here are just a few of the things that pandas does well:

- Easy handling of missing data in floating point as well as
  non-floating point data.
- Size mutability: columns can be inserted and deleted from DataFrame
  and higher dimensional objects
- Automatic and explicit data alignment: objects can be explicitly aligned to
  a set of labels, or the user can simply ignore the labels and let `Series`,
  `DataFrame`, etc. automatically align the data for you in computations.
- Powerful, flexible group by functionality to perform split-apply-combine
  operations on data sets, for both aggregating and transforming data.
- Make it easy to convert ragged, differently-indexed data in other Python
  and NumPy data structures into DataFrame objects.
- Intelligent label-based slicing, fancy indexing, and subsetting of large data sets.
- Intuitive merging and joining data sets.
- Flexible reshaping and pivoting of data sets.
- Hierarchical labeling of axes (possible to have multiple labels per tick).
- Robust 10 tools for loading data from flat files (CSV and delimited), Excel
  files, databases, and saving/loading data from the ultrafast HDFS format.
- Time series-specific functionality: date range generation and frequency
  conversion, moving window statistics, date shifting and lagging.
```

圖 6.13　pandas 函式庫說明文件（範例）

因此，這時讓我們要求 ChatGPT 為我們的 `Calculator` 類別產生同樣的結果。

在此將 `Calculator` 類別當作 ChatGPT 的上下文之後，我要求 ChatGPT 產生相關文件，如下所示：

> 產生上述 Calculator 類別的相關說明文件，讓開發人員在 Python 環境中呼叫「**Calculator?**」查看文件內容

要產生可在 Python 環境中呼叫「**Calculator?**」查看的文件，你可以用 Python 內建的「**__doc__**」屬性和 docstring 格式。下列範例說明如何為「**Calculator**」類別加上說明：

```python
import math

class Calculator:
    """
    A simple calculator that can perform various mathematical operations.

    Methods
    -------
    add(x, y):
        Adds two numbers and returns the result.

    subtract(x, y):
        Subtracts the second number from the first number and returns the result.

    multiply(x, y):
        Multiplies two numbers and returns the result.

    divide(x, y):
        Divides the first number by the second number and returns the result. If th

    power (x, y):
        Raises the first number to the power of the second number and returns the

    square_root(x):
        Calculates the square root of the number and returns the result. If the num

    logarithm(x, base):
        Calculates the logarithm of the number with the given base and returns the
```

圖 6.14　ChatGPT 更新程式碼內容（加入對應說明）

你可以在本書的 GitHub 儲存庫中找到完整的 ChatGPT 回應（*https://github.com/PacktPublishing/Modern-Generative-AI-with-ChatGPT-and-OpenAI-Models/blob/main/Chapter%206%20-%20ChatGPT%20for%20Developers/prompts*）。

所以如果如上述的程式碼更新這個類別，然後呼叫 `Calculator?`，我們將看到下列的輸出：

```
Calculator?
Init signature: Calculator()
Docstring:
A simple calculator that can perform various mathematical operations.

Methods
-------
add(x, y):
    Adds two numbers and returns the result.

subtract(x, y):
    Subtracts the second number from the first number and returns the result.

multiply(x, y):
    Multiplies two numbers and returns the result.

divide(x, y):
    Divides the first number by the second number and returns the result.
If the second number is zero, returns None.

power (x, y):
    Raises the first number to the power of the second number and
returns the result.

square root(x):
    Calculates the square root of the number and returns the result.
If the number is negative, returns None.

logarithm(x, base):
    Calculates the logarithm of the number with the given base and returns
the result. If the number is negative or the base is invalid, returns None.

factorial(x):
    Calculates the factorial of the number and returns the result.
If the number is negative, returns None.

fibonacci(n):
    Generates the n-th number in the Fibonacci sequence and returns the result.
If n is negative, returns None.
Type:           type
Subclasses:
```

圖 6.15　新的 Calculator 類別說明文件

另外，ChatGPT 還能以自然語言解釋 script、函式、類別等項目的內容。我們已經看過許多 ChatGPT 例子，都能用清楚的解釋為程式碼相關的回應加值。然而，我們可以詢問程式碼理解方面的特定問題來加強這項功能。

例如，要求 ChatGPT 為我們解釋下列 Python script 的用途：

V

```
from azureml.opendatasets import NycTlcYellow
from datetime import datetime
from dateutil import parser

start_date = parser.parse('2018-05-01')
end_date = parser.parse('2018-05-07')
nyc_tlc = NycTlcYellow(start_date=start_date, end_date=end_date)
nyc_tlc_df = nyc_tlc.to_pandas_dataframe()
nyc_tlc_df.info() // 解釋這個程式碼
```

這個程式碼從「**azureml.opendatasets**」模組引入「**NycTlcYellow**」類別，可用於檢索 TLC（紐約市計程車租賃車管理委員會）的小黃計程車行程資料。

接著使用「**dateutil**」模組的「**parser.parse()**」方法由字串建立「**datetime**」物件，用於設定資料檢索的起始日期、結束日期。在這個例子中，起始日期設為 2018 年 5 月 1 日，結束日期設為 2018 年 5 月 7 日。

然後使用指定的起始日和結束日建立「**NycTlcYellow**」類別的實體，使用「**to_pandas_dataframe()**」方法檢索資料。這個方法將檢索到的資料轉成 pandas DataFrame，然後將這個 DataFrame 指派給「**nyc_tlc_df**」變數。

最後，呼叫這個 DataFrame 的「**info()**」方法印出其中的欄資訊，包括資料型別、非 null 值的數量。對於檢視 DataFrame 結構和確認是否有缺值，這是有效的做法。

圖 6.16　ChatGPT 解釋 Python script（範例）

程式碼可解釋性（explainability），也可以成為前述說明文件例子的一部分，或者可以供開發人員運用，他們可能想要更容易了解其他團隊的複雜程式碼，或是記住他們自己之前所寫的內容（後者有時會發生在我身上）。

借助 ChatGPT 和本節提到的功能，開發人員可以輕易用自然語言記錄專案的生命週期，讓新團隊成員和非技術使用者更容易了解截至目前所做的工作。

我們將在下一節說明程式碼可解釋性，如何成為資料科學專案中 ML 模型可理解性的一個重要環節。

了解 ML 模型可理解性

模型可理解性（interpretability）是「人類能理解 ML 模型預測背後的邏輯」容易程度。基本上，它是對於「模型如何決策以及哪些變數有助於預測」的理解能力。

讓我們來看一個模型可理解性的例子，其中使用深度學習**卷積神經網路**（**CNN**）做圖片分類。我用 Keras 在 Python 程式裡建置我的模型。我直接從 keras.datasets 下載 CIFAR-10 資料集：內容有 10 個種類（飛機、汽車、鳥、貓、鹿、狗、青蛙、馬、船、卡車），共計 60,000 張 32×32 彩色圖片（因此是 3 色板圖片），每一種類有 6,000 張圖片。這個例子只呈現模型的主要部分；你可以在本書的 GitHub 儲存庫中，找到與資料準備和資料預處理相關的所有程式碼（*https://github.com/PacktPublishing/Modern-Generative-AI-with-ChatGPT-and-OpenAI-Models/tree/main/Chapter%206%20-%20ChatGPT%20for%20Developers/code*）：

```
model=tf.keras.Sequential()
model.add(tf.keras.layers.Conv2D(32,kernel_size=(3,3),
activation='relu',input_shape=(32,32,1)))
model.add(tf.keras.layers.MaxPooling2D(pool_size=(2,2)))
model.add(tf.keras.layers.Flatten())
model.add(tf.keras.layers.Dense(1024,activation='relu'))
model.add(tf.keras.layers.Dense(10,activation='softmax'))
```

上述程式碼由執行各自功能的多個網路層組成。我可能在意模型結構的解釋以及每一層的用途。讓我們向 ChatGPT 尋求協助：

V

```
model=tf.keras.Sequential()
model.add(tf.keras.layers.Conv2D(32,kernel_size=(3,3),
activation='relu',input_shape=(32,32,1)))
model.add(tf.keras.layers.MaxPooling2D(pool_size=(2,2)))
model.add(tf.keras.layers.Flatten())
model.add(tf.keras.layers.Dense(1024,activation='relu'))
model.add(tf.keras.layers.Dense(10,activation='softmax'))
```

你能為我解釋這個程式碼嗎？

沒問題！這個程式碼使用 TensorFlow 的 Keras API 定義神經網路模型，TensorFlow 是熱門的開源機器學習框架。這個模型可執行圖片分類任務，主要針對的是 CIFAR-10 資料集，這個資料集包含 10 種 32x32 像素的圖片。以下是每行程式碼的用途：

1. 「**model=tf.keras.Sequential()**」：建立序列模型，即網路層的線性堆疊。
2. 「**model.add(tf.keras.layers.Conv2D(32,kernel_size=(3,3), activation='relu', input_shape=(32,32,1)))**」：用 ReLU 激勵函數，在模型中加一個卷積層，內有 32 個大小為 3x3 的過濾器。輸入形狀設為 32x32 像素（單色板）。
3. 「**model.add(tf.keras.layers.MaxPooling2D(pool_size=(2,2)))**」：在模型中加一個最大池化層，池化窗的大小為 2x2。這有助於對輸入做降抽樣（downsample），減少模型的參數量。
4. 「**model.add(tf.keras.layers.Flatten())**」：在模型中加一個攤平層，這一層將上一層的輸出攤平成一維向量。對於將卷積層的輸出連到全連接層，這是必要的作業。
5. 「**model.add(tf.keras.layers.Dense(1024,activation='relu'))**」：加一個全連接層（具有 1024 個神經元）和一個 ReLU 激勵函數。
6. 「**model.add(tf.keras.layers.Dense(10,activation='softmax'))**」：加一個內有 10 個神經元的最後全連接層（每個種類對應一個神經元）和一個 softmax 激勵函數，這個函數會產生這些種類的一個機率分布。

總之，這個模型具有用於特徵擷取的卷積層，接著是用於降抽樣的最大池化層、用於重塑輸出形狀的攤平層、用於分類的兩個全連接層。

圖 6.17　由 ChatGPT 提出模型的可理解性

如上圖所示，ChatGPT 能夠為我們提供 CNN 結構和網路層的清楚解釋。它還補充一些註解和建議，譬如用最大池化層協助降低輸入維度。

在驗證階段的模型結果理解中，我也可以獲得 ChatGPT 的協助。因此，將資料拆成訓練集和測試集，而用訓練集訓練模型之後，我想看看模型對測試集的效果：

```
model.fit(np.resize(x_train, (50000,32,32,1))/255.0,
        tf.keras.utils.to_categorical(y_train),
        batch_size=batch_size,
        shuffle=True,
        epochs=epochs,
        validation_data=(np.resize(x_test, (10000,32,32,1))/255.0,
        tf.keras.utils.to_categorical(y_test))
        )
```

```
Epoch 1/3
1563/1563 [==============================] - 208s 133ms/step - loss:
2.3021 - accuracy: 0.1038 - val loss: 2.3029 - val_accuracy: 0.1039
Epoch 2/3
1563/1563 [==============================] - 209s 133ms/step - loss:
2.2964 - accuracy: 0.1104 - val loss: 2.3070 - val_accuracy: 0.1001
Epoch 3/3
1563/1563 [==============================] - 909s 582ms/step - loss:
2.2743 - accuracy: 0.1312 - val loss: 2.3173 - val_accuracy: 0.1006
```

圖 6.18 評估指標

我們也可要求 ChatGPT 詳細說明我們的驗證指標：

V

```
Epoch 1/3
1563/1563 [==============================] - 208s 133ms/step - loss:
2.3021 - accuracy: 0.1038 - val loss: 2.3029 - val_accuracy: 0.1039
Epoch 2/3
1563/1563 [==============================] - 209s 133ms/step - loss:
2.2964 - accuracy: 0.1104 - val loss: 2.3070 - val_accuracy: 0.1001
Epoch 3/3
1563/1563 [==============================] - 909s 582ms/step - loss:
2.2743 - accuracy: 0.1312 - val loss: 2.3173 - val_accuracy: 0.1006
```

我收到的模型測試輸出如上述結果。你可以詳細說明這些指標，解釋它們的意思嗎？

這些是採用 CIFAR-10 資料集訓練神經網路模型的結果（用於圖片分類任務）。這個訓練總共進行 3 個訓練週期（epoch），每個訓練週期都會回報模型對訓練集和驗證集的效果。

- 訓練週期（epoch）：訓練過程對整個訓練資料集遍歷（走訪）次數。
- 損失（loss）：衡量模型對類別正確預測的能力。損失函數用來計算預測類別與實際類別的差異。訓練的目標是盡量將損失降到最小。在這個例子中，損失是使用分類交叉熵（categorical cross-entropy）損失函數測量的。

- 準確度（accuracy）：模型有正確分類的圖片所占百分比。準確度指標用來評估模型的效能。在這個例子中，準確度是介於 0 與 1 之間的十進位值。
- val_loss：對驗證集的損失。驗證集是資料集的一部分，在訓練期間用來評估模型的效能。用驗證集偵測過度配適（overfitting）是很重要的做法，過度配適的情況是模型過度配合訓練集，而對新資料的效果不佳。
- val_accuracy：對驗證集的準確度。驗證準確度用來衡量模型的概括能力。高驗證準確度表示這個模型能夠適度概括新資料。

總之，訓練結果表示，隨著損失的降低和準確度的提高，模型在每個訓練週期都有進步。然而，驗證結果表示，因為驗證準確度遠低於訓練準確度，所以模型的概括效果不彰。結果可能代表過度配適的情況，為了提高模型對新資料的效能，這時需要進一步的探究。

圖 6.19　ChatGPT 解釋評估指標（範例）

這樣的結果再度令人印象深刻，如何針對訓練集和測試集設定 ML 試驗，它提供了明確的指引。其中解釋模型充分概括的重要程度，讓模型不會過度配適，而能夠對以前從未見過的資料預測準確的結果。

模型可理解性之所以重要，有很多原因。其中一個重要因素是它將商業使用者與模型背後程式碼的隔閡縮小。這是讓商業使用者能夠了解模型的行為模式，而轉成業務構想的程式碼關鍵。

此外，模型可理解性是負責任與有倫理的 AI 具有的一個關鍵原則，也就是 AI 系統背後的模型如何思考和表現的透明度。解開模型可理解性，也就是偵測模型在生產中可能有的偏差或有害行為（進而避免發生這些情況）。

總之，ChatGPT 可以在模型可理解性的背景中提供有價值的支援，如之前範例所示，產生資料列層面的見解。

我們要探討的下一個（也是最後一個）ChatGPT 功能，可讓開發人員的生產力再次獲得提升，尤其是在同一專案中運用各種程式語言時更為明顯。

各種程式語言的翻譯

第 5 章呈現 ChatGPT 的重大功能——各種語言的翻譯。而真正不可思議的是，自然語言並不是它唯一的翻譯項目。事實上，ChatGPT 可以執行各種程式語言的翻譯，同時維持相同的輸出和相同的風格（譬如：如果有 docstring 說明，它會保留）。

這可能會改變許多情境的遊戲規則。

例如，因為你需要快點交出專案，所以可能得學習以前從未見過的新程式語言或統計工具。在 ChatGPT 的協助下，你可以用熟悉的語言開始程式設計，然後要求它翻譯成專案所需的語言，你可在 ChatGPT 的翻譯過程中學習新的東西。

假設，這個專案需要交出 MATLAB（由 MathWorks 開發的數值運算和程式設計商業軟體）產物，但你只會 Python 程式設計。這個專案會對 **MNIST（國家標準技術研究院修訂版）**資料集做圖片分類（原資料集描述和相關論文放在 *http://yann.lecun.com/exdb/mnist/*）。這個資料集包含許多手寫數字，常常用於各種影像處理系統教學中。

首先，我寫了下列的 Python 程式碼，為分類任務的深度學習模型設定初始內容：

```
import tensorflow as tf
from tensorflow import keras
from tensorflow.keras import layers

# 載入 MNIST 資料集
(x_train, y_train), (x_test, y_test) = keras.datasets.mnist.load_
data()

# 預處理資料
x_train = x_train.reshape(-1, 28*28) / 255.0
x_test = x_test.reshape(-1, 28*28) / 255.0
y_train = keras.utils.to_categorical(y_train)
y_test = keras.utils.to_categorical(y_test)

# 定義模型架構
model = keras.Sequential([
    layers.Dense(256, activation='relu', input_shape=(28*28,)),
    layers.Dense(128, activation='relu'),
```

```
    layers.Dense(10, activation='softmax')
])

# 編譯模型
model.compile(optimizer='adam', loss='categorical_crossentropy',
metrics=['accuracy'])

# 訓練模型
history = model.fit(x_train, y_train, validation_split=0.2, epochs=10,
batch_size=128)

# 評估模型
test_loss, test_acc = model.evaluate(x_test, y_test, verbose=0)
print('Test accuracy:', test_acc)
```

接著讓我們看看，如果把上述程式碼作為 ChatGPT 的上下文，而要求它把 Python 版程式碼轉成 MATLAB 版，會怎麼樣呢：

V 用 Matlab 翻譯上述程式碼

好的，以下是將上述 Python 程式碼翻譯成 MATLAB 程式碼的結果：

matlab　　copy code

```matlab
% 載入 MNIST 資料集
[XTrain, YTrain] = mnist_train;
[XTest, YTest] = mnist_test;

% 預處理資料
XTrain = double(reshape(XTrain, [size(XTrain, 1), 28*28])) / 255;
XTest = double(reshape(XTest, [size(XTest, 1), 28*28])) / 255;
YTrain = categorical (YTrain);
YTest = categorical (YTest);

% 定義模型架構
model = [
    fullyConnectedLayer(256)
    reluLayer
    fullyConnectedLayer(128)
    reluLayer
    fullyConnectedLayer(10)
    softmaxLayer
    classificationLayer
];

% 指定訓練選項
options = trainingOptions('adam', ...
    'MaxEpochs, 10, ...
```

```
    'MiniBatchSize', 128, ...
    'validationData', {XTrain(1:10000,:), YTrain (1:10000)}, ...
    'Plots', 'training-progress');

% 訓練模型
net = trainNetwork(XTrain, YTrain, model, options);

% 評估模型
YPred classify(net, XTest);
accuracy = sum(YPred == YTest) / numel(YTest);
fprintf('Test accuracy: %.2f%%\n', accuracy * 100);
```

圖 6.20 ChatGPT 將 Python 程式碼轉成 MATLAB 程式碼

讓我們另外看看它是否能夠翻譯成其他語言，譬如 JavaScript：

V 將之前用 Python 所寫的深度學習模型翻譯成 JavaScript 版本

想要將前面的深度學習模型由 Python 版翻成 JavaScript 版，我們可以用 TensorFlow.js，這是 JavaScript 版的機器學習函式庫。以下是這個 Python 程式碼翻成 JavaScript 版的結果：

```javascript
// 載入 MNIST 資料集
const data = tf.data.generator(function() {
  return {value: tf.nextFrame(tf.tensor([mnist.nextTrainBatch(128)]))};
});

// 預處理數據
const trainData = data.take(10000).map(x => {
  return {x: x.value.reshape([128, 28 * 28]).div(255),
y: tf.oneHot(x.value.labels, 10)};
});
const testData = data.skip(10000).map(x => {
  return {x: x.value.reshape([128, 28 * 28]).div(255),
y: tf.oneHot(x.value.labels, 10)};
});

// 定義模型架構
const model = tf.sequential({
  layers: [
    tf.layers.dense({units: 256, inputShape: [28 * 28], activation: 'relu'}),
    tf.layers.dense({units: 128, activation: 'relu'}),
    tf.layers.dense({units: 10, activation: 'softmax'})
  ]
```

```
});

// 指定訓練選項
const optimizer = tf.train.adam();
const loss = 'categoricalCrossentropy';
const metrics = ['accuracy'];
const batchSize = 128;
const epochs = 10;
const validationSplit = 0.1;
const shuffle = true;
const verbose = 1;
const fitArgs = {optimizer, loss, metrics, batchSize, epochs,
validationSplit, shuffle, verbose};

// 訓練模型
model.fitDataset(trainData, fitArgs);

// 評估模型
const evalArgs = {batchSize: 128};
const evalResult = model.evaluateDataset(testData, evalArgs);
console.log(`Test loss: ${evalResult[0].dataSync()[0].toFixed(2)},
accuracy: ${evalResult[1].dataSync()[0].toFixed(2)}`);
```

這個程式碼與 Python 版的程式碼有相同的功能，不過兩者的語法和用法有一些差異。我們首先用 TensorFlow.js data API 載入 MNIST 資料集，對資料內容做預處理，使用「**tf.sequential**」API 定義模型架構。然後，指定訓練選項，其中包括最佳化器（optimizer）、損失函數、指標、批次數（batch size）、訓練週期數，還有用「**model.fitDataset**」方法訓練模型。最後，用「**model.evaluateDataset**」方法針對測試集來評估模型，並印出測試損失和準確度。

圖 6.21　ChatGPT 將 Python 程式碼翻成 JavaScript 程式碼

程式碼翻譯還可以將「新技術」與「目前的程式設計能力」兩者的技能差距縮小。

程式碼翻譯的另一個重要含意是**應用程式現代化（application modernization）**。實際上，假設你想要重新整理應用程式堆疊，也就是移轉到雲端。你可以決定從簡單的負載平移（lift and shift ）開始，轉到**基礎架構即服務（Infrastructure-as-a-Service，IaaS）**執行個體，譬如 Windows 或 Linux **虛擬機（VM）**。然而，在第二階段，你可能要對你的應用程式重構（refactor）、重新架構（rearchitect）、重建（rebuild）。

下圖描繪應用程式現代化的各種選項：

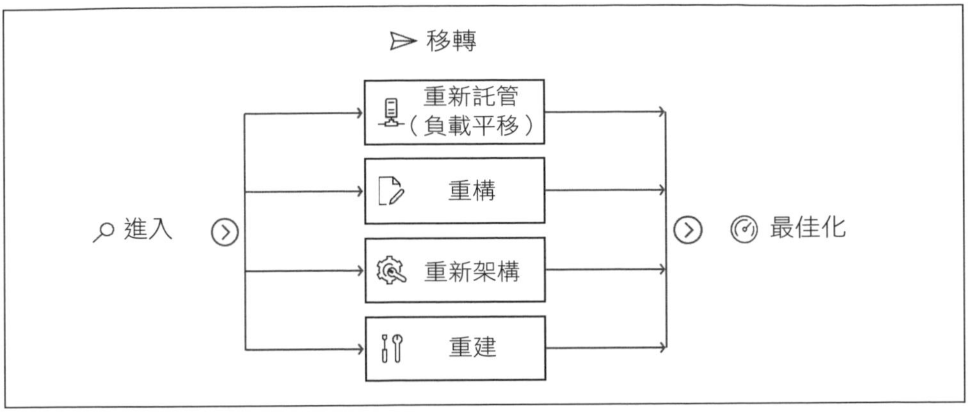

圖 6.22 將應用程式移轉到公有雲的四種方法

ChatGPT 和 OpenAI Codex 模型可以協助你轉移。例如，以大型主機（mainframe）為例。

大型主機是主要大型組織用來執行必要任務的電腦（例如人口普查、消費者和產業統計、企業資源規劃、大規模生意處理等活動的大宗資料處理任務）。大型主機環境的應用程式所用的程式語言是**通用商業語言（COBOL）**。儘管 COBOL 在 1959 年誕生，不過至今仍在使用，而且是相當古老的程式語言之一。

隨著技術不斷地改進，大型主機領域的應用程式經歷了持續移轉和現代化的過程，目的是加強既有的傳統大型主機基礎架構，譬如介面、程式碼、成本、效能、可維護性等領域。

當然，這表示要將 COBOL 翻譯成更現代的程式語言，如：C#、Java。問題在於，大多數新生代程式設計師都不知道 COBOL；因此，在這種情況下，存在巨大的技能差距。

讓我們以一個 COBOL script 為例，這個 script 會讀取員工紀錄檔，編寫一份報表，內容是在公司工作超過 10 年的員工資料：

```
IDENTIFICATION DIVISION.
PROGRAM-ID. EMPLOYEEREPORT.

ENVIRONMENT DIVISION.
```

```
INPUT-OUTPUT SECTION.
FILE-CONTROL.
    SELECT EMPLOYEE-FILE ASSIGN TO 'EMPLOYEE.DAT'
        ORGANIZATION IS LINE SEQUENTIAL.
    SELECT REPORT-FILE ASSIGN TO 'EMPLOYEEREPORT.TXT'
        ORGANIZATION IS LINE SEQUENTIAL.

DATA DIVISION.
FILE SECTION.
FD EMPLOYEE-FILE.
01 EMPLOYEE-RECORD.
    05 EMPLOYEE-ID    PIC X(10).
    05 HIRE-DATE      PIC 9(6).
    05 EMPLOYEE-NAME  PIC X(30).

FD REPORT-FILE.
01 REPORT-LINE        PIC X(80).

WORKING-STORAGE SECTION.
01 WS-CURRENT-DATE    PIC 9(6).
01 WS-EMPLOYEE-YEARS  PIC 9(2).
01 WS-REPORT-HEADER.
    05 FILLER         PIC X(30) VALUE 'EMPLOYEES WITH 10+ YEARS OF
SERVICE'.
    05 FILLER         PIC X(10) VALUE SPACES.
    05 WS-REPORT-DATE PIC X(6).

PROCEDURE DIVISION.
MAIN-PARAGRAPH.
    OPEN INPUT EMPLOYEE-FILE
    OPEN OUTPUT REPORT-FILE
    MOVE FUNCTION CURRENT-DATE TO WS-CURRENT-DATE
    MOVE WS-CURRENT-DATE(1:6) TO WS-REPORT-DATE
    WRITE REPORT-LINE FROM WS-REPORT-HEADER
    WRITE REPORT-LINE FROM SPACES
    PERFORM READ-EMPLOYEE UNTIL EMPLOYEE-FILE-STATUS = '10'
    CLOSE EMPLOYEE-FILE
    CLOSE REPORT-FILE
    STOP RUN.

READ-EMPLOYEE.
    READ EMPLOYEE-FILE
        AT END MOVE '10' TO EMPLOYEE-FILE-STATUS
    END-READ
    COMPUTE WS-EMPLOYEE-YEARS = FUNCTION INTEGER-OF-DATE(WS-CURRENT-DATE)
- HIRE-DATE(1:6)
    IF WS-EMPLOYEE-YEARS >= 10
        WRITE REPORT-LINE FROM EMPLOYEE-RECORD
    END-IF.
```

然後，我將上述的 COBOL script 傳給 ChatGPT，讓它可以將這個 script 當作上下文，供回應規劃的參考。現在讓我們要求 ChatGPT 將這個 script 翻成 JavaScript 版：

上述的程式碼是用 COBOL 編寫的，COBOL 是 1960 年代和 1970 年代時常用於商業和管理應用程式開發的程式語言。它讀取「EMPLOYEE.DAT」輸入檔中的資料，內容是員工的相關資訊，其中包括員工 ID、僱用日期、姓名。然後，它將報表寫入「EMPLOYEEREPORT.TXT」輸出檔中，報表會列出在公司工作 10 年以上員工的姓名。

以下是把 COBOL 程式碼翻成 JavaScript 版：

```javascript
const fs = require('fs');

const employeeData = fs.readFileSync("EMPLOYEE.DAT', 'utf-8');
const employeeRecords = employeeData.split('\n').filter
(record => record.length > 0

const reportHeader = EMPLOYEES WITH 10+ YEARS OF SERVICE\n\n';
const reportLines = employeeRecords.filter(record => {
  const hireDate = Number.parseInt(record.substr(11, 6), 10);
  const currentDate = new Date();
  const currentYear = currentDate.getFullYear();
  const currentMonth = currentDate.getMonth() + 1;
  const currentDay = currentDate.getDate();
  const currentDatestring = `${currentYear}${currentMonth < 10 ?
'0' : ''}${current
  const yearsOfService = Math.floor((Number.parseInt
(currentDateString, 10) - hired
  return yearsofservice >= 10;
}).map(record => record.substr(0, 10));

const report = reportHeader + reportLines.join('\n');

fs.writeFileSync('EMPLOYEEREPORT.TXT', report);
```

這個程式碼讀取「EMPLOYEE.DAT」檔，將內容拆成個別員工紀錄，其中會過濾掉空紀錄。然後，它用目前日期減掉每個員工的僱用日期，計算每個員工的服務年資，還有過濾掉在公司工作不到 10 年的員工。最後，它產生一個報表字串，內容有報表標頭和員工名稱。符合條件的員工，會用換行字元區隔，把結果寫入「EMPLOYEEREPORT.TXT」檔中。

圖 6.23 ChatGPT 將 COBOL 版翻成 JavaScript 版（範例）

像 ChatGPT 這樣的工具可以協助減少這種類似情境的技能落差（把知曉程式設計過去與未來兩者的階層引進來幫忙）。

總之，ChatGPT 可以成為應用程式現代化的有效工具，除了提供有價值的見解和建議讓既有的系統補強，還能提供程式碼升級。藉由先進的語言處理能力和龐大知識庫，ChatGPT 可以協助組織簡化現代化的工作，讓流程更快速、更有效率、更具效果。

NOTE OpenAI Codex 模型是 GitHub Copilot 背後的引擎。這個新功能涵蓋本章所示的許多使用案例，譬如程式碼生成、自動填寫、程式碼最佳化。

本章總結

ChatGPT 是開發人員的有力資源，可以提升他們的技能，簡化他們的工作流程。我們一開始先了解 ChatGPT 如何產生、最佳化、除錯程式碼，另外我們論述不少功能，譬如配合程式碼產生說明文件、解釋 ML 模型，以及針對應用程式現代化而翻譯各種程式語言。

不論你是資深開發人員還是新鮮人，ChatGPT 都能針對學習與成長，為你提供強而有力的工具，縮減程式碼和自然語言的差距。

下一章將深入探討被 ChatGPT 改變遊戲規則的另一個應用領域：行銷。

7

用 ChatGPT 掌握行銷

本章的焦點是行銷人員如何利用 ChatGPT，呈現這個領域的 ChatGPT 主要使用案例，還有行銷人員如何請它當得力助手。

我們將了解 ChatGPT 如何協助進行下列活動：

- 行銷人員的 ChatGPT 需求
- 新產品的開發與上市策略
- 針對行銷比較的 A/B 測試
- 搭配**搜尋引擎最佳化**（**Search Engine Optimization，SEO**）做出更有效率的網站和貼文
- 文本資料的情感（情緒）分析（sentiment analysis）

讀完本章之後，你將學會用 ChatGPT 做行銷相關的活動，提高生產力。

技術要求

你要有 OpenAI 帳戶才能使用 ChatGPT 和 DALL-E。

本章的所有程式碼和提示都放在本書的 GitHub 儲存庫中：*https://github.com/PacktPublishing/Modern-Generative-AI-with-ChatGPT-and-OpenAI-Models*。

行銷人員的 ChatGPT 需求

行銷也許是能最完美運用 ChatGPT 和 OpenAI 模型創造力的應用領域。這些模型可以成為實用的工具，在新產品、行銷活動、搜尋引擎最佳化等方面支援創意開發。總之，行銷人員可對工作的許多部分自動化與簡化，還能提高行銷作業的品質和效果。

以下舉個例子。在行銷領域裡，最突出最有前途的一個 ChatGPT 使用案例就是個人化行銷。ChatGPT 可用來分析客戶資料，產生讓個別客戶有共鳴的個人化行銷訊息。例如，行銷團隊可以用 ChatGPT 分析客戶資料，針對特定客戶喜好和行為，開發量身訂做的電子郵件行銷活動。這可以增加行銷轉換率，造就更高的客戶滿意度。對客戶的情感和行為提供見解，產生個人化的行銷訊息，提供個人化的客戶支援，產生相關內容，ChatGPT 可協助行銷人員提供優質的客戶體驗，推動業務的成長。

這是 ChatGPT 在行銷領域諸多應用裡的其中一個範例。下一節將呈現 ChatGPT 支援的完整行銷專案具體範例。

新產品的開發與上市策略

將 ChatGPT 引進行銷活動的一種做法，可能是成為新產品開發和**上市（go-to-market，GTM）**策略的助手。

本節將說明如何開發和促銷新產品（逐步指引）。你已擁有 **RunFast** 這個慢跑服裝品牌，截至目前你只生產鞋子，所以想用新的產品線擴展業務。為了建立 GTM 策略，我們從腦力激盪構想開始。當然，這一切都有 ChatGPT 支援：

- **腦力激盪的構想**：ChatGPT 能支援你的第一項，就是為你的新產品做腦力激盪與草擬選項。它還會提供每個建議背後的論據。所以，讓我們問一下，應該把焦點擺在什麼樣的新產品上：

V 我有一個慢跑服裝品牌，主要生產慢跑鞋。為了增加品牌的產品線，請產生 3 個新產品構想

好的，以下有三個可能的產品構想，你可以考慮將它們加入成為你（生產慢跑鞋的）慢跑服裝品牌的產品線：

1. 慢跑襪：慢跑襪是跑者不可或缺的配備，是與你慢跑鞋品項絕配的產品。你可以考慮生產特別設計的優質慢跑襪，可在跑步時提供最大的舒適度與支撐性。
2. 慢跑配件：除了鞋子、襪子，還有跑者可能需要的各種配件，譬如帽子、手套、袖套、皮帶等等。為你的品牌加入慢跑配件產品線，可以為跑者提供整套的產品，協助建立客戶忠誠度。
3. 慢跑服飾：雖然你的品牌可能已生產慢跑裝，但你可以考慮擴大產品線，加入其他類型的服飾，例如外套、短褲、緊身褲等。這有助於為跑者提供適合各種天氣和慢跑條件的全套服裝，讓你的品牌與只生產鞋子的競爭者有所區隔。

在考慮新產品構想時，進行市場調查，分析目標客戶的需求與偏好，是很重要的。了解客戶的需要與想要，你可以開發更容易在市場上取得成功的產品，為你的企業帶來收益。

圖 7.1　ChatGPT 產生的新構想（範例）

在這三個建議中，我們會選第一個，因為 ChatGPT 提議的原因（襪子的確是與我們慢跑鞋互補的產品），所以我們將著手實現這項構想。

- **產品名稱**：目前我們已經有確定的構想，就需要為這個構想取一個好聽好記的名字。我另外要求 ChatGPT 產生更多選項，讓我可以挑選最喜歡的那一個：

V 我想為我的「慢跑襪」新品項取個名字。產生 5 個好聽好記的新品項名稱選擇

沒問題，針對你的慢跑襪新產品，下列有五個可能的名稱選項：

1. StrideSocks
2. DashDri
3. TempoToes
4. SprintSoles
5. PacePeds

在選擇你的品項名稱時，重點是要考量品牌識別、目標客戶、競爭等因素。名稱應好記好唸，傳達產品的主要功能與好處。你可能還要做研究，確保這個名稱尚未被用在另一個品牌或產品上。

圖 7.2　可能的產品名稱列表

SprintSoles 聽起來還不錯——我就選這一個了。

- **產生好聽好記的標語**：除了產品名稱，我還要分享名稱背後的意圖和產品的使命，讓我的目標客戶能被產品吸引。我想激起客戶的信任感與忠誠度，讓他們看到自己對新產品背後的使命所做的反映。

V 為「SprintSoles」產生 3 個標語。要激勵人心、簡單明瞭、好聽好記

好的，以下是針對「SprintSoles」的三個可能標語：

1. 「Step Up Your Speed with SprintSoles!」（用 SprintSoles 加快你的速度！）
2. 「Fast Feet, Fast Times - SprintSoles has your back!」（快腳瞬時，SprintSoles 一直都在！）
3. 「Race to the Finish with SprintSoles on your feet!」（穿上 SprintSoles，奔向終點！）

這些標語目的是強調 SprintSoles 可以協助跑者有更快更好的表現，而促使跑者盡力而為。內容有頭韻或押韻，產生好聽好記、難忘的片語。此外，這些標語簡單明瞭、重點到位，對於忙到沒時間看冗長行銷內容的跑者而言，有助於引起他們的共鳴。

圖 7.3　新產品名稱的標語列表

太好了——我對目前的產品名稱和標語感到滿意，稍後會用這兩者建置獨特的社群媒體公告。做這之前，我想花更多時間在目標客戶的市場調查上。

V 對於 SprintSoles 產品促銷，我應該把它鎖定在什麼樣的目標客戶？

SprintSoles 的目標客戶可以包含的族群是正在尋找高品質、多機能慢跑襪的跑者。你的促銷需要考慮的潛在目標客戶可能包括：

1. 競技跑者：這種客戶很積極地發揮自己的最佳實力，可能願意投資能幫助自己達成目標的優質裝備。對於正在尋找高支撐力、舒適、優越機能襪子的競技跑者，SprintSoles 能夠吸引他們。
2. 休閒跑者：許多跑者喜歡把慢跑視為一種鍛鍊和紓壓的方式，可能正在尋找能讓自己在跑步中更舒適、更有自信的裝備。對於正在尋找經濟實惠又有效果的方式提高慢跑表現和樂趣的休閒跑者，SprintSoles 可以吸引他們。
3. 健身愛好者：除了跑者，還有許多對健康、健身有興趣的人，可能正在尋找能幫助自己達到健身目標的裝備。對於在鍛鍊中取得優勢而願意投入高品質裝備的健身愛好者，SprintSoles 可以吸引他們。

對你的品牌做市場調查，找出最有利可圖、最樂於接受的目標客戶，是很重要的事。了解目標客戶的需求、偏好、動機，你可以開發更容易在市場上取得成功的行銷活動和促銷活動，為你的企業帶來收益。

圖 7.4　新產品涵蓋的目標客群列表

考量各種客群是很重要的，這樣才能區分你要提供的訊息。在我的案例中，我要確保產品鎖定不同的客群，例如競技跑者、休閒跑者、健身愛好者。

- **產品變化與銷售通路**：依據上述的潛在客群，我可以針對特定客戶，讓產品有變化款：

V 依照你先前產生的目標客群（競技跑者、休閒跑者、健身愛好者），為我提出 3 個 SprintSoles 產品變化款

好的，下列有三個 SprintSoles 的產品變化款（分別針對每個目標客群）：

1. 競技跑者：SprintSoles Pro Edition（專業款）。這個變化款的設計充分考慮到競技跑者的需求，有外加緩衝、足弓支持、吸濕排汗技術，可助長跑者達到最好的表現。這款襪含有耐用、持久的材質，經得起常用的磨損。

2. 休閒跑者：它是透氣、輕巧的設計款，讓你的雙腳維持涼爽舒適，並有多個時尚色彩可依你的個人風格選搭。
3. 健身愛好者：SprintSoles Active Edition（活力款）。這種變化款專為喜愛各種活動的健身愛好者而設計（不論是慢跑、騎自行車或是健身房鍛鍊等室內外活動）。它是適合多種運動的多功能設計款，採用先進的吸濕排汗技術，具有緩衝特性，可在任何活動中提供最大的舒適度和支撐性。

針對每個目標客群的特定需求和偏好製作每種變化款，你可以更加符合他們的獨特需要和喜好，提高你的產品在這些特定客群中的吸引力和攸關程度。

圖 7.5　產品的變化款（範例）

同樣地，我也可以要求 ChatGPT 針對上述每個客群體提出各別銷售管道的建議：

V　要接觸前述各個客群的最佳管道是什麼？

想要接觸上述各個目標客群，你可以使用各種可能引起每個客群共鳴的行銷管道。下列是一些建議：

1. 競技跑者：要接觸這類客戶，你可以考慮使用跑者聚集的社群媒體平台，例如 Strava 或慢跑主題論壇和留言板。你還可以在慢跑部落格和網站上，使用目標性的線上廣告或贊助內容。親臨現場的活動，譬如慢跑博覽會或比賽，也可以實際地接觸到這些客戶。
2. 休閒跑者：想要接觸休閒跑者，你可以使用各種社群媒體平台，包括 Facebook 和 Instagram，呈現 SprintSoles 的好處，以及內容行銷和電子郵件廣告，為提升跑步效果提供有用的建議。你還可以考慮贊助當地的慢跑俱樂部或活動，另外與吸引這類客戶的健身名人（網紅）合作。
3. 健身愛好者：為了接觸這類客戶，你可以使用受健身愛好者歡迎的社群媒體平台，例如 Instagram 和 YouTube。還可以考慮網紅行銷，與擁有大量追蹤者的健身部落客或社群媒體名人合作。此外，你可以在健身相關網站和論壇上投放有目的的線上廣告。

要注意的重點是，最好是針對不同的客群用不同的行銷管道，所以要研究和測試，確定透過哪些管道接觸你的目標客群最有效。此外，要為每個客群量身訂做訊息和品牌，確保與客戶的特定需求和偏好有共鳴。

圖 7.6　ChatGPT 針對各個銷售管道的建議

- **從競爭中脫穎而出**：我想要產品能在競爭中脫穎而出，在相當飽和的市場中突破重圍——想讓它獨一無二。針對這個目的，我要求 ChatGPT 加入永續和包容等社會考量因素。接著讓 ChatGPT 提供這方面的一些建議：

V 如何讓我的 SprintSoles 新產品可以獨樹一格，在競爭中脫穎而出？格外考量永續、多樣和包容相關特性

要讓你的新產品 SprintSoles 在競爭激烈的市場中有獨特風格，能夠脫穎而出，以下是與永續、多樣、包容相關的想法：

1. 永續材質：考慮使用環保和永續的材料做你的慢跑襪。讓你的產品跟（可能不大用永續材質的）競爭對手的有所區隔。
2. 包容：考慮生產多種尺寸的產品，適合各種客戶的需要。此外，考慮在行銷活動中使用不同的模型吸引廣泛的客戶，提升包容程度。
3. 慈善夥伴關係：與你品牌價值觀契合的慈善機構或非營利組織合作，捐出你的部分營利做公益。這可讓你在競爭中脫穎而出，展現你對社會責任的承擔。
4. 客製化：容許客戶選擇自己的顏色、尺寸、設計功能，訂做他們自己的慢跑襪。這可以為客戶創造更加個人化的體驗，讓你與可能提供較通用產品的競爭對手有所區隔。
5. 舒適功能：考慮在你的慢跑襪中增加舒適功能，例如另外的緩衝機能或吸濕排汗材質。這可以讓你的產品在競爭中脫穎而出，吸引重視機能和舒適度的客戶。

結合與永續、多樣、包容等品牌價值相符的獨特功能，可以讓你的產品與眾不同，吸引更廣泛的客戶。此外，藉由行銷和品牌活動有效傳達這些功能，是非常重要的，可讓客戶了解你的產品與眾不同之處，以及他們應該選擇 SprintSoles（而不是他牌）的原因。

圖 7.7　ChatGPT 產生的出色功能（範例）

如上所示，它可以產生有趣的功能描述，讓我的產品獨樹一格。

- **產品描述**：這時候可以開始立定我們的 GTM 計畫了。首先，我想產生一個產品描述放在我的網站上，其中包含稍早提到的所有的獨特差異。

V 根據你之前提出的獨特差異產生 SprintSoles 的產品描述。內容應該是吸引人的、有效果的、SEO 最佳化的。隨後還要列出你用到的 SEO 關鍵字。

以下是 SprintSoles 的產品描述範例，內容強調產品的獨特功能和差異：

隆重推出 SprintSoles——專為機能與永續而設計的終極慢跑襪。我們的襪子由環保材質製成，對於想減少碳足跡的跑者，這雙襪子是你最佳的選擇。但不只這樣——我們還提供適合每隻腳的各種尺寸，確保每個人都能享受 SprintSoles 的舒適和支撐。我們的襪子額外加入緩衝和吸濕排汗材質，確保你無論跑多遠都能維持乾爽舒服，可提供極致的個人化舒適感。

有了 SprintSoles，你可以放心跑步，這不只讓你有最好的表現，還可為環保盡自己的一份心力。請立即訂購，體驗 SprintSoles 慢跑襪的舒適、永續與機能。

用到的 SEO 關鍵字：

- 慢跑襪
- 永續慢跑襪
- 環保慢跑襪
- 吸濕排汗慢跑襪
- 機能慢跑襪
- 個人化慢跑襪
- 舒適慢跑襪
- 各種尺寸慢跑襪
- 環保慢跑裝備

圖 7.8　ChatGPT 產生的描述和 SEO 關鍵字（範例）

- **合理價格**：另一個重要元素是決定我們產品的合理價格。因為針對不同客群（競技跑者、休閒跑者、健身愛好者）有對應的產品變化款，所以對於這樣的分群，我也想要有對應的價格區間。

V 考量競爭力與各個目標客群，對於之前提到的產品變化款，各自的合理價格是多少？

決定 SprintSoles 的合理價格將取決於幾個因素，其中包括生產成本、競爭力和目標客群。 然而，可依據目標客群為每個產品變化款做考量，以下列出一些大概的原則：

1. 競技跑者：SprintSoles Pro Edition。這個變化款為高能跑者設計，價格可能比其他款式要高。根據市場調查與市面上類似的高端慢跑襪的定價，SprintSoles Pro Edition 的合理價格可能落在 25 至 35 美元之間。

2. 休閒跑者：SpnntSoles Lite Edition。這種變化款的目標鎖定在比較休閒的市場，這是對於價格特別敏感的市場。SprintSoles Lite Edition 的合理價格可能落在 10 至 20 美元之間（依功能、材質、設計定價）。

3. 健身愛好者：SprintSoles Active Edition。這種變化款是專為從事多種運動的客戶而設計的，價格應該反映這個特點。根據市面上類似慢跑襪與健身裝備的定價，SprintSoles Active Edition 的合理價格可能落在 15 至 25 美元之間。

當然，這些價位只是大致的原則，還需要進一步的市場調查和分析，依據你獨特的品牌定位與目標客群，決定 SprintSoles 各種變化款的最佳定價。

圖 7.9　產品變化款的價格區間

快完成目標了。我們體驗過新產品開發和上市的多個步驟，在每個步驟中，ChatGPT 皆扮演不錯的支援角色。

最後，可以要求 ChatGPT，產生與我們新產品有關的 Instagram 貼文，其中包含相關的 hashtag（主題標籤）和 SEO 關鍵字。這樣我們就可以用 DALL-E 產生圖片！

V 我想產生一篇 Instagram 貼文，宣布推出 SprintSoles。撰寫一篇貼文，內容包括前面提到的獨特功能和差異，還有相關的 hashtag。

以下是 Instagram 貼文樣本，內容是宣布推出 SprintSoles：

👟 隆重推出 SprintSoles——革命性的新款慢跑襪，為你提供跑完全程的優勢！

🏃 具有緩衝特性和吸濕排汗技術，SprintSoles 能減少疲勞和不適，因此你可以專心跑步，達到個人最佳狀態。因為我們對永續、多樣和包容的堅持，所以你大可穿上 SprintSoles 盡情地跑步。

🌍 我們的襪子採用回收材質製作，因此你可以為減少對環境的影響而感到安心。有各種尺寸和風格滿足每隻腳和各自品味，能夠提供真正適合每個人的產品，我們引以為榮。

💧 無論你是競技跑者、休閒跑者，還是健身愛好者，SprintSoles 都具備你所需的功能與品質，讓你在跑步時維持舒適感和專注力，馬上試穿看看，親自感受有何不同！

SprintSoles # 慢跑襪 # 永續慢跑 # 多樣健身 # 包容運動
堅持到底 # 目標性緩衝 # 吸濕排汗 # 減低疲勞 # 維持舒適
機能襪 # 慢跑裝備 # 健身必需品 # 健康生活 # 環保
回收材質 # 適合每隻腳 # 個人最佳 # 慢跑社群

圖 7.10　ChatGPT 產生的社群媒體貼文

運用 DALL-E 的特別產出，有了下列的最終結果：

隆重推出 SprintSoles——革命性的新款慢跑襪，為你提供跑完全程的優勢！

具有緩衝特性和吸濕排汗技術，SprintSoles 能減少疲勞和不適，因此你可以專心跑步，達到個人最佳狀態。因為我們對永續、多樣和包容的堅持，所以你大可穿上 SprintSoles 盡情地跑步。

我們的襪子採用回收材質製作，因此你可以為減少對環境的影響而感到安心。有各種尺寸和風格滿足每隻腳和各自品味，能夠提供真正適合每個人的產品，我們引以為榮。

無論你是競技跑者、休閒跑者，還是健身愛好者，SprintSoles 都具備你所需的功能與品質，讓你在跑步時維持舒適感和專注力，馬上試穿看看，親自感受有何不同！

SprintSoles # 慢跑襪 # 永續慢跑 # 多樣健身 # 包容運動
堅持到底 # 目標性緩衝 # 吸濕排汗 # 減低疲勞 # 維持舒適
機能襪 # 慢跑裝備 # 健身必需品 # 健康生活 # 環保
回收材質 # 適合每隻腳 # 個人最佳 # 慢跑社群

圖 7.11　由 ChatGPT 和 DALL-E 搭配產生的 Instagram 貼文

當然，對於完整的產品開發和上市流程，上述的內容還缺少許多元素。不過，有 ChatGPT 的支援（以及 DALL-E 的特別產出），你可以自行在 *https://openai.com/product/dall-e-2* 試用 DALL-E，我們順利的構思，生出新的產品和變化款式、潛在客群、好聽好記的標語，還有最後產生一個不錯的 Instagram 貼文——宣布推出 SprintSoles！

針對行銷比較的 A/B 測試

ChatGPT 可以協助行銷人員的另一個有趣領域是 A/B 測試。

A/B 行銷測試方法是比較兩個版本的行銷活動、廣告或網站，判斷哪個版本的表現較好。在 A/B 測試中，會針對同樣的行銷活動或元素建立兩個變化版，這兩個版本之間只會變更一個變數。目標是看哪個版本有較多的點閱、轉換率或其他預期結果。

A/B 測試的一個範例是，用不同的信件主旨列測試兩個版本的電子郵件行銷活動，或用 call-to-action（行動呼籲）按鈕測試兩個版本的網站登陸頁面。衡量每個版本的回應率，行銷人員可以確定哪個版本的效果較好，依資料決定之後要用的版本（資料驅動決策）。

A/B 測試可讓行銷人員將行銷活動和元素最佳化，達到最大的效果，造就更好的結果以及更高的投資回報。

因為這個方法涉及的是「對同樣內容產生多種版本的程序」，所以 ChatGPT 的生成能力絕對可以參與協助。

用下列情況為例。我要促銷我開發的新產品：一種輕巧的新型攀岩安全吊帶，適合速度攀岩者使用。我已經做了一些市場調查，知道利基客群。我也知道，對於這些客戶，有個不錯的銷售通路，是在一個網路的攀岩部落格發文，其中大部分的攀岩館會員都是這個部落格的讀者。

我的目標是撰寫一篇卓越的部落格貼文，分享這款新安全吊帶的推出，我想分兩組測試兩個版本的貼文。我即將發布的（作為 A/B 測試之用）部落格文章，如下所示：

為速度攀岩者設計的輕巧安全吊帶

隆重推出攀岩用品界的新星

所有攀岩者注意！準備升級你的攀岩裝備，新穎優質的安全吊帶，專為速度攀岩者設計的。這款攀岩安全吊帶比市面上其他款還要輕巧，讓攀岩者在移動的部分能比以往更有效率、更快速。

這款新型安全吊帶，對於在不犧牲安全的情況下，想要提高速度和效能的攀岩者來說，是最適合的選擇。新的設計特別採用輕量化的耐用材質，透氣又舒適。無論你是初學者還是資深攀岩者，這款安全吊帶讓你的攀登體驗提升至新高度。所以，你還在等什麼呢？立刻前往最近的攀岩用品店，把攀岩用品界這款最新的裝備弄到手。準備比以往攀得更高、更快、更好！

圖 7.12　用部落格貼文推出攀岩裝備（範例）

接著，ChatGPT 可以在兩個層面上協助我們：

- 第一個層面是，用不同的關鍵字或吸引標語改寫文章。因此，如果將這篇貼文當作上下文，我們可以要求 ChatGPT 針對這篇文章，稍微修改一些元素：

  我正在做 A/B 測試，用於推出一個新型的攀岩安全吊帶。我用一個攀岩部落格當作銷售管道，之前已經發布一篇部落格文章。

  請重新產生相關內容，除下列的文章元素之外，這篇文章的其餘內容則要雷同：文章標題、副標題及結語。

文章標題：用最新的安全吊帶提升你的攀岩體驗

副標題：為追求極致的速度攀岩者設計的

所有攀岩者注意！要讓你的攀岩體驗進階了嗎？我們為你準備完美的裝備！隆重推出專為追求極致的速度攀岩者設計的最新安全吊帶。

這款新型安全吊帶是市面上最輕巧的，讓你能夠用無可比擬的效率和速度移動。別擔心，我們沒有為了速度而犧牲安全。這款安全吊帶採用透氣和舒適的輕量耐用材質製作。無論你是剛入門，還是攀岩高手，這款安全吊帶將讓你在攀岩體驗中達到新高度。

升級你的裝備，不要再等了。馬上前往最近的攀岩用品店，把攀岩用品界這款最新的裝備抓著不放。提升你的體驗，爬得比你想像的還要高！

圖 7.13　ChatGPT 產生新版的部落格文章

根據我的要求，ChatGPT 只會重新產生我要求的那些元素（標題、副標題、結語），這樣我就可以藉由觀察兩個客群的反應來了解這些元素的效果。

- 第二個層面是網頁的設計，也就是改變圖片的配置（按鈕的位置不動）。因此，我為攀岩部落格發布的貼文對應建立簡單的網頁（你可以在本書的 GitHub 儲存庫中找到相關程式碼：*https://github.com/PacktPublishing/Modern-Generative-AI-with-ChatGPT-and-OpenAI-Models/tree/main/Chapter%207%20-%20ChatGPT%20for%20Marketers/Code*）：

圖 7.14　發布於攀岩部落格的樣本貼文

我們可以將 HTML 程式碼直接傳給 ChatGPT，要求它改變一些排版元素，譬如按鈕位置或內容用詞。例如，「**我要一個**」這個按鈕可能比「**立即購買**」按鈕更吸引讀者。

因此，讓我們把 HTML 原始碼傳給 ChatGPT：

```
<!-- 「購買」按鈕 -->
<a href="http://example.com/buy-now" style= "background-color:#04AA6D;color:white;padding:12px 20px;border:none;border-radius:4px;cursor:pointer;text-align:center;text-decoration:none;display:inline-block;font-size:16px;font-weight:bold;"> 立即購買 </a>

<!-- 「分享」按鈕 -->
<a href="https://www.facebook.com/sharer/sharer.php?u=http://example.com/your-article" target="_blank" style="background-color:#3B5998;color:white;padding:12px 20px;border:none;border-radius:4px;cursor:pointer;text-align:center;text-decoration:none;display:inline-block;font-size:16px;font-weight:bold;margin-left:10px;"> 分享至臉書 </a>

<!-- 「回饋」按鈕 -->
<a href="http://example.com/feedback" style= "background-color:#04AA6D;color:whiter;padding:12px 20px;border:none;border-radius:4px;cursor:pointer;text-align:center;text-decoration:none;display:inline-block;font-size:16px;font-weight:bold;margin-left:10px;"> 意見回饋 </a>
```

我將在一個網頁上推出一項新產品，內容包含前述的按鈕。請重新產生這些按鈕的 HTML 內容，調整按鈕文字的排版、顏色、位置和用詞。

```
<!-- 「購買」按鈕 -->
<a href="http://example.com/buy-now" style="background-color:#E74C3C;color:whiter;padding:10px 20px;border:none;border-radius:20px;cursor:pointer;text-align:center;text-decoration:none;display:inline-block;font-size:18px;font-weight:bold;position:relative;top:10px;left:20px;"> 馬上擁有 </a>

<!-- 「分享」按鈕 -->
<a href="https://www.facebook.com/sharer/sharer.php?u=htp://example.com/your-article" target="_blank" style="background-color:#1877F2;color:white;padding:10px 20px;border:none;border-radius:20px;cursor:pointer;text-align:center;text-decoration:none;display;inline-block;font-size:18px;font-weight:bold;position:relative;top:10px;left:40px;"> 分享至臉書 </a>

<!-- 「回饋」按鈕 -->
<a href="http://example.com/feedback" style="background-color:#2ECC71;color:white;padding:10px 20px;border:none;border-radius:20px;cursor:pointer;text-align:center;text-decoration:none;display:inline-block;font-size:18px;font-weight:bold;position:relative;top:10px;left:60pxt;"> 提供意見 </a>
```

圖 7.15 ChatGPT 調整 HTML 程式碼

讓我們來看看輸出的樣子：

圖 7.16　新版的網站

如上所示，ChatGPT 只會對按鈕部分做調整，稍微修改按鈕的排版、位置、顏色、用詞。

實際上，觀察這兩個版本的網頁原始碼，可明白兩者的按鈕內容差異：

```
Elements
▶ <head>…</head>
▼ <body>
  ▶ <header>…</header>
  ▼ <div class="article">
      <img src="climbing.jpg" alt="Climbing harness">
    ▶ <p>…</p>
    ▶ <p>…</p>
      <p> </p>
    ▶ <p>…</p>
…   ▼ <p> == $0
        <!-- Buy Button -->
        <a href="http://example.com/buy-now" style="background-color:#E74C
        3C;color:white;padding:10px 20px;border:none;border-radius:20px;cu
        rsor:pointer;text-align:center;text-decoration:none;display:inline
        -block;font-size:18px;font-weight:bold;position:relative;top:10px;
        left:20px;">Get Yours Now</a>
        <!-- Share Button -->
        <a href="https://www.facebook.com/sharer/sharer.php?u=http://examp
        le.com/your-article" target="_blank" style="background-color:#1877
        F2;color:white;padding:10px 20px;border:none;border-radius:20px;cu
        rsor:pointer;text-align:center;text-decoration:none;display:inline
        -block;font-size:18px;font-weight:bold;position:relative;top:10px;
        left:40px;">Share on Facebook</a>
        <!-- Feedback Button -->
        <a href="http://example.com/feedback" style="background-color:#2EC
        C71;color:white;padding:10px 20px;border:none;border-radius:20px;c
        ursor:pointer;text-align:center;text-decoration:none;display:inlin
        e-block;font-size:18px;font-weight:bold;position:relative;top:10p
        x;left:60px;">Give Feedback</a>
      </p>
    </div>
  </body>
</html>
```

```
Elements
<html>
▶ <head>…</head>
▼ <body>
  ▶ <header>…</header>
  ▼ <div class="article">
      <img src="climbing.jpg" alt="Climbing harness">
    ▶ <p>…</p>
    ▶ <p>…</p>
      <p> </p>
    ▶ <p>…</p>
…   ▼ <p> == $0
        <!-- Buy Button -->
        <a href="http://example.com/buy-now" style="background-color:#04AA
        6D;color:white;padding:12px 20px;border:none;border-radius:4px;cur
        sor:pointer;text-align:center;text-decoration:none;display:inline-
        block;font-size:16px;font-weight:bold;">Buy Now</a>
        <!-- Share Button -->
        <a href="https://www.facebook.com/sharer/sharer.php?u=http://examp
        le.com/your-article" target="_blank" style="background-color:#3B59
        98;color:white;padding:12px 20px;border:none;border-radius:4px;cur
        sor:pointer;text-align:center;text-decoration:none;display:inline-
        block;font-size:16px;font-weight:bold;margin-left:10px;">Share on
        Facebook</a>
        <!-- Feedback Button -->
        <a href="http://example.com/feedback" style="background-color:#04A
        A6D;color:white;padding:12px 20px;border:none;border-radius:4px;cu
        rsor:pointer;text-align:center;text-decoration:none;display:inline
        -block;font-size:16px;font-weight:bold;margin-left:10px;">Leave
        Feedback</a>
      </p>
    </div>
  </body>
</html>
```

圖 7.17　兩個版本的網站原始碼（比較）

總之，對於行銷來說，ChatGPT 是有用的 A/B 測試工具。它可以針對同一份內容，快速產生各種版本，這種能力對於新行銷活動可以縮短上市時間。利用 ChatGPT 做 A/B 測試，你可以最佳化你的行銷策略，最終為你的業務帶來更好的結果。

提升搜尋引擎最佳化（SEO）

ChatGPT 的另一個可能改變遊戲規則的領域是**搜尋引擎最佳化（SEO）**。這是 Google、Bing 等搜尋引擎排名背後的關鍵元素，它決定你的網站是否會被「正在尋找你所宣傳內容」的使用者看見。

定義

SEO 是一種技術，可提升網站在**搜尋結果頁面（search engine results page，SERP）**的能見度和排名。做法是最佳化網站或網頁，增加搜尋引擎自然（無償）流量的數量和品質。SEO 的目的是藉由特定關鍵字或片語的最佳化，吸引更多目標訪客瀏覽網站。

假設你經營一家電商公司 **Hat&Gloves**，顧名思義，這家公司只銷售帽子和手套。你現在正在建置電商網站，想要最佳化網站的排名。讓我們要求 ChatGPT 列出一些相關的關鍵字，嵌入我們的網站中：

V 我正在為我的電商「Hat&Gloves」打造一個網站，它只賣帽子和手套。我想最佳化我網站的排名。請列出 20 個相關的關鍵字，可以嵌入我的網站程式碼中，獲得 SEO 相關結果

好的！以下是 20 個可能的關鍵字，你可以考慮將它們嵌入你的網站程式碼中，為 SEO 最佳化你的電商網站：

1. Hats（帽子）
2. Gloves（手套）
3. Winter wear（冬裝）
4. Cold weather accessories（防寒配件）
5. Beanies（毛線帽）
6. Mittens（連指手套）
7. Scarves（圍巾）
8. Fashion accessories（時尚配件）
9. Men's hats（男帽）
10. Women's hats（女帽）
11. Kids' hats（童帽）
12. Wool hats（羊毛帽）
13. Knit gloves（針織手套）
14. Leather gloves（皮革手套）
15. Touchscreen gloves（觸控螢幕手套）
16. Outdoor gear（戶外用品）
17. Gift ideas（禮品精選）
18. Affordable hats（價格實惠的帽子）
19. Designer hats（設計師帽）
20. Sale items（特價商品）

要注意的是，藉由關鍵字研究，確定哪些特定關鍵字是最相關的，對你的目標客戶是有最高搜尋量的。這可確保你鎖定正確的關鍵字，不會把心力浪費在價值較少的關鍵字上面。此外，要以自然方式使用關鍵字強化使用者體驗，不要用不相關或重複關鍵字增加網站負擔（這些關鍵字可能會對你的 SEO 造成負面影響）。

圖 7.18　由 ChatGPT 產生的 SEO 關鍵字（範例）

如上所示，ChatGPT 能夠列出不同種類的關鍵字。其中有些關鍵字是相當直覺的，例如 **Hats**（**帽子**）和 **Gloves**（**手套**）。其他則是間接關聯的關鍵字。例如，**Gift ideas**（**禮品精選**）與我的電商業務不一定有關，然而，將它納入我的關鍵字中可能是明智之舉，讓我能夠擴展客群。

SEO 的另一個關鍵元素是**搜尋意圖**（**search engine intent**）。搜尋意圖又叫做**使用者意圖**（**user intent**），是使用者在搜尋引擎中所做的特定搜尋查詢的潛在目標。了解搜尋意圖很重要，它讓企業和行銷人員循著搜尋者的需求與期望，建立更有目標和更有效的內容和行銷策略。

搜尋意圖通常有四種：

- **資訊**（**informational**）**意圖**：使用者正在尋找特定主題或問題的相關資訊，例如：*法國首都是哪裡？*、*如何在家做披薩？*。
- **導覽**（**navigational**）**意圖**：使用者正在尋找特定的網站或網頁，例如 *Facebook 登入頁面*、*Amazon.com*。
- **商業**（**commercial**）**意圖**：使用者正在尋找要買的產品或服務，但可能尚未做出最後決定。商業意圖搜尋的範例包括：*1000 美元以內的最佳筆電*、*線上折扣鞋*。
- **交易**（**transactional**）**意圖**：使用者有想完成交易的特定目標，這項交易可能是購買實物或訂閱服務。交易意圖的範例像是：*購買 iPhone 13*、*加入健身房會員*。

藉由了解特定搜尋查詢背後的意圖，企業和行銷人員可以建立更有目標和更有效的內容（滿足他們目標客群需求和期望的內容）。這可以造就更高的搜尋引擎排名、更多的流量、最終有更多的轉換率和收益。

目前的問題是，ChatGPT 是否能夠確定特定請求的意圖？在回答這個問題之前，值得注意的是，推論特定提示的意圖，這項工作是 GPT 這類**大型語言模型**（**LLM**）的主要任務。因此，可確定的是，ChatGPT 能夠知道提示的「意圖」。

這裡的加值之處是，我們想看看 ChatGPT 是否能以精確的分類法（即行銷分類）確定精確領域裡的意圖。這也是提示再度成為關鍵的原因（引導 ChatGPT 朝正確方向進行）。

V 依據搜尋意圖（商業、交易、導覽、資訊），將上述關鍵字清單分組

好的！以下是基於搜尋意圖的關鍵字分組：

資訊：
- Cold weather accessories（防寒配件）
- Scarves（圍巾）
- Outdoor gear（戶外用品）
- Gift ideas（禮品精選）

導覽：
- Hat&Gloves（你的電商品牌名稱）

商業：
- Hats（帽子）
- Gloves（手套）
- Winter wear（冬裝）
- Beanies（毛線帽）
- Mittens（連指手套）
- Fashion accessories（時尚配件）
- Men's hats（男帽）
- Women's hats（女帽）
- Kids' hats（童帽）
- Wool hats（羊毛帽）
- Knit gloves（針織手套）
- Leather gloves（皮革手套）
- Touchscreen gloves（觸控螢幕手套）
- Affordable hats（價格實惠的帽子）
- Designer hats（設計師帽）

交易：
- Sale items（特價商品）

要注意的是，某些關鍵字可歸屬多個搜尋意圖種類，關鍵字的特定搜尋意圖也會因搜尋查詢的特定情況而異。此外，針對搜尋引擎建立有效的 SEO 策略、最佳化你的電商網站而言，了解目標客群的搜尋意圖是很重要的。

圖 7.19　ChatGPT 充當 SEO 專家（範例）

我們還能更進一步，再度運用第 4 章提到的「**充當……**」功能。了解如何最佳化我們的網站，讓網站可吸引更多使用者，這的確是相當有趣的事。在行銷領域中，這樣的分析稱為 **SEO 審核**（**SEO audit**）。SEO 審核是對網站 SEO 表現和可能改進內容的評估。SEO 審核通常由 SEO 專家、Web 開發人員、行銷人員進行，牽涉到網站技術基礎架構、內容和反向連結狀態的全面分析。

在 SEO 審核中，審核人員通常會使用各種工具和技術，找出要改進的部分，譬如關鍵字分析、網站速度分析、網站架構分析和內容分析。然後，審核人員將撰寫一份報告，概述主要問題、改進的可能，建議可解決這些問題所要採取的行動。

讓我們要求 ChatGPT 充當 SEO 專家，為我們說明 SEO 審核報告該有的模樣、該加入哪些指標和 KPI：

V 你是 SEO 專家，為我們說明 SEO 審核報告該長怎樣，要加入甚麼指標和 KPI？

SEO（搜尋引擎最佳化）審核報告是評估網站在搜尋引擎中表現的重要工具，以確保網站最佳化的效果。以下是一個基本的 SEO 審核報告應該包含的主要元素、指標和 KPI（關鍵績效指標）：

1. 網站概述：

簡要介紹網站的業務、目標顧客。提供網站的基本資訊，包括域名、年齡和歷史。

2. 競爭對手分析：

列出主要競爭對手，分析其在搜尋引擎中的表現。比較關鍵字排名、內容策略和外部連結等。

3. 關鍵字分析：

評估網站的主要關鍵字，包括排名、搜尋量和競爭程度。建議新的關鍵字和最佳化現有的關鍵字。

4. 內容審核：

評估網站內容的品質、多樣性和實用性。檢查是否有重複內容或缺乏關鍵字的頁面。

5. 技術審核：

確保網站結構和程式碼符合搜尋引擎的最佳做法。檢查網站的速度、行動最佳化和安全性。

6. 外部鏈接分析：

評估網站的外部連結品質和數量。監測潛在的有害連結或不良連結。

7. 使用者體驗和行為分析：

檢查網站的易用性和使用者體驗。分析網站流量、跳出率和轉換率。

8. 搜尋引擎排名報告：

提供關鍵字排名的即時資料。監控排名變化並解釋可能的原因。

9. 社群媒體整合分析：

檢查社群媒體對搜尋排名的影響。評估社群媒體活動和參與程度。

制定適合網站目標的 KPI，如自然流量增加、關鍵字排名改善、轉換率提高等。監測這些 KPI 的變化，並根據需要調整最佳化策略。

綜合這些元素，一份完整的 SEO 審核報告應該提供綜合的分析和具體的建議，以幫助改善網站的搜尋引擎表現。

圖 7.20　ChatGPT 提出 SEO 審核報告該有的樣子

ChatGPT 能夠產生相當準確的分析，包含相關評論和建議。總之，ChatGPT 對 SEO 相關活動有吸引人的潛力，無論你是從頭開始建置網站，還是想要改善現成網站，它會是一個不錯的輔助工具。

提高品質與增加客戶滿意度的情感分析

情感分析是行銷會採用的一種技術，用來分析和理解客戶對品牌、產品、服務所表達的情緒與意見。這個技術涉及**自然語言處理（NLP）**和**機器學習（ML）**演算法，識別和分類文本資料（例如社群媒體貼文、客戶評論、意見調查）蘊含的情感。

執行情感分析，行銷人員可以深入了解客戶對品牌的看法，找出要改進的部分，做資料驅動的決策，讓行銷策略最佳化。例如，他們可以追蹤客戶評論的情感，識別產品或服務面臨的正反面意見，對應調整行銷訊息的傳遞。

總之，情感分析是行銷人員「了解客戶情感」、「衡量客戶滿意度」、「開發與目標客戶產生共鳴的有效市場行銷活動」等功能的有力工具。

情感分析的發展已經有一段時間了，所以你可能在想 ChatGPT 可以帶來什麼加值內容。然而，ChatGPT 除了分析的準確度（它是目前市面上最強的模型），與其他情感分析工具的差別是：它有**通用人工智慧（AGI）**。

這表示當我們用 ChatGPT 做情感分析時，我們並不會使用它特定的 API 執行這項任務： ChatGPT 和 OpenAI 模型背後的核心概念是，它們一次就可以協助使用者執行多項普通任務，依據使用者要求，調整其中的任務和更改分析範圍。

因此可確定的是，ChatGPT 能夠得知指定文字蘊含的情感，例如推特貼文或產品評論。然而，ChatGPT 也可以更進一步，協助識別產品或品牌的特定部分有正反面影響的情感。例如，如果客戶以負面形式持續提到產品的特定功能，ChatGPT 可突顯該項功能，視為要改進的部分。或者，ChatGPT 可能被要求對一個特別微妙的評論產生回應，同時要記住評論蘊含的情感，將它當作回應時所依據的上下文。同樣地，它可以產生報告，總結在評論或意見裡找到的所有正反面元素，將它們分門別類。

讓我們用下列情況為例。一位客戶最近到我的電商公司 *RunFast* 購買一雙鞋，留了以下的評論：

我最近買了 *RunFast Prodigy* 鞋子，對這鞋子感覺五味雜陳。一方面，鞋子對於我的日常跑步，相當舒適，為我的腳提供很大的支撐。緩衝能力一流，跟之前的鞋子比起來，跑完後我感覺不會那麼疲勞。此外，這款鞋子的設計在視覺上很吸引人，我因此得到一些稱讚。

然而，另一方面，我在這些鞋子上也碰到一些耐用性問題。鞋底似乎很快就磨損，鞋面材質雖然透氣，但在穿了幾個星期後，就有磨損的跡象。以高價位的鞋子來說，這是令人失望的。

總之，雖然我喜愛 *RunFast Prodigy* 鞋的舒適和設計，但是我遇到的耐用性問題，讓我很猶豫要不要推薦這款鞋給其他人。

讓我們要求 ChatGPT 找出這個評論蘊含的情感：

V 我最近買了 RunFast Prodigy 鞋子，對這鞋子感覺五味雜陳。一方面，鞋子對於我的日常跑步，相當舒適，為我的腳提供很大的支撐。緩衝能力一流，跟之前的鞋子比起來，跑完後我感覺不會那麼疲勞。此外，這款鞋子的設計在視覺上很吸引人，我因此得到一些稱讚。

然而，另一方面，我在這些鞋子上也碰到一些耐用性問題。鞋底似乎很快就磨損，鞋面材質雖然透氣，但在穿了幾個星期後，就有磨損的跡象。以高價位的鞋子來說，這是令人失望的。

總之，雖然我喜愛 RunFast Prodigy 鞋的舒適和設計，但是我遇到的耐用性問題，讓我很猶豫要不要推薦這款鞋給其他人。

分析前述評論的情感。整體來說，你會怎樣歸類？

評論的情感五味雜陳，有正面和負面兩種元素。對鞋的正面情感包括舒適、支撐、緩衝、設計方面。負面部分包括鞋底、鞋面材質的耐用問題。

總之，評論的情感可以歸類為中性，評論者在這個產品上有正面和負面兩種看法，對於是否要推薦這項產品而猶豫不決。

圖 7.21　ChatGPT 分析客戶評論

如上圖所示，針對評論內容，ChatGPT 不只是自行提供一個標籤：它還解釋評論的正反面元素，評論蘊含混雜的情感，因此整體的情感可以被標記為中性。

讓我們嘗試做得更深入一點，要求提供這項產品的一些改進建議：

V 依據前述的評論，我要如何改進 RunFast Prodigy 鞋呢？

根據評論，RunFast Prodigy 鞋有幾個可以改進的部分：

1. 提升耐用度：如同評論者提到的，鞋底和鞋面材質似乎很快就會磨損。可以處理的方式是使用更耐用的材料或改善製造程序，確保鞋子在正常使用下能夠耐磨。
2. 降低價位：評論者還提到這款鞋子價格高昂，這可能會是購買者向他人推薦的阻礙。降低價位讓人更容易買得起，更可以跟其他慢跑鞋品牌競爭。

3. 維持舒適度：評論者讚揚這款鞋子的舒適度和支撐性，因此在改善耐用和價格的同時，不能犧牲舒適度，這是非常重要的。可以尋找舒適和耐用兼顧的材料和製造程序，或者在鞋子中提供額外的緩衝，提高長期使用的舒適度。

總之，處理這些問題，可以改進 RunFast Prodigy 鞋，讓它成為對跑者更有吸引力的選擇。

圖 7.22　基於客戶意見提出產品改善建議

讓我們要求為客戶產生回應，表示我們這家公司，有在關注客戶意見，以及願意改善我們的產品。

V 針對前述客戶評論內容，產生相關回應，指明我們採納您提供的建議，持續改善我們的產品。

親愛的 [客戶]

感謝您花寶貴時間分享 RunFast Prodigy 鞋的使用意見。對於您遭遇的耐用問題，我們深表歉意，感謝您提供鞋底與鞋面材質方面的建議。我們會認真面對所有意見，持續努力改進我們的產品。

請寬心，我們會把您的意見傳達給產品開發團隊知悉，他們對於改良這款鞋子時會慎重考量這些意見。我們希望確保所有客戶對我們的產品皆有最佳的體驗，我們會為這目標持續努力。

如果您還有其他意見或疑慮，請隨時與我們聯絡。我們相當重視與您的往來，期待之後能再為您服務。

謹啟

[你的公司]

圖 7.23　ChatGPT 產生的回應

這邊所示的範例是很簡單的例子，只有一則評論。接著假設，我們有一堆評論，還有多元銷售管道會收到客戶意見。想像一下 ChatGPT 和 OpenAI 這類模型工具的能力，足以分析和整合所有資訊，確認你產品的利弊得失，還有找出客戶趨勢和購物習慣。此外，對於客戶關懷與留存來說，我們也可以用自己偏愛的寫作風格自動化回應評論。事實上，調整你聊天機器人的用語和語氣，符合客戶的特定需求和期望，你可以創造出更吸引人、更有效的客戶體驗。

例如：

- **同理心（empathetic）聊天機器人**：它會用同理心的用語和語氣，與「可能遇到難題或需要協助處理敏感議題的客戶」互動
- **專業（professional）聊天機器人**：它會用專業用語和語氣，與「可能在尋找特定資訊或需要協助處理技術議題的客戶」互動
- **對話（conversational）聊天機器人**：它會用友善隨意的語氣，與「可能在尋找個人化體驗或普通諮詢的客戶」互動
- **幽默（humorous）聊天機器人**：它會用幽默風趣的用語，與「可能在尋找輕鬆體驗或化解緊張氣氛的客戶」互動
- **教育（educational）聊天機器人**：它會用教學風格的溝通方式，與「可能想多了解產品或服務的客戶」互動

總之，對於企業來說，ChatGPT 可作為情感分析、品質改善、客戶維繫的有力工具。ChatGPT 具備先進的自然語言處理能力，能即時準確地分析客戶的意見和評論，為企業提供與客戶情感和偏好相關的有用見解。把 ChatGPT 視為客戶體驗策略的一部分，企業可以快速發現能對客戶滿意度造成負面影響的議題，並採取修正動作。這不只可以幫助企業提高品質，還能提高客戶忠誠度和留存率。

本章總結

本章探討行銷人員可以用 ChatGPT 加強行銷策略的方法。我們了解 ChatGPT 可以協助開發新產品，以及制定上市策略、設計 A/B 測試、加強 SEO 分析、找出「評論、社群媒體貼文、客戶意見」蘊含的情感。

ChatGPT 對行銷人員的重要性是，它可能徹底改變公司與客戶的互動方式。運用 NLP、ML、大數據的能力，ChatGPT 可讓公司建立更為個人化及更加相關的行銷訊息，提升客戶的支持與滿意度，最終可增加銷售與提高營收。

隨著 ChatGPT 不斷地進步和發展，我們可能會在行銷業中看到更多的應用，特別是公司與客戶互動的方面。事實上，極度運用 AI 可讓企業深入了解客戶的行為和喜好。

行銷人員的關鍵認知是接受這些變化，面對 AI 能力行銷的現實，保持競爭的領先地位，滿足客戶的需求。

下一章要討論本書所涵蓋的 ChatGPT 應用中第三個（也是最後一個）領域——研究。

8

用 ChatGPT 獨創研究

本章針對的焦點是想要用 ChatGPT 的研究人員。將討論 ChatGPT 能處理的數個主要使用案例，讓你從具體示例中了解如何在研究中使用 ChatGPT。

讀完本章之後，你將知道怎樣把 ChatGPT 當作研究助理（有多種方式），其中包括以下內容：

- 研究人員的 ChatGPT 需求
- 為研究構思文獻
- 為實驗設計與框架提供支援
- 產生研究格式化參考文獻（置於研究裡）
- 針對不同對象發表研究的簡報與投影片

本章也有參考範例，可讓您自行試用其中的相關提示。

研究人員的 ChatGPT 需求

ChatGPT 對於各個領域的研究人員來說都是相當有價值的資源。ChatGPT 是受過巨量資料訓練的複雜語言模型，能快速、準確地處理大量資訊，產生的見解可能是傳統研究方法難以發現或是要費時才能揭曉的。

此外，ChatGPT 還可以分析模式與趨勢（對人類研究者來說無法立即顯現的資訊），為研究人員提供獨特的視野。例如，假設研究氣候變遷的人員，想了解大眾對這個問題的看法。可能會要求 ChatGPT 分析與氣候變遷相關的社群媒體資料，找出人們在網路上最常表達的主題和情感。然後，ChatGPT 可以向研究者提供全面性的報告，詳細列出與這個主題相關的常見字詞、片語和觀感，以及也許有用的新興趨勢或模式。

研究人員可以運用 ChatGPT 獲得尖端技術和洞見，讓他們始終位在自己領域的最前端。

接著，讓我們深入探討 ChatGPT 能提升研究生產力的四個使用案例。

為研究構思文獻

文獻綜述（literature review）是用關鍵系統程序，探討目前已發表的特定主題（問題）研究。文獻綜述涉及搜尋、評論、綜合相關的已發表研究與其他參考來源（例如書籍、會議論文、灰色文獻）。文獻綜述的目標是找出內容落差與不一致的地方，以及在特定領域尋求更多的研究機會。

文獻綜述程序通常含有下列步驟：

1. **定義研究題目**：文獻綜述的第一步，是界定關注主題的研究題目。因此，假設我們正在做社群媒體對心理健康影響的研究。目前我們想要腦力激盪出一些可能的研究題目（與我們研究相關的題目），可以請 ChatGPT 幫忙：

V 我有興趣研究社群媒體對心理健康的影響。產生五個與我研究焦點可能有關的研究題目。

好的，這裡有五個可能相關的的研究題目，讓你就社群媒體對心理健康的影響，做進一步的探討：

1. 社群媒體的使用頻率和時間長短與心理健康狀況（如焦慮、憂鬱、壓力）有什麼關係？
2. 社群媒體的使用會因為哪些機制而影響心理健康狀況，是否有某些群體或個人會比較容易受到影響？
3. 各種社群媒體平台（如：Instagram、Facebook、Twitter）如何影響心理健康狀況，是否或多或少存在有害的特定功能或內容型態？
4. 社群媒體的使用對心理健康的可能好處是什麼，例如社會支持、社會聯繫、自我表達，以及如何利用這些好處，將負面影響降到最低？
5. 如何有效節制與管理社群媒體的使用，才能促進正面心理健康狀況，促使不同群體與年齡層對社群媒體健康使用的最佳方法為何？

這些研究題目可以作為你在社群媒體對心理健康影響主題上的調查起點，你可以基於你的興趣和可用資源，彈性增減關注焦點。祝你研究順利！

圖 8.1 特定主題的研究題目（範例）

這些都是可進一步研究的關注題目。由於我對最後一個題目特別感興趣，因此，我將以這個題目作為我們分析程序中下一步的參考題。

2. **搜尋文獻**：目前我們已具有研究題目，下一步是用各種資料庫、搜尋引擎、其他參考源來搜尋相關文獻。研究人員可以使用特定關鍵字和搜尋條件，協助找出相關研究。

V 我想調查研究題目 5。請列出可能支援我研究的所有相關參考文獻。其中包括研究論文、相關資料集連結、已出版的書籍、YT 影片。確認每個參考的引用來源，以及加入內容相關摘要。

好的，下列有一些相關文獻，可以支援你對研究題目 5 的調查 —— 有效仲裁和管理社群媒體的使用，促進正面的心理健康狀況：

1. Moreno 等人（2018 年）所寫的「Promoting Healthy Social Media Use Among Adolescents and Young Adults: A Framework for Intervention」

這篇研究文章提出一個促進年輕人對社群媒體健康使用的框架，焦點是找出主要風險因素，制定有目標的介入措施，評估相關成效。

2. Firth 等人（2019 年）所寫的「Social Media Use and Mental Health: A Review」
   這篇文獻綜述探討社群媒體的使用與心理健康狀況兩者關係的研究現況，焦點是使用社群媒體的潛在好處與危害，以及促進健康使用的策略。

3. 《智能社會：進退兩難》（*The Social Dilemma*）紀錄片
   這部紀錄片探討社群媒體對社會的影響，其中包括對心理健康和幸福的可能危害，強調高度管理與使用者培力（empowerment）的必要。

4. O'Dea 等人（2018 年）所寫的「Social Media and Mental Health: A Review of the Literature」
   這篇文獻綜述概括目前社群媒體對心理健康狀況影響的研究，其中包括社群媒體使用的好處和危害，確認未來的主要研究領域。

5. Hinduja 和 Patchin（2018年）所寫的「Digital Self-Harm: Prevalence, Motivations, and Outcomes」
   這篇研究文章探討「數位自我傷害」現象（個人在社群媒體上發表負面或自我批評的意見），探討這種行為對心理健康的可能影響。

6. Pew Research Center（皮尤研究中心）的 Social Media Use（2021 年資料集）
   這個資料集提供社群媒體的使用盛行率資訊，其中包括各年齡層和人口統計，以及對社群媒體的態度及對社會的影響等資料。

7. Jaron Lanier 所著的《*Ten Arguments for Deleting Your Social Media Accounts Right Now*》（書）
   這本書就社群媒體對心理健康和社交的潛在危害提出批判觀點，也有提供線上溝通和聯繫的替代做法建議。

這些參考來源可以針對促進社群媒體健康使用的有效策略（盡量降低心理健康狀況的潛在危害），提供有價值的見解和觀點。別忘了，要適當引用你研究中所用的一切文獻來源。

圖 8.2　由 ChatGPT 支援的文獻搜尋

基於 ChatGPT 的建議，我們可以開始對這些參考資源做更深入的研究。

3. **篩選文獻**：找出相關文獻後，下一步是篩選文獻，確定是否符合要納入綜述的條件。這個作業通常會檢視文獻摘要，甚至有必要的時候得查閱文獻的全文。

例如，假設我們要更深入了解「Promoting Healthy Social Media Use Among Adolescents and Young Adults: A Framework for Intervention」這篇研究論文。讓我們要求 ChatGPT 篩選文獻內容：

V 詳細介紹 Moreno 等人（2018 年）所寫的「Promoting Healthy Social Media Use Among Adolescents and Young Adults: A Framework for Intervention」研究論文，產生這篇論文的摘要、研究題目、探討主題

Moreno 等人（2018 年）所寫的「Promoting Healthy Social Media Use Among Adolescents and Young Adults: A Framework for Intervention」研究論文，提出促進年輕人對社群媒體健康使用的框架。這篇論文目的是為臨床醫生、教育人員、父母、政策制定者提供實務指引，說明如何解決社群媒體使用的潛在危害，促進正面的心理健康狀況。

論文的研究題目：如何設計介入措施，促進年輕人對社群媒體的健康使用？

論文首先探討社群媒體的使用和心理健康情況兩者關係的研究現況，其中包括社群媒體使用的潛在好處和危害。作者找出與使用社群媒體相關的負面心理健康情況的主要風險因素，例如網路霸凌、社會比較、接觸有害內容。

這篇論文接著提出一個介入框架，其中有四個主要部分：找出有風險的個人、年輕人的教育和培力、促進正面的網路行為、評估介入措施。作者為每部分提供具體示例和策略，例如識別負面心理健康狀況的警告訊號、促進數位素養和思辨能力，鼓勵社群媒體的正面使用。

總之，這篇論文強調採取目標性介入措施的必要，促進年輕人對社群媒體的健康使用，為臨床醫生、教育人員、父母和政策制定者提供實務框架，解決這個重大議題。

圖 8.3　特定論文的文獻篩選

ChatGPT 能夠為我提供論文概述，提到論文的研究題目和探討主題，對自己的研究來說，我認為這是相當有用的。

NOTE 因為這篇論文顯然是 ChatGPT 知識庫的一部分，所以 ChatGPT 能夠對這篇論文內容做篩選。如果你要對 2021 年（ChatGPT 訓練的截止時間）之後撰寫的論文做篩選，則得將論文的摘要或段落提供給 ChatGPT。（譯註：目前可搭配如 new Bing 等瀏覽器使用 GPT，避免 ChatGPT 因截止日的封印，而各版的 ChatGPT 也已將截止日期更新。）

4. **擷取資料**：在確定相關研究後，研究人員需要從每個研究中擷取資料，例如研究設計、樣本數、資料收集方法、重要研究結果等等。

   例如，假設，我們想從 Hinduja 與 Patchin 的論文「Digital Self-Harm: Prevalence, Motivations, and Outcomes」（2018 年）收集下列的資訊：

   - 這篇論文收集的資料來源與研究目的
   - 研究人員採用的資料收集方法
   - 資料樣本數
   - 分析的主要限制和缺點
   - 研究人員採用的實驗設計

示範如下：

針對 Hinduja 與 Patchin 的論文「Digital Self-Harm: Prevalence, Motivations, and Outcomes」（2018 年），撰寫下列的資訊。

1. 這篇論文收集的資料來源與研究目的
2. 研究人員採用的資料收集方法
3. 資料樣本數
4. 分析的主要限制和缺點
5. 研究人員採用的實驗設計

好的，以下是你所要求的資訊，Hinduja 與 Patchin 的「Digital Self-Harm: Prevalence, Motivations, and Outcomes」（2018 年）論文相關資訊：

1. 這篇論文論述數位自我傷害現象，指的是個人在社群媒體平台上匿名發表自我傷害意見的做法。這個研究的目的是了解數位自我傷害的盛行率、動機、結果，以及它與其他網路和一般虐待的可能關聯。

2. 研究人員收集的資料，是透過有 5,593 名國高中生的全美國代表性樣本所做的線上調查。調查包括各種網路和一般虐待的問題，譬如數位自我傷害、人口統計和社會心理變數。

3. 樣本數為美國的 5,593 名國高中生。

4. 分析的主要限制和缺點可能包含自陳（self-reported）資料的偏誤和限制，譬如社會期許偏誤和記憶回憶錯誤。此外，這項研究並沒有探討影響數位自我傷害盛行率、動機、結果的潛在文化和背景因素。

5. 研究人員沒有採取實驗設計，而是以調查為基礎的研究，收集參與者自陳的資料。

圖 8.4　從指定論文中擷取相關資料和框架

5. **綜合文獻**：文獻綜述程序的最後一步是，綜合研究結果，為這個領域目前的知識現況做出總結。其中可能會確定共同主題，強調文獻差異或不一致的地方，找出未來的研究機會。

我們假設，除了 ChatGPT 建議的論文，我們還收集自己想綜合的其他標題和論文。更具體而言，我要了解這些文獻是否有同樣的結論，哪些是共同的趨勢，哪個方法可能比其他方法更可靠。針對這樣的情境，我們以三篇研究論文為例：

- Grant Sean Bossard 的「The Effects of Social Media on Mental Health: A Proposed Study」（*https://digitalcommons.bard.edu/cgi/viewcontent.cgi?article=1028&context=senproj_f2020*）
- Vardanush Palyan 的「The Impact of Social Media on Mental Health」（*https://www.spotlightonresearch.com/mental-health-research/the-impact-of-social-media-on-mental-health*）
- Sarah Nichole Kochler 與 Bobbie Rose Parrell 的「The Impact of Social Media on Mental Health: a mixed-methods research of service providers' awareness」（*https://scholarworks.lib.csusb.edu/cgi/viewcontent.cgi?article=2131&context=etd*）

結果如下所示：

針對下列論文強調其中的結論、研究方法和可靠程度的考量。此外，還要突顯三篇論文的共同趨勢和研究結果。

Grant Sean Bossard 的「The Effects of Social Media on Mental Health: A Proposed Study」

Vardanush Palyan 的「The Impact of Social Media on Mental Health」

Sarah Nichole Koehler 和 Bobbie Rose Parrell 的「The Impact of Social Media on Mental Health: a mixed methods research of service providers' awareness」

1. Grant Sean Bossard 的「The Effects of Social Media on Mental Health: A Proposed Study」：

- 結論：這個研究提議調查社群媒體對心理健康的影響，假設社群媒體的使用過度與焦慮和憂鬱的症狀加重有關。
- 研究方法：提議研究採用橫向調查設計，以大學生為樣本，完成社群媒體的使用、焦慮與憂鬱等自陳測量。
- 可靠程度的考量：因為提議的研究尚未進行，所以其中的可靠程度未知。

2. Vardanush Palyan 的「The Impact of Social Media on Mental Health」：

- 結論：這篇論文綜述與社群媒體對心理健康影響相關的現有文獻，結論是社群媒體的使用與憂鬱、焦慮、其他心理健康問題的風險增加有關聯。
- 研究方法：這篇論文對這個主題相關的現有文獻做系統綜述，對社群媒體的使用與心理健康狀況兩者關聯調查的相關研究做分析。
- 可靠度的考量：以系統綜述方法加強研究結果的可靠度，這種做法的目的是降低偏誤，提高研究結果的可靠度。

3. Sarah Nichole Koehler 和 Bobbie Rose Parrell 的「The Impact of Social Media on Mental Health: a mixed methods research of service providers' awareness」：

- 結論：這個研究調查服務提供者對社群媒體影響心理健康的認知，發現許多服務提供者對這個議題認知和訓練的缺乏。
- 研究方法：這個研究採用混合方法設計，對服務提供者做質化（質性）訪談與量化調查。
- 可靠度的考量：採用混合方法設計加強研究結果的可靠度，可對不同來源和方法的研究結果做三角交叉分析。

共同趨勢與研究結果：

- 三篇論文皆有調查社群媒體對心理健康的影響。
- 這些論文都有找到證據，表明社群媒體的使用與負面的心理健康狀況有關。
- 這些論文採用不同的研究方法，其中一篇提出一個新研究，一篇進行系統綜述，一篇採用混合方法設計。

圖 8.5 三篇研究論文的文獻分析與基準評比

另外，在這個例子中，ChatGPT 能夠對所提供的三篇論文產生相關的總結和分析，其中包括方法與可靠度考量方面的基準評比。

總之，ChatGPT 能夠在文獻綜述領域中進行許多活動，從研究題目的腦力激盪到文獻綜合。和往常一樣，需要圈內的**主題專家（subject-matter expert，SME）**評論結果；然而，運用 ChatGPT 的協助，可以更有效率的完成許多活動。

ChatGPT 支援的另一個活動是設計研究人員想做的實驗。我們將在下一節論述這個議題。

為實驗設計與框架提供支援

實驗設計是為解決研究問題而計畫和執行科學實驗的程序。其中涉及下列的決策：研究設計、要測量的變數、樣本數量、收集和分析資料的程序。

ChatGPT 可以協助研究用的實驗設計，方法是為你提出研究框架，譬如隨機對照試驗、準實驗設計、相關研究，可於設計實作期間隨時支援你。

讓我們以下列情境為例。我們要調查新教育方案對學生數學學習結果的影響。這個新方案包含**專案式學習（project-based learning，PBL）**，也就是要求學生在實際的專案中合作，利用數學概念和技能解決問題，產生解決方案。

因此，我們定義下列的研究題目：

> 對於提高學生學習表現來說，新 PBL 方案與傳統教學方法的相較結果為何？

以下是 ChatGPT 的協助方式：

- **決定研究設計**：ChatGPT 可協助決定研究題目的適當研究設計，例如隨機對照試驗、準實驗設計或相關研究。

V 我想為下列的研究題目設計一個實驗：「對於提高學生學習表現來說，新 PBL 方案與傳統教學方法的相較結果為何？」。為了達成目標，我應該做什麼樣的研究設計？

對於提升學生學習表現，要比較新的專案式學習方案和傳統教學法兩者的效力，可以採取隨機對照試驗（RCT）的研究設計。

在 RCT 中，參與者隨機分成實驗組（在這個案例中，指的是專案式學習方案）與控制組（傳統教學方法）。這可確保觀察到的學生學習表現差異皆起因於介入措施（專案式學習方案），而非其他因素（例如既有的能力或動機差異）。

這兩組在年齡、性別、學術水準、社經地位等主要特徵要盡量相似。此外，為了將偏誤風險降到最低，參與者和研究人員都不知道分組情況，應採雙盲試驗。

要衡量學生學習表現，可用標準化測驗或前後測設計。可能影響學習表現的其他因素，譬如學生動機、參與度、滿意度等等，也應該透過調查或訪談來評估。

總之，RCT 的研究設計將提供有力的證據，確定新的專案式學習方案對於提高學生學習表現的效力（相較於傳統教學方法來說）。

圖 8.6　ChatGPT 為你的實驗提出適當的研究設計建議

ChatGPT 建議使用 **隨機對照試驗（RCT）**，並明確解釋採用這個做法的背後原因。我認為這是合理的做法；後續的步驟是確定實驗中要考量的結果測量與變數。

- **確定結果測量**：ChatGPT 可協助你確定一些可能的結果測量，確認測驗結果。讓我們針對研究要求一些建議：

V 我想針對提升學生學習表現的 RCT 研究中，比較新 PBL 方案與傳統教學方法兩者的結果。有哪些可能使用的結果測量方式？

有幾項結果測量方式可用來評估新的專案式學習方案與傳統教學方式兩者的效力。下列是一些可能的選項：

1. 測驗分數：這是測量學生學習表現的直接方法。可在介入措施前後對兩組學生做標準化測驗，比較他們的學習表現。

2. 成績：測量學生學習表現的另一種方式是，採用他們所學科目的成績。可對兩組學生的同樣作業與考試評分，比較他們的學習表現。
3. 出席率：出席率可當作學生參與度與動機指標。追蹤兩組學生的出席率可深入了解介入措施的成效。
4. 調查：可用調查去收集學生和教師的意見，得知新的專案式學習方案與傳統教學方式兩者相較的效果。這些調查可以包括學生參與度、動機、主題的理解程度等議題。
5. 行為觀察：觀察學生在課堂上的行為，能對介入措施的成效提供有價值的見解。這可以包括追蹤小組運作期間的學生參與、互動、合作等部分。

重點是選擇有效而可靠的結果測量方式（配合研究題目與研究假設的方式）。

圖 8.7 特定研究試驗的學習成果

對我來說，採取測驗分數作為結果測量，較為合理。

- **確定變數**：ChatGPT 可協助研究人員確定研究的自變數與應變數：

V 對於提升學生學習表現的 RCT 研究中，我想比較新的專案式學習方案與傳統教學方式兩者的結果。我應該在研究中加入哪些變數？

對於提高學生學習表現的 RCT 中，要比較新的專案式學習方案與傳統教學方法，可以包含下列變數：

1. 自變數：教學方法（專案式學習方案或傳統教學方法）
2. 應變數：學生學習表現（以標準化測驗或相關評量方式衡量）
3. 控制變數：

- 學生的年齡及年級
- 學生的社經地位
- 學生之前的學業成績
- 教師的經歷與資歷
- 課堂環境與資源

重點是確保待比較的群組（專案式學習方案和傳統教學法）所用的控制變數要差不多，這樣才能讓教學法對學生學習表現的影響是獨立的（不會受其他變數影響）。

圖 8.8 ChatGPT 為指定的研究產生變數

注意，ChatGPT 也能產生**控制變數（control variable）**，這是與我們正在考量的研究設計（RCT）有關的特定類型變數。

控制變數，又稱為**共變數（covariate）**，是在研究中持有固定內容或被控制的變數，目的是讓自變數與應變數的關係獨立。這些變數不是研究的主要焦點，不過納入這些變數是要讓變數對結果的干擾影響降到最低。藉由控制這些變數，研究人員得到假陽性或假陰性結果的風險會降低，增加研究的內在效度（internal validity）。

利用上述變數，我們就能開始設定實驗。接下來，我們需要選擇參與者，ChatGPT 可以協助我們。

- **抽樣策略**：ChatGPT 可建議研究的抽樣策略：

V 關於新的專案式學習方案對提升學生學習表現的效力（與傳統的教學方式相比），我需要為我的 RCT 選擇參與者。我該用什麼抽樣策略？

針對 RCT 而言，建議的抽樣策略是隨機抽樣。也就是說參與者是從被研究的母體（population）中隨機挑選，確保每個人都有同等的被選機會。隨機抽樣可降低偏誤，將研究結果的概括程度擴及到更大的母體。

在這個例子中，你可以使用隨機抽樣策略，從要被納入研究的學生母體中選擇參與者。這可能是從合格參與者的名單中隨機挑選學生，或使用亂數生成器來選擇參與者。然而，重點是確保樣本數足夠，能為研究提供充足的統計檢定力（statistical power）。

圖 8.9 ChatGPT 提供的 RCT 抽樣策略建議

注意，在實際情境下，要求 AI 工具產生多個選項並附帶對應的解釋，這是不錯的做法，讓你可以做出合理的決定。在這個範例中，運用 ChatGPT 為我們提出的建議，其中也包括關注的母體、樣本數等相關建議。

- **資料分析**：ChatGPT 可協助研究人員決定合適的統計檢定（statistical test），分析從研究中收集的資料（例如：ANOVA、t- 檢定、迴歸分析）。

我正在做一項 RCT 實驗，新的專案式學習方案對提升學生學習表現的效力（與傳統的教學方式相比）。結果測量採取分數測驗，而抽樣策略是隨機抽樣。我應該使用什麼統計檢定來評估結果的統計顯著性（statistical significance）？請詳細說明。

因為結果測量是連續變數（即分數），所以分析實驗結果的適當統計檢定，是雙樣本 t- 檢定。具體而言，你將執行一個獨立樣本 t- 檢定，用來比較兩個獨立群組的平均值。在這個例子中，這兩組分別是接受專案式學習新方案的學生以及接受傳統教學法的學生。

獨立樣本 t- 檢定會比較兩組的平均值，並用一個 p 值，表示（假設兩組平均值無差異時）「統計得到的平均值差異」跟「研究中觀察到的差異」一樣大的機率。如果 p 值小於選定的顯著水準（例如 0.05），我們可以斷定平均值差異有統計顯著性，相較於傳統教學方式，新的專案式學習方案對學生學習表現有顯著的影響。

要注意的重點是，執行 t- 檢定時，必須符合某些假設，例如結果測量的常態性（normality）以及兩組的相等變異數。這些假設可以使用診斷檢定（例如針對常態性的 Shapiro-Wilk 檢定和針對相等變異數的 Levene 檢定）確認。如果不符合假設，那麼可以改用無母數（non-parametric）檢定更恰當（譬如 Mann-Whitney U 檢定）更為適當。

回報效果量（effect size）與回報 p 值同等重要，效果量提供兩組的差異量相關資訊，可以協助理解結果的實際顯著性。在 t- 檢定中常用的效果量有 Cohen's d 及 Hedges' g。

圖 8.10　ChatGPT 為指定的研究提供統計檢定建議

ChatGPT 建議的所有內容皆有連貫，而且可於統計檢定做法的相關論文中獲得證實。它還能夠確定我們可能正在談論的連續變數（即分數），讓我們知道前面的所有資訊都是以這個假設為基礎。在我們想要離散分數的情況下，可能會加入這項資訊來調整提示，而 ChatGPT 則會建議不同的做法。

ChatGPT 指定假設與解釋對應推理，這是基於輸入內容做出安全決策的關鍵。

總之，ChatGPT 能作為研究人員設計實驗時可運用的有力工具。使用 ChatGPT 的**自然語言處理（NLP）**能力和龐大的知識庫，可以協助研究人員選擇合適的研究設計，決定抽樣技術，確定變數和確認學習結果，甚至為分析這些資料建議可使用的統計檢定。

下一節持續探討 ChatGPT 支援研究人員的案例，焦點擺在參考文獻的生成。

產生格式化參考文獻

ChatGPT 可以提供自動引用與參考工具功能，支援研究人員產生參考文獻。這些工具可以產生各種文獻來源（包括書籍、文章、網站等等）的準確引用與參考。ChatGPT 知道各種引用格式（例如 APA、MLA、Chicago、Harvard），讓研究人員能為自己的研究選擇適當的格式。此外，ChatGPT 還可以根據研究人員的輸入建議相關的參考來源，協助簡化研究程序，確保所有必要的參考來源都納入參考文獻中。利用這些工具，研究人員可以節省時間，確保參考書目是準確的、全面的。

讓我們以下列情況為例。假設寫完「The Impact of Technology on Workplace Productivity: An Empirical Study」。在研究和撰寫期間，我們收集下列的論文、網站、影片、其他來源的參考資料，這些是我們要納入參考文獻的項目（依序為三篇研究論文、一個 YouTube 影片、一個網站）：

- *The second machine age: Work, progress, and prosperity in a time of brilliant technologies.* Brynjolfsson, 2014. *https://psycnet.apa.org/record/2014-07087-000*
- *Leveraging the capabilities of service-oriented decision support systems: Putting analytics and big data in cloud.* Demirkan, 2013. Pages 412-421. *https://www.sciencedirect.com/science/article/abs/pii/S0167923612001595*
- *The Impact of Technostress on Role Stress and Productivity.* Tarafdar. Pages 300-350. 2014. *https://www.tandfonline.com/doi/abs/10.2753/MIS0742-1222240109*

- *The big debate about the future of work, explained*. Vox. *https://www.youtube.com/watch?v=TUmyygCMMGA*
- *The Impact Of Technology And Automation On Today's Businesses*, Forbes. 2021. The Impact Of Technology And Automation On Today's Businesses (forbes.com), Forbes. 2021.

顯然地，我們不能把上述列表直接放入研究論文中；我們需要對這列表適當的格式化。因此，我們可以將這份原始參考列表提供給 ChatGPT，要求以特定格式重新產生，例如 APA 格式，**美國心理學會（American Psychological Association，APA）**官方格式，一般作為教育學、心理學和社會科學的參考文獻格式。

讓我們來看看 ChatGPT 如何幫忙：

V 我想要用下列的參考資料連結做參考文獻的內容：

- "The second machine age: Work, progress, and prosperity in a time of brilliant technologies." Brynjolfsson, 2014. *https://psycnet.apa.org/record/2014-07087-000*
- "Leveraging the capabilities of service-oriented decision support systems: Putting analytics and big data in cloud." Demirkan, 2013. Pages 412-421. *https://www.sciencedirect.com/science/article/abs/pii/S0167923612001595*
- "The Impact of Technostress on Role Stress and Productivity". Tarafdar, 2014. Pages 300-350. *https://www.tandfonline.com/doi/abs/10.2753/MIS0742-1222240109*
- "The big debate about the future of work, explained". Vox, 2017. *https://www.youtube.com/watch?v=TUmyygCMMGA*
- "The Impact Of Technology And Automation On Today's Businesses". Tim T. Mercer, Forbes. 2021. The Impact Of Technology And Automation On Today's Businesses (forbes.com)

請用 APA 格式重新產生這些參考連結。生成的過程，你可以忽略你不曉得的資訊（譬如出版日期）。

- Brynjolfsson, E. (2014). The second machine age: Work, progress, and prosperity in a time of brilliant technologies. Retrieved from **https://psycnet.apa.org/record/2014-07087-000**
- Demirkan, H. (2013). Leveraging the capabilities of service-oriented decision support systems: Putting analytics and big data in cloud. MIS Quarterly, 37(4), 412-421. **https://doi.org/10.1016/j.dss.2012.05.048**
- Tarafdar, M. (2014). The impact of technostress on role stress and productivity. Journal of Management Information Systems, 31(1), 301-328. **https://doi.org/10.2753/MIS0742-1222240109**
- Vox. (2017). The big debate about the future of work, explained. [Video]. YouTube. **https://www.youtube.com/watch?v=TUmyygCMMGA**
- Mercer, T. T. (2021). The impact of technology and automation on today's businesses. Forbes. **https://www.forbes.com/sites/forbesbooksauthors/2021/03/25/the-impact-of-technology-and-automation-on-todays-businesses/?sh=6c6a95d5e912**

圖 8.11 ChatGPT 以 APA 格式產生的參考文獻列表

注意，我有指明不要加入 ChatGPT 不曉得的資訊內容。實際上，我發現 ChatGPT 有時會因為多加入出版日期而出錯。

ChatGPT 還可以提供其他有趣的協助，像是推薦我們可能會引用的參考論文。本章第一段已經說明 ChatGPT 如何在寫論文之前腦力激盪出相關參考文獻；然而，寫完論文之後，我們可能會忘了引用相關文獻，甚至不知道自己的論文已經用到別人的著作。

對於腦力激盪出我們可能會遺漏參考資料，ChatGPT 會是一位得力助手。讓我們再度以「The Impact of Technology on Workplace Productivity: An Empirical Study」論文為例 ，這篇論文包含下列的摘要：

> 這項實徵研究探討技術對職場生產力的影響。這個研究的目的是確定各個技術對職場生產力的影響程度，找出影響最大的特定技術。對各個行業的員工進行調查，利用迴歸分析方法分析結果。研究結果表示，技術對職場生產力有顯著的正面影響，其中最有影響力的技術是促進溝通、協作、任務管理相關的那些技術。研究的結論是，組織應持續投資支援這些職能的技術，將職場生產力最大化。

讓我們要求 ChatGPT 列出與這類研究相關的所有可能參考資料：

V 列出與上述摘要相關的所有可能參考資料（論文、文章、影片、部落格等等）

好的，以下的參考資料可能與「The Impact of Technology on Workplace Productivity: An Empirical Study」論文摘要有相關：

- Brynjolfsson, E., & McAfee, A. (2014). The Second Machine Age: Work, Progress, and Prosperity in a Time of Brilliant Technologies. W. W. Norton & Company.
- Brynjolfsson, E., & McAfee, A. (2011). Race Against the Machine: How the Digital Revolution is Accelerating Innovation, Driving Productivity, and Irreversibly Transforming Employment and the Economy. Digital Frontier Press.
- Demirkan, H., Spohrer, J. C., & Krishna, V. (2011). Leveraging the capabilities of service-oriented decision support systems: Putting analytics and big data in cloud. Decision Support Systems, 51(1), 412-421.
- McAfee, A. & Brynjolfsson, E. (2012). Big data: the management revolution. Harvard business review, 90(10), 61-67.
- McAfee, A, & Brynjolfsson, E. (2017). Machine, Platform, Crowd: Harnessing Our Digital Future. W. W. Norton & Company.
- OECD. (2016). The productivity-inclusiveness nexus. OECD.
- Pew Research Center. (2018). The future of work and automation. **https://www.pewresearch.org/internet/2018/03/21/the-future-of-work-and-automation/**
- Ruggles, R., & Brodie, M. (2018). Technological change and the future of work. Brookings Institution. **https://www.brookings.edu/wp-content/uploads/2018/01/ed-technological-change-and-the-future-of-work.pdf**
- Iarafdar, M., Tu, Q, Ragu-Nathan, T. S., & Ragu-Nathan, B. S. (2015). The impact of technostress on role stress and productivity. Journal of Management Information Systems, 31(1), 301-328.
- World Economic Forum. (2018). The future of jobs report 2018. World Economic Forum. **https://www.weforum.org/reports/the-future-of-jobs-report-2018**

圖 8.12　與提供的摘要相關的參考資料列表

你也可以對論文的其他章節採取同樣程序，確保你的參考文獻中沒有漏掉相關的參考資料。

當完成你的研究論文之後，你可能想要為它做電梯簡報（elevator pitch）。下一節將說明 ChatGPT 如何支援這項任務。

產生研究簡報

研究的最後一哩路，往往是將它呈現給群眾。研究人員為了介紹論文，可能需要針對不同群眾準備投影片、電梯簡報、線上研討會。

例如，假設我們的研究「The Impact of Technology on Workplace Productivity: An Empirical Study」作為碩士學位論文討論用途。在這種情況下，我們可以要求 ChatGPT 秉持科學方法產生一個 15 分鐘的講述結構。讓我們看一下會產生什麼樣的結果（我指定上一段落的摘要作為這一題的上下文）：

V 我必須論述我的學位論文「The Impact of Technology on Workplace Productivity: An Empirical Study」（論文摘要如之前所述）。針對口試委員們（教授）產生論文討論結構。以不超過 15 分鐘為宜。這個結構應遵循科學方法。

標題：「The Impact of Technology on Workplace Productivity: An Empirical Study」

論文討論結構：

I. 導言

- 問候與主題介紹
- 簡要說明研究題目的背景與意義

II. 研究目標與假設

- 陳述研究的具體目標與假設
- 說明目標與假設的選擇緣由

III. 方法

- 描述研究設計與方法（例如：實徵研究、調查、資料收集方法）
- 解釋樣本選擇程序與資料收集方法
- 討論研究使用的變數與測量
- 強調所用的統計分析技術

圖 8.13　ChatGPT 產生的論文討論

太厲害了！讓我回到研究所時代，有這樣的工具協助我做論文討論設計，將事半功倍。

基於這個結構，我們還可以要求 ChatGPT 產生投影片，視覺化呈現我們的論文討論內容。

NOTE 第 1 章的應用例子中有提到 AI 能力的工具 Tome AI，利用文本生成與圖片生成，產生完整投影片。而目前這個段落裡，我們將焦點擺在文本生成的部分，不過別忘了，有些 AI 工具也可以協助你建置投影片。

讓我們繼續處理目前這項要求：

V 為之前的講述內容產生投影片範本。

沒問題！以下是你論文討論簡報的投影片範本：

投影片 1：標題

- 簡報標題：「The Impact of Technology on Workplace Productivity: An Empirical Study」
- 你的名字與所屬單位

投影片 2：導言

- 問候與簡介
- 簡要說明研究題目的背景與意義

投影片 3：研究目標與假設

- 陳述研究的具體目標與假設
- 說明目標與假設的選擇緣由

投影片 4：方法

- 描述研究設計與方法
- 解釋樣本選擇程序與資料收集方法
- 討論研究使用的變數與測量

投影片 5：研究結果

圖 8.14　以論文討論（講述）為基礎的投影片結構

最後，假設我們的論文討論出類拔萃，有機會被遴選獲得研究經費，而可以持續研究這個主題。接著，我們需要一個電梯簡報說服經費委員會。讓我們要求 ChatGPT 提供一些支援：

V 為前述的論文產生一個電梯簡報。報告的對象是科學經費委員會。我需要說服他們，這是值得資助的研究。內容風格應具吸引力和挑戰性。

您準備好進入技術與生產力碰撞的世界嗎？我的論文「The Impact of Technology on Workplace Productivity: An Empirical Study」為您解答「技術如何影響職場生產力」這個當務之急的問題。基於這個研究，我們可以了解技術現況以及對生產力的影響，找出生產力受阻的原因，提出解決方案，將職場的技術潛力最大化。這項研究的影響重大，能協助企業增加獲利，提升員工的工作滿意度。所以，您準備好投資這個能讓目前職場徹底變革的研究嗎？

圖 8.15 特定論文的電梯簡報

我們可以隨時調整結果，讓它們更符合我們的需求；然而，有結構和框架可供使用，能節省不少時間，讓我們可以更加專注於想要著墨的技術內容。

總之，ChatGPT 能夠支援研究領域的全方位任務，從文獻收集、文獻綜述到最終研究講述的生成，我們已經呈現 ChatGPT 如何成為研究人員的 AI 得力助手。

在研究領域中另外要注意的是，最近有開發出異於 ChatGPT 卻仍具 GPT 模型能力的一些工具。例如 humanata.ai 這個 AI 能力的工具，可讓你上傳文件，對這些文件執行一些作業，其中包括文件摘要、即時問答、依據上傳檔案的新論文生成。

這表明具 GPT 能力的工具（包括 ChatGPT）正在為研究領域的幾個創新鋪路。

本章總結

本章探討如何讓 ChatGPT 作為研究人員的有力工具。透過文獻綜述、實驗設計、參考文獻生成與格式化、簡報生成，ChatGPT 能協助研究人員，加速進行這些低附加價值或無附加價值的活動，讓他們能夠專注於主要的活動。

注意，我們只聚焦 ChatGPT 可以為研究人員提供支援活動的一小部分。在研究領域中還有許多活動可以由 ChatGPT 支援，其中包括資料收集、研究參與者招募、研究網路、公眾參與等等。

將這個工具納入使用的研究人員可以從多樣功能和省時特性中受益，必定會讓研究成果更有影響力。

然而，要記住的重點是 ChatGPT 只是一個工具，應該與專家知識和判斷搭配運用。如同一般的研究專案，仔細考量研究題目和研究設計是必要的，確保有效與可靠的結果。

本章是本書第 2 篇的最後一章，這一篇的焦點是介紹 ChatGPT 的各種應用情境與領域。然而，我們主要的重點是個人或小團隊的運用（從個人生產力到研究協助）。第 3 篇會開始利用 Microsoft Azure 雲端的 OpenAI 模型 API，將話題轉到大型組織如何利用 ChatGPT 背後的同一個生成式 AI，執行企業規模的專案。

參考資源

- *https://scholarworks.lib.csusb.edu/cgi/viewcontent.cgi?article=2131&context=etd*
- *https://digitalcommons.bard.edu/cgi/viewcontent.cgi?article=1028&context=senproj_f2020*
- *https://www.humata.ai/*

## 第 3 篇

OpenAI 模型的企業應用

這一篇要介紹 OpenAI 模型的企業應用領域。

首先會說明 OpenAI 和 Microsoft 的合夥關係，以及後來上市的 Azure OpenAI 服務：這是雲端管理的服務，提供 OpenAI 模型的服務（具典型雲端規模架構的可擴充性、彈性、安全性）。

接著是實務章節，呈現企業使用案例的概觀。每個使用案例會有商業情境的描述，還有採用 Python 和 Azure OpenAI 模型 API 的實作。涵蓋的應用情境為 HR 助理、合約分析、客服中心分析、語意搜尋。

這一篇最後一章會以本書所涵蓋的內容回顧當作總結，其中包括最新發布的公告和近期釋出的版本，例如：GPT-4 這種多模式（multimodal、多模態）大型模型的介紹。另外有一小節針對生成式 AI 技術在短短幾個月內突飛猛進、以及在不久的將來會有什麼預期發展，提出一些反思和最終想法。

這一篇涵蓋下列章節：

- 第 9 章 *OpenAI 和 ChatGPT 企業版 —— Azure OpenAI*
- 第 10 章 企業版的熱門使用案例
- 第 11 章 結語與最終想法

9

OpenAI 和 ChatGPT 企業版——Azure OpenAI

本章的焦點是 OpenAI 模型的企業級應用，會介紹 OpenAI 與 Microsoft 的合夥關係以及 **Azure OpenAI**（**AOAI**）服務。我們將討論 Microsoft 在**人工智慧**（**AI**）領域的里程碑和進展，強調將 Azure 雲端帶入 OpenAI 領域的過程，以及說明這對於大型組織而言會改變原本遊戲規則的原因。最後，我們會提到「負責任 AI」（responsible AI）這個主題，以及如何確保你的 AI 系統符合倫理標準。

本章將討論以下的主題：

- Microsoft 與 OpenAI 的合夥歷史與 AOAI 服務介紹
- 公有雲在 OpenAI 模型中的作用
- 負責任 AI

讀完本章之後，你將了解 AOAI 服務的主要功能，以及它與我們目前所討論的 OpenAI 模型兩者的差異。你也會知道 Microsoft 與 OpenAI 的夥伴關係歷程，以及為何需要將 OpenAI 模型部署在企業規模的基礎架構上。最後，你將理解 Microsoft 對負責任 AI 的堅持和長期承諾，以及如何讓 AOAI 服務因此受益。

技術要求

以下是本章的技術要求：

- **一個 Azure 訂用帳戶**，你可以透過下列網址免費建立：*https://azure.microsoft.com/free/cognitive-services*。
- Azure 訂用帳戶的 **Azure OpenAI 存取授權**。本書撰寫期間（目前），只有透過授權申請才能存取這個服務。你可以填寫 *https://aka.ms/oai/access* 裡的表單，申請 Azure OpenAI 的存取權。

OpenAI 與 Microsoft 的企業級 AI — Azure OpenAI

Microsoft 在 AI 研發領域的投資歷史悠久，其中的焦點是建立 AI 能力工具和服務，讓企業與個人可以利用這些工具和服務解決複雜問題，提高生產力。

Microsoft 在諸如語音辨識（2017）、機器翻譯（2018）、對話問答（2019）、圖片描述（2020）、自然語言理解（2021）等 AI 領域達到人類水準的部分，也擁有一系列的里程碑。

定義

達到人類水準的 AI 是指 AI 系統能以人類同等的（或不分軒輊的）水準執行任務。這個概念經常被用來衡量 AI 系統的效能，特別是在自然語言理解、語音辨識和影像辨識等領域。達到人類水準的 AI 被認為是一個重要的里程碑，這表示在特定領域中 AI 的能力足以媲美人類的能力。

在接下來的幾個小節中，我們將探討 Microsoft 在 AI 領域的研究歷史與背景，完整了解 Microsoft 與 OpenAI 合作的過程，最後會討論 AOAI 服務的進展。

Microsoft AI 背景

Microsoft 在 AI 領域的早期研究可以追溯到 1990 年代後期，當時 Microsoft 建立**機器學習（ML）**和應用統計群組。Microsoft 從那時候開始研究、試驗智慧代理和虛擬助理。當時相關的原型是 Microsoft Office 的個人數位助理 Clippy：

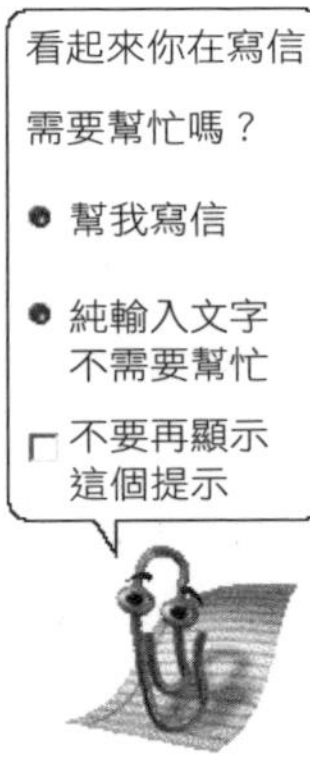

圖 9.1　2000 年推出的 Office Assistant（Clippy）

Clippy 是 Cortana 這類先進工具的前身。Cortana 於 2014 年推出，是採用**自然語言處理（NLP）**和 ML 的數位助理，為使用者提供個人化的協助。

然後在 2016 年，隨著 Microsoft Project Oxford 的擴張，Microsoft 在 Azure 雲端推出認知服務（Microsoft Cognitive Service），這是一組 API，為開發人員提供 AI 功能（不需要具備 ML 和資料科學的專業技術即可使用）：

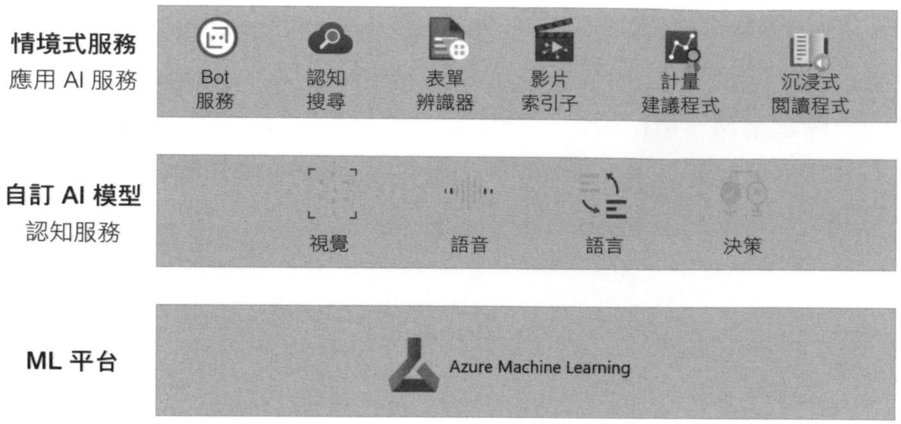

圖 9.2　Microsoft Azure AI 服務

藉由認知服務，AI 終於可以被廣泛的使用者（從大企業到個別開發人員）運用。因此我們見證現在所說的 **AI 民主化（AI democratization）**：AI 不再是那些擁有高深技術知識者和（模型訓練之用的）強力昂貴硬體者的特權。「認知服務」的開發原因是：

- 任何人（從資料科學家到商業使用者）都能以無須編寫程式的方法利用「認知服務」
- 提供一組已訓練過的預建模型——即這些模型立即可供使用，不需要 GPU 運算能力的硬體才能執行

Microsoft 近年來對 AI 的投資可從 AI 公司的收購情形得知，其中包括：2016 年的 SwiftKey（預測鍵盤輸入 App：*https://blogs.microsoft.com/blog/2016/02/03/microsoft-acquires-swiftkey-in-support-of-re-inventing-productivity-ambition/*）、2017 年的 Maluuba（深度學習新創：*https://blogs.microsoft.com/blog/2017/01/13/microsoft-acquires-deep-learning-startup-maluuba-ai-pioneer-yoshua-bengio-advisory-role/*）、2018 年的 Bonsai（AI 模型建置平台：*https://blogs.microsoft.com/blog/2018/06/20/microsoft-to-acquire-bonsai-in-move-to-build-brains-for-autonomous-systems/*）。

在 Microsoft 投資與合夥的公司中，也包含 OpenAI。

這兩家科技公司的合夥關係是從 2016 年開始，當時 OpenAI 同意利用 Microsoft 的 Azure 雲端基礎架構執行 AI 實驗。之後在 2019 年，Microsoft 宣布以 10 億美元與 OpenAI 建立合夥關係（*https://news.microsoft.com/2019/07/22/openai-forms-exclusive-computing-partnership-with-microsoft-to-build-new-azure-ai-supercomputing-technologies/*），開發 AI 模型和技術（造福人類之用）。這個合作夥伴關係是以下列三大支柱為基礎：

- Microsoft 與 OpenAI 將共同建置新的 Azure 超級運算基礎架構（訓練 AI 模型之用）
- OpenAI 將讓自己公司的模型和技術在 Azure 雲端上可供使用
- Microsoft 將成為 OpenAI 把新 AI 解決方案商業化（上市）的首選合作夥伴

從那時起，兩家公司持續投資和研究，終於在 2023 年 1 月，於 Azure 中透過 AOAI 服務提供一組 OpenAI 模型。

隨著 AOAI 服務一般可用版的推出，而達成新的里程碑，Microsoft AI 產品組合已擴及到 OpenAI 強力的大型語言模型。

Azure OpenAI 服務

AOAI 服務是 Microsoft 的產品，提供 REST API 存取 OpenAI 的強力語言模型（譬如 GPPT-3.5、Codex、DALL-E）。你可以用這些模型執行與 OpenAI 模型完全相同的任務（例如內容生成、摘要、語意搜尋、自然語言、程式碼翻譯）。

在 Microsoft Azure AI 產品組合的環境中，AOAI 服務屬於下列認知服務的其中一項：

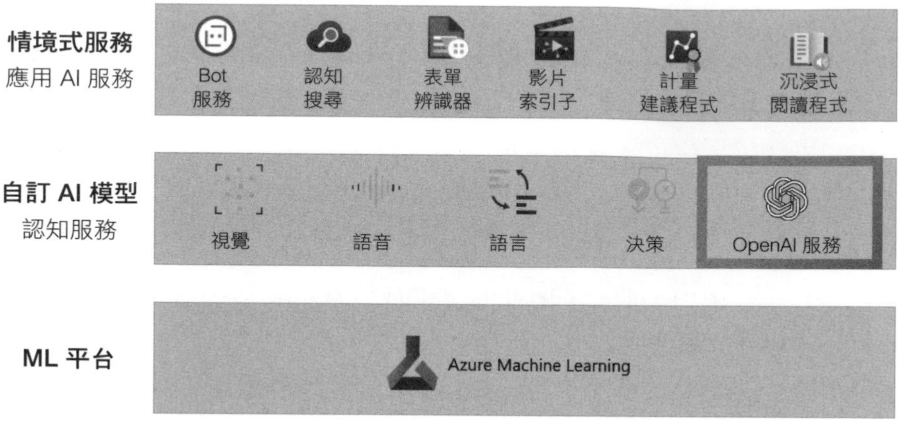

圖 9.3　AOAI 服務（一般可用版，GA 版）

如同其他認知服務的項目，AOAI 提供已訓練過可立即使用的模型。

依下列的指示建立 AOAI 資源：

1. 前往 Azure 入口網站（*https://ms.portal.azure.com*）。
2. 點選 **建立資源**。
3. 輸入 `azure openai`，然後點選 **建立**。
4. 填寫必要資訊，然後點選**檢閱 + 建立**。

如下列螢幕擷取畫面所示：

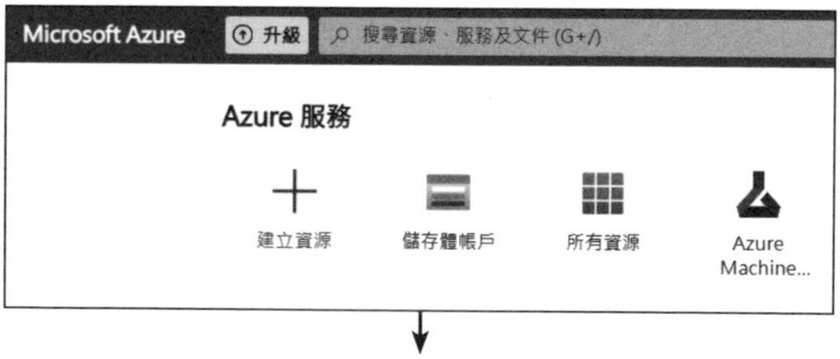

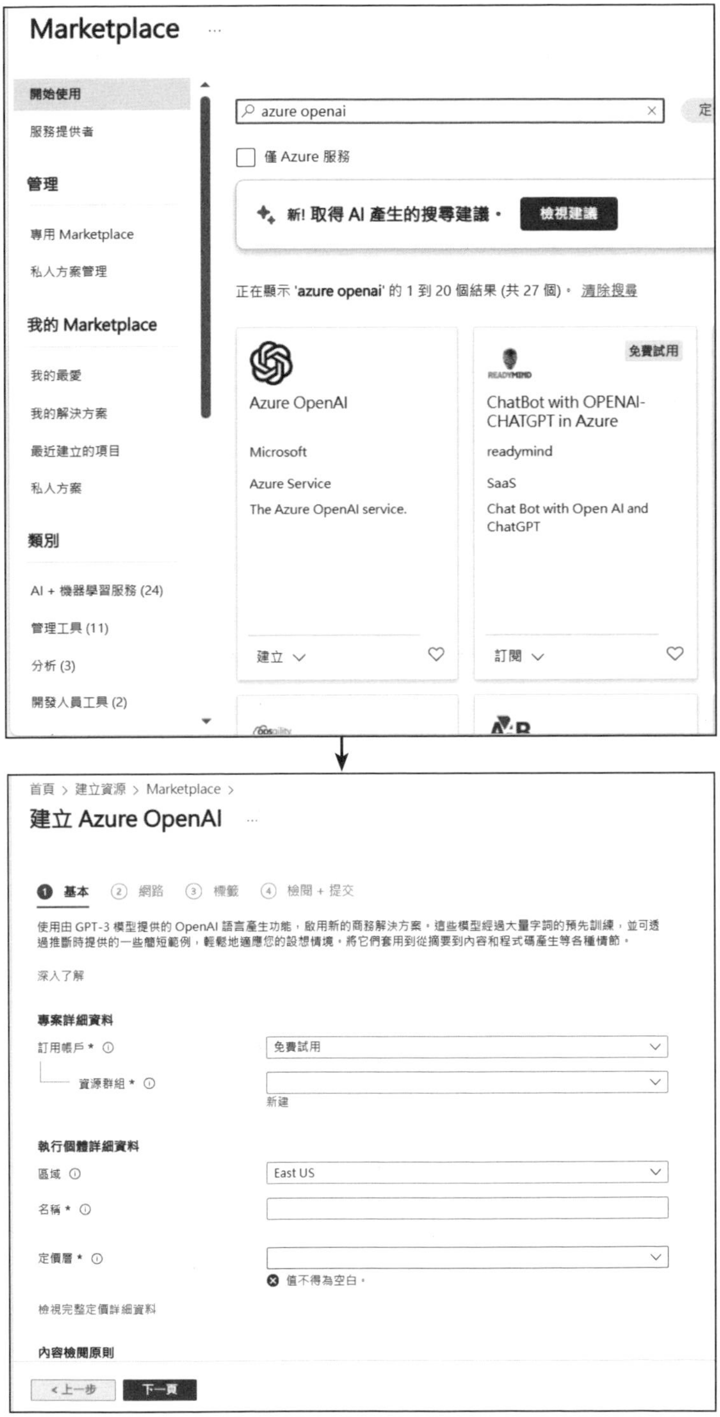

圖 9.4 AOAI 資源的建立步驟

這個建立過程可能需要幾分鐘的時間。完成之後，你可以直接跳到 AOAI 遊樂場這個友善的使用者介面，在部署你的模型之前先測試這些模型：

圖 9.5　AOAI UI 與遊樂場

注意，AOAI 遊樂場的使用介面與我們在第 2 章看到的 OpenAI Playground 版本幾乎一模一樣。差異是這裡要使用 AOAI 模型，你必須先行部署，這是讓你加入模型之用的無伺服器運算執行個體。你可以在 AOAI 遊樂場或 Azure 入口網站資源後端頁面執行這項動作：

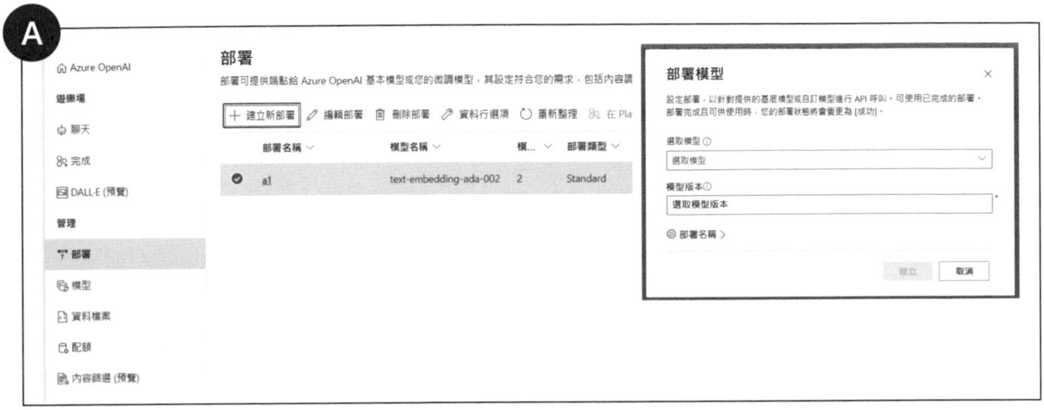

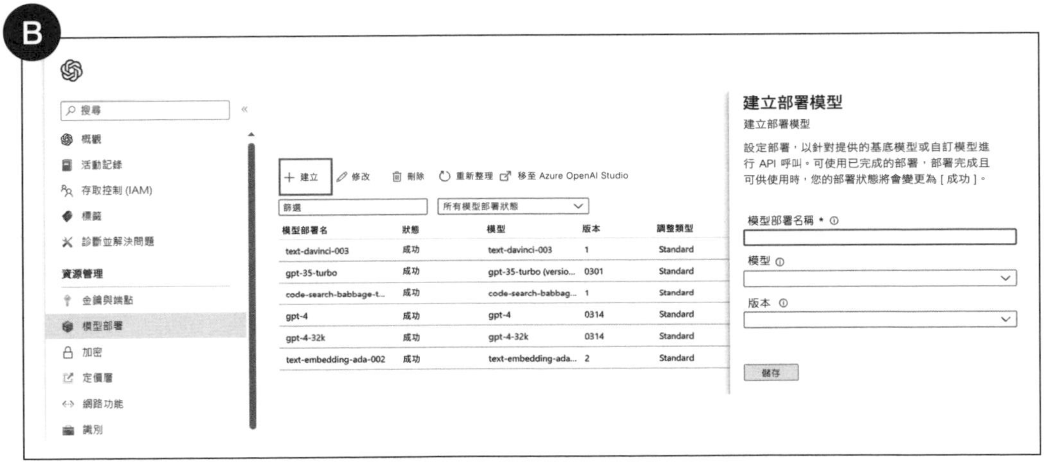

圖 9.6 透過遊樂場 A 或 Azure 入口網站 B 建立新的 AOAI 部署
（譯註：目前已取消方法 B，官網表示一律使用方法 A。）

例如，我建立一個部署 `text-davinci-003`，這個部署與 `text-davinci-003` 模型有關：

圖 9.7　AOAI 的主動部署

在 OpenAI Playground 中，我們測試模型的方式是直接透過使用者介面操作，或是在我們的應用程式中嵌入 OpenAI 提供的相關 API 處理。下一節將探索如何與遊樂場互動，嘗試不同的模型設定。第 10 章將學習如何將 AOAI 的模型 API 與企業版應用程式整合。

探索遊樂場

一開始透過 AOAI 遊樂場熟悉底層模型以及為你的專案安排最適合的模型版本，這是最簡單的做法。使用者介面有多種索引標籤和工作區，如下列螢幕擷取畫面所示：

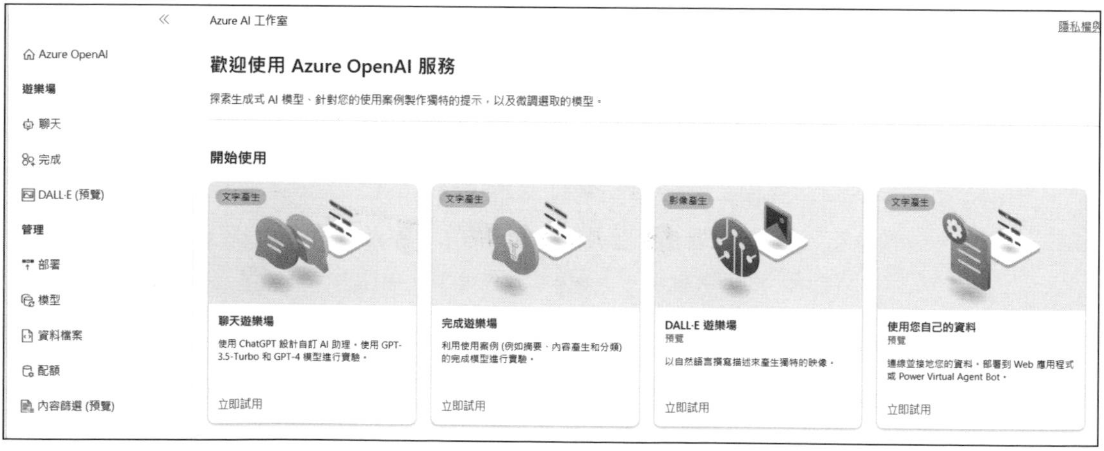

圖 9.8　AOAI 遊樂場概觀

接著讓我們逐一探討其中的項目：

- **遊樂場 | 聊天**：**聊天**工作區只能跟對話模型，譬如 GPT-3.5-turbo（ChatGPT 背後的模型）搭配使用：

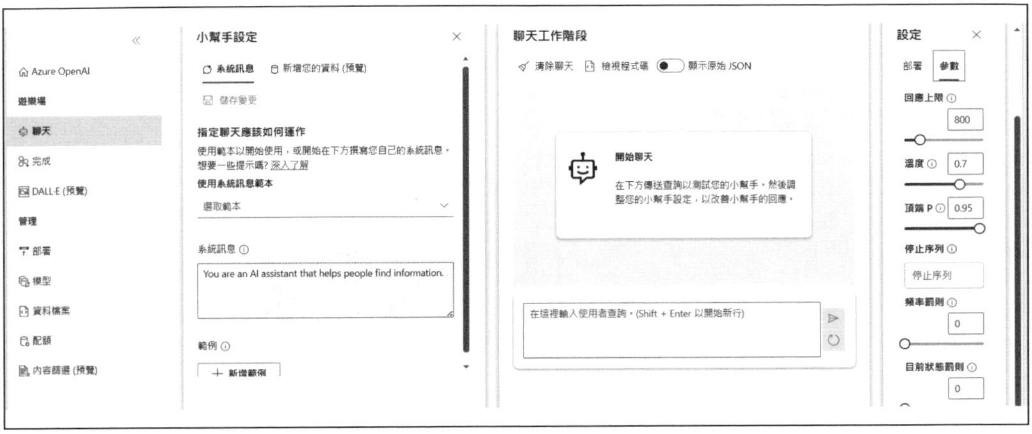

圖 9.9　AOAI 聊天工作區

它的運用體驗與 ChatGPT 類似，可以使用額外參數設定你的模型（如第 2 章的 OpenAI Playground 所示）。此外，**聊天**工作區還有一個**系統訊息**功能相當有趣：

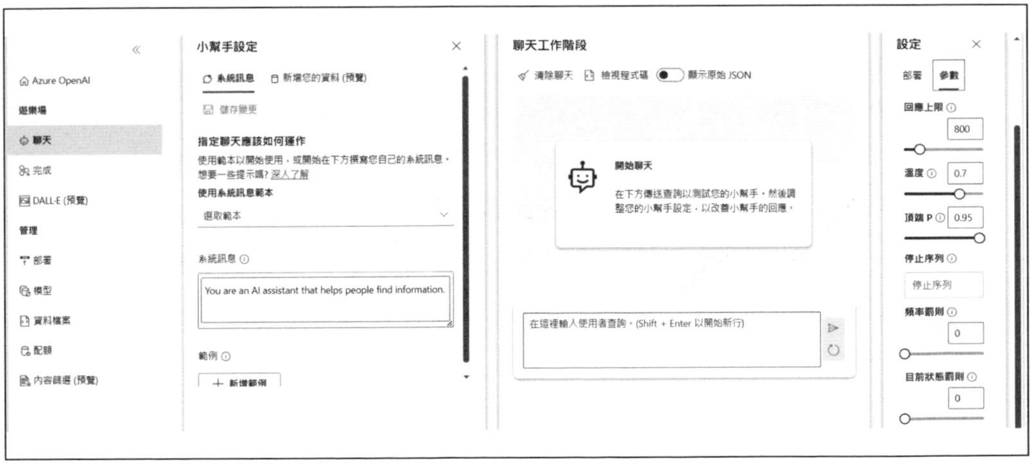

圖 9.10　系統訊息（範例）

系統訊息是我們對模型設定的一組指示，告訴它如何行事、與我們互動。針對提示來說，**系統訊息**是模型設定的重要元件，它會大幅影響模型效能。

例如，讓我們指示模型充當 JSON 格式化助理：

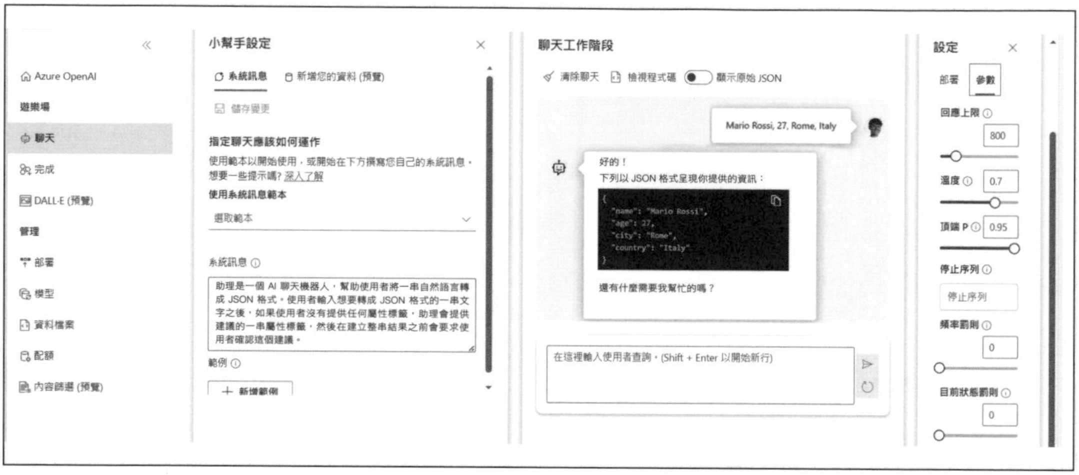

圖 9.11　讓模型充當 JSON 助理（範例）

如上圖所示，模型可以對一些簡單資料（例如姓名、年齡）建議對應的 JSON 檔案（過程不需要人為指定任何標籤）。

- **遊樂場 | 完成**：與上一個工作區不一樣，**完成**工作區為一種白皮書，你可以在這裡與模型互動。GPT-3.5-turbo 是專為對話任務所設計的模型（也就是說可透過類聊天機器人介面使用這個模型），而 GPT-3 系列包含許多通用模型，可用於各種語言任務（譬如內容生成、摘要等等）。

  例如，我們可以要求模型產生測驗（我們事先描述主題和提供單樣本），如下所示：

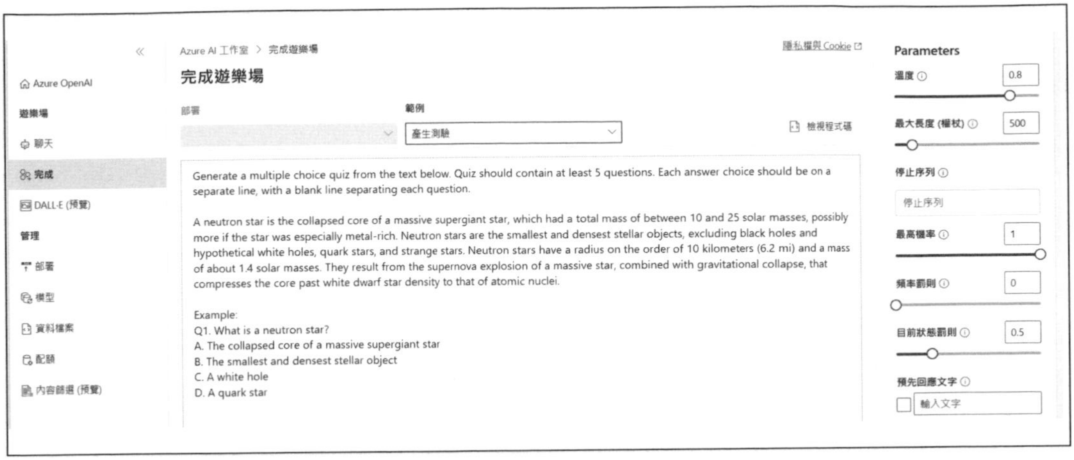

圖 9.12　要求 GPT 模型產生測驗（範例）

最後，如同**聊天**工作區，你可以在**完成**中設定參數，譬如最大 token（權杖）數或溫度（對於這些參數，第 2 章有完整列表及相關含意可供參閱）。

- **管理 | 部署**：在**部署**索引標籤裡，你可以建立和管理新的部署（與 AOAI 模型相關的）。內容描繪如下：

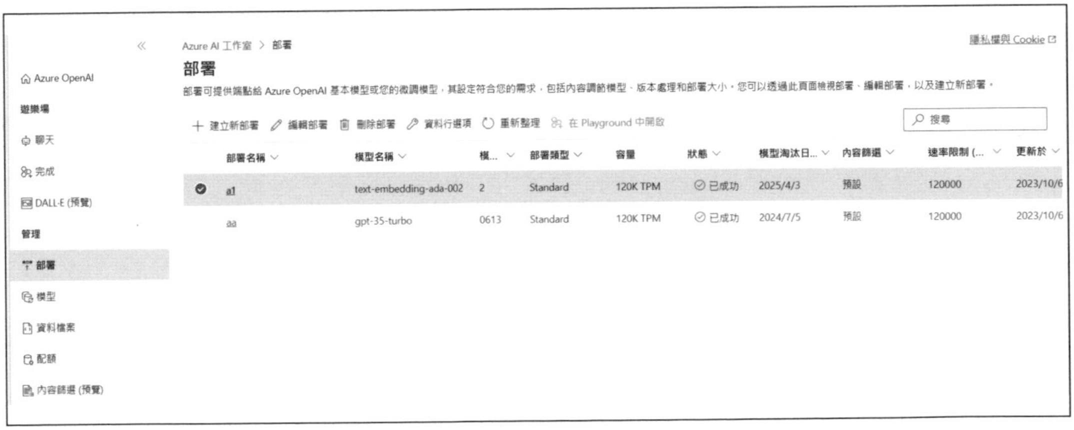

圖 9.13　AOAI 部署列表

每個部署只能管理一個模型。你可以隨時編輯或刪除部署。如之前所述，AOAI 服務中，模型部署可在**完成**或**聊天**工作區執行啟用步驟。

- **管理 | 模型**：在這個索引標籤裡，你可以立即選定 AOAI 服務中可用的模型，其中包括可被部署的模型（也就是尚未部署的模型）。例如，讓我們以下列擷取畫面為例：

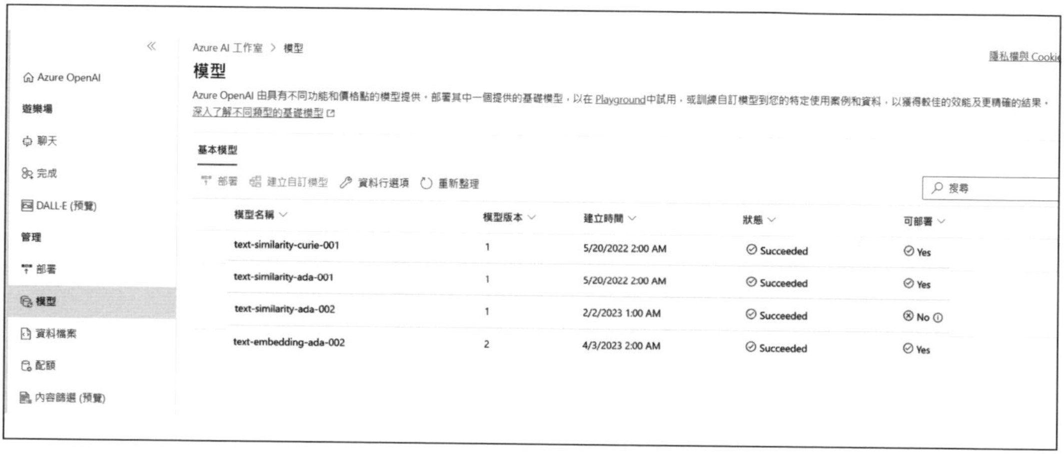

圖 9.14　AOAI 模型列表

我們有個 `text-similarity-curie-001`。它並沒有相關的部署，因此它是可被部署的（如 ：**可部署**行所示）。另一方面，`text-similarity-ada-002` 已有部署，因此它不能再被選用。

在這個索引標籤裡，你也可以按照微調程序建立自訂模型。我們在第 2 章已有探討微調方法：

圖 9.15　模型微調（範例）

你可以透過這個引導小工具，從選擇基底模型（即 `text-davinci-002`）開始，上傳訓練與驗證資料，產生自訂模型，並將這個模型於專屬部署上管理。

NOTE

第 2 章有談到訓練資料集應該符合下列類型的特定格式（JSONL）：

```
{"prompt": "< 提示文本 >", "completion": "< 理想的生成文本 >"}
{"prompt": "< 提示文本 >", "completion": "< 理想的生成文本 >"}
{"prompt": "< 提示文本 >", "completion": "< 理想的生成文本 >"}
```

為了方便這種格式，OpenAI 開發一種工具，可以將你的資料格式化成適合微調的特定格式。它還能提供如何調整資料的建議，讓工具可以用來微調。此外，它也接受各種資料格式的輸入（包括 CSV、TXT 和 JSON）。

你可以執行下列命令為 OpenAI **命令列介面（command-line interface，CLI）**執行初始設定，就能使用這個工具：

```
pip install --upgrade openai
```

起始設定之後，你可以執行這個工具，如下所示：

```
openai tools fine_tunes.prepare_data -f <LOCAL_FILE>
```

- **管理 | 資料檔案**：最後，在**資料檔案**索引標籤裡，你可以直接從使用者介面管理與上傳訓練、測試資料，如下所示：

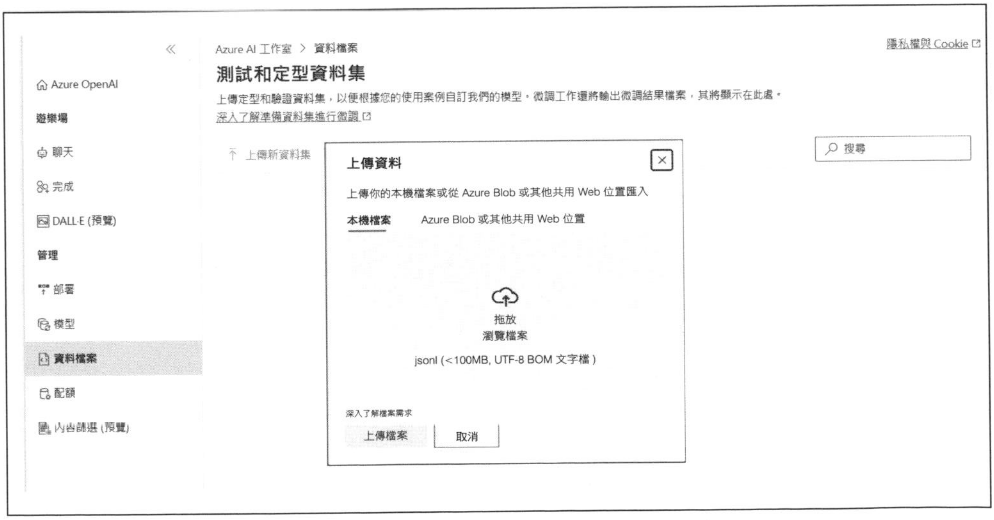

圖 9.16　上傳 AOAI 服務中的檔案（範例）

你可以選擇從**本機檔案**或 **Azure Blob 或其他共用 Web 位置**上傳檔案。

檔案上傳之後，你可以在**模型**索引標籤建立自訂模型時，選用這些檔案。

最後，如上一節提到的，每個模型都附帶 REST API，可供你的應用程式利用。

下一章會說明採用 AOAI 模型 API 的多個實作。然而，在開始討論之前，我們需要了解 AOAI 與標準 OpenAI 模型的差異，以及 Azure 雲端為何成為這個領域的一部分。

為何採用公有雲？

本章開頭有討論到 Microsoft 和 OpenAI 近年來的合夥情形，以及 Microsoft 雲端 Azure 如何成為 OpenAI 模型訓練的 *gym*。然而，它也成為可讓人使用 OpenAI 模型的雲端基礎架構。

不過 OpenAI 和 Azure OpenAI 兩者的模型使用有何不同？其中的差異是基礎架構：在 Azure OpenAI 中，你可以在**自己的安全**訂用中利用**自己的**基礎架構。這有一連串的好處：

- **可擴充性與彈性**：你可以從 Azure 的可擴充性中受益，並為 AOAI 模型的彈性用法感到方便。從試驗性的小專案到企業級的生產專案，AOAI 可讓你利用需求的生產力（必要時可擴大或縮小規模）。
- **安全性與合規**：你可以使用以角色為基礎的認證及私有網路連線，讓你的部署更安全、更值得信賴。你還可以在完全控制資料之下，訓練 AI 模型。
- **區域可用性**：你可以在 Azure 全球基礎架構上，依你的生產需求執行 AI 相關工作。
- **內建負責任 AI**：你可以使用內容篩選，確保你的 AI 模型產生適當而合乎倫理的輸出。

藉由 Azure 中可供使用的 OpenAI 模型，我們可以將領域提升到企業及生產級，符合大型組織的所有安全性和生產力要求。

對於上述的好處，其中有一個值得特別關注：負責任 AI。AI 技術的快速發展也需要透過倫理工具加以管理。這是 Microsoft 從 2016 年以來一直在研究的內容，我們將在下一節探討這個主題。

了解負責任 AI

我們提過內建負責任 AI 是 AOAI 的主要功能之一。然而，要充分了解它，我們首先需要知道 Microsoft 對負責任 AI 的承諾和歷程。

Microsoft 邁向負責任 AI 之路

Microsoft 很快就意識到，隨著 AI 技術持續進步，越來越能融入我們的生活，逐漸需要確保這些系統的開發和使用是負責任的、有倫理的、以造福所有人的方式發展的。

這段過程的開端可追溯至 2016 年，當時 Microsoft CEO（Satya Nadella）撰寫一篇文章，探討人類與 AI 如何攜手合作解決社會面臨的最大挑戰，並首次提出負責任 AI 的概念，其中包括透明度、公平性，以及為保護隱私和協助人類而設計。

隨後在 2017 年，Microsoft 正式將這些概念實現，成立第一個 AI 倫理委員會——**Aether**（是 **AI, Ethics, and Effects in Engineering and Research**的縮寫，即工程與研究的 AI、倫理、效果），作為 Microsoft 高階領導團隊的諮詢小組。

AETHER 花時間聽取客戶和內部專家的意見，然後與法律事務部門合作，出版《*The Future Computed: Artificial Intelligence and its role in society*》一書（2018 年 1 月）。Microsoft 在這本書中指出六個原則，目的是引導公司發展 AI 系統，協助讓更多行業和整個社會知道負責任 AI 的實踐。

關於負責任 AI，Microsoft 的六項原則如下所示：

- **公平性**：Microsoft 的目標是建立公正的 AI 系統，公平對待所有的個人與團體，沒有歧視或偏見
- **可靠性與安全**：Microsoft 致力建立穩定、可靠、安全的 AI 系統，不會犧牲安全或造成意外傷害
- **隱私權與安全性**：Microsoft 重視個人及資料的隱私與安全，透過透明及負責任的使用 AI 技術致力保護人們與資料

- **包容性**：Microsoft 認為 AI 的設計應該涵蓋不同背景的個人（皆能培力），為所有人創造平等的機會
- **透明度**：Microsoft 認為 AI 系統的決策與行動要透明與負有責任，Microsoft 致力於為決策與行動的結果提供清楚的解釋
- **權責**：Microsoft 認為 AI 系統對社會與環境的影響負有責任，在 AI 的開發和使用上，致力推動倫理與負責任的實踐

Microsoft 遵循這些原則，藉由委員會的協助，為公司內領導層、工程團隊、其他部門提供指引。

Microsoft 有一個**負責任 AI 標準**，為負責任地建立 AI 系統提供一個框架。

在這本書出版之後，Microsoft 於下列的負責任 AI 領域持續投資和研究：

- 從「臉部辨識領域的政府監管的貢獻」（2018 年，*https://www.geekwire.com/2018/microsoft-calls-government-regulation-facial-recognition-technology/*、*https://blogs.microsoft.com/on-the-issues/2018/12/17/six-principles-to-guide-microsofts-facial-recognition-work/*），到「工程的負責任 AI 策略（RAISE）建置」（2020 年，*https://www.microsoft.com/en-us/ai/our-approach?activetab=pivot1%3aprimaryr5*）
- 在 ML 可理解性、不公平性評估與減緩、錯誤分析、因果推理、反事實分析等領域開發負責任 AI 工具（2021 年，*https://responsibleaitoolbox.ai/*）

下圖是負責任 AI 的整個發展過程：

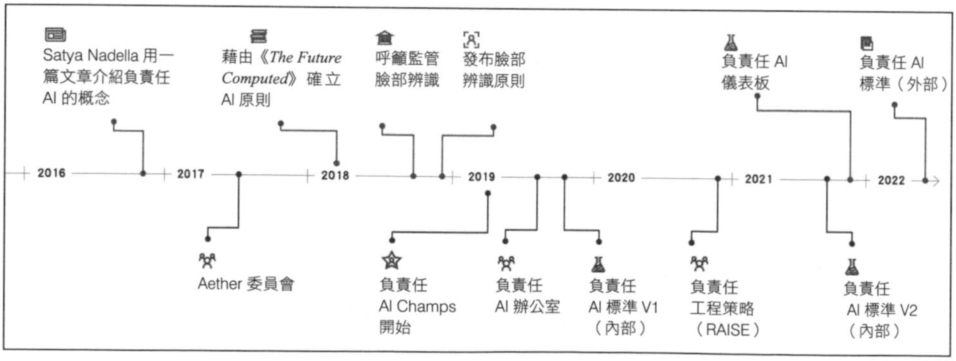

圖 9.17　Microsoft 負責任 AI 的發展過程

Microsoft 對負責任 AI 的承諾反映在產品的設計方式、以及所提供的最佳做法和指引。

當然，這也適用於 AOAI 服務。下一節會討論 AOAI 服務附帶內建層面的負責任 AI。

Azure OpenAI 與負責任 AI

對於 AOAI 服務，我們會用以下兩個層面談論負責任 AI ：

- **內建**：這個層面指的是由內容管理系統施行的負責任 AI（AOAI 嵌入式功能）。這個系統利用一組分類模型偵測有害的內容。系統會分析輸入提示和生成內容，與核心模型一同運作，過濾內容。在識別有害內容的情況下，如果偵測到提示不當，你會收到 API 呼叫的錯誤，或看到 JSON 格式的回應中 `finish_reason` 參數是 `content_filter`，表示已濾掉部分的生成內容。
- **行為守則與最佳做法**：如同其他 AI 服務，Microsoft 為 AOAI 提供**透明度注意事項（Transparency Notes）**。目的是促進了解 AI 技術的運作方式、限制與能力，以及考量整個系統（包括人類與環境）的重要性。開發人員和系統擁有者可以使用這些注意事項，建立符合預期用途的 AI 系統，並在 AOAI 的特定情況下，協助識別那些可能觸發內建內容過濾器的情況。

內建功能和透明度注意事項都是 Microsoft 基於公司的 AI 原則指引，致力在實際情景中應用倫理 AI 實踐的表現。

總之，Microsoft 的負責任 AI 代表公司對倫理 AI 開發和部署的堅定承諾，AOAI 也因這個承諾而受益。

本章總結

本章說明 OpenAI 與 Microsoft 的合夥關係為企業及組織帶來強大創新的 AI 解決方案：AOAI。這個服務將 OpenAI 的尖端技術與 Microsoft 大規模的雲端基礎架構結合起來，為企業提供可擴充、可自訂的平台，讓企業建置及部署先進的 AI 應用程式。

我們也討論到 Microsoft 高度關注負責任 AI 的倫理實踐，以及 AOAI 服務如何展現負責任 AI 的承諾（藉由譬如平台內建的內容過濾器等功能展現）。

隨著 AI 不斷讓產業有所轉變，以及塑造未來，OpenAI 與 Microsoft 的合作是企業級 AI 解決方案發展的重要里程碑。AOAI 讓企業能夠利用 AI 力量驅動成長與創新，同時確保有倫理和負責任的做法。

下一章將深入探討企業採用 AOAI 模型 API 開發的具體使用案例。我們還會說明使用案例的實作（用 Python 和 Streamlit），讓你可以親自體驗 AOAI 模型如何為你的應用程式注入 AI。

參考資源

- *https://blogs.microsoft.com/blog/2023/01/23/microsoftandopenaiextendpartnership/*
- *https://news.microsoft.com/2019/07/22/openai-forms-exclusive-computing-partnership-with-microsoft-to-build-new-azure-ai-supercomputing-technologies/*
- *https://azure.microsoft.com/en-us/blog/general-availability-of-azure-openai-service-expands-access-to-large-advanced-ai-models-with-added-enterprise-benefits/*
- *https://slate.com/technology/2016/06/microsoft-ceo-satya-nadella-humans-and-a-i-can-work-together-to-solve-societys-challenges.html*
- *https://www.geekwire.com/2018/microsoft-calls-government-regulation-facial-recognition-technology/*
- *https://blogs.microsoft.com/on-the-issues/2018/12/17/six-principles-to-guide-microsofts-facial-recognition-work/*
- *https://www.microsoft.com/en-us/ai/our-approach?activetab=pivot1%3aprimaryr5*
- *https://responsibleaitoolbox.ai/*
- *https://www.microsoft.com/en-us/research/publication/human-parity-on-commonsenseqa-augmenting-self-attention-with-external-attention/*
- *https://learn.microsoft.com/en-gb/azure/cognitive-services/openai/how-to/fine-tuning?pivots=programming-language-studio#openai-cli-data-preparation-tool*

10

企業版的熱門使用案例

本章一開始會針對企業發展概述目前市場上最熱門的 Azure OpenAI 使用案例。因為 Azure OpenAI 有能力為複雜問題提供先進解決方案，所以已被許多行業所接受，其中包括金融、醫療保健（健康照護）、零售、製造業等等。因此，我們得了解 Azure OpenAI 模型對這些行業造成的影響程度有多大，以及能維持多少的競爭力。

所以，本章概述 Azure OpenAI 在這些行業中的各種應用，其中包括改善客戶體驗、加強智慧搜尋、建置直接與客戶打交道的聊天機器人。每個使用案例會用 Python、LangChain 進行實作，還有用 Streamlit 產生前端介面。

本章將探討下列的主題：

- Azure OpenAI 的企業應用方式
- 分析與產生合約
- 了解有關客服中心的分析
- 探索語意搜尋

讀完本章之後，你將對 Azure OpenAI 為企業使用案例鋪路有深入的了解。在生成式 AI 當道的數位開發時代，得要有這樣的認知：這些技術正突飛猛進的成長，而企業也以同樣速度採納這些技術。知道這些技術及相關應用，讓我們擁有了解市場和適應未來的工具。

你還可以用 Python、LangChain、Streamlit、你的 AOAI 執行個體開始進行自己的專案（按照之前提到的例子以及這裡的新使用案例實作）。

技術要求

以下是本章的技術前提：

- **一個 Azure 訂用帳戶**，你可以透過下列網址免費建立：*https://azure.microsoft.com/free/cognitive-services*。
- Azure 訂用帳戶的 **Azure OpenAI 存取授權**。目前，只有透過授權申請才能存取這個服務。你可以填寫 *https://aka.ms/oai/access* 裡的表單，申請 Azure OpenAI 的存取權。
- Python 3.7.1 以上的版本。
- 下列的 Python 函式庫：`Openai`、`langchain`、`requests`、`json`、`os`、`pandas`、`numpy`、`streamlit`、`tiktoken`、`matplotlib`。
- Azure OpenAI 服務資源（含已部署的模型）。在我的例子中，已用 `text-davinci-002` 部署一個執行個體 `test1`。

本章所示的程式碼，以及預處理所用的 script 和 `utils`，都可從本書的 GitHub 儲存庫中取用：

https://github.com/PacktPublishing/Modern-Generative-AI-with-ChatGPT-and-OpenAI-Models/tree/main/Chapter%2010%20-%20Enterprise%20use%20cases

所有程式碼都是用 Python 編寫。為了運用 Azure OpenAI 的大型語言模型，我會用到 LangChain 這個輕量的架構，讓你可在應用程式中輕易納入**大型語言模型（LLM）**。至於前端，我會使用 Streamlit，這是開源的 Python 程式庫，讓資料科學與機器學習專案的 Web App 建置和部署更加容易。它提供一個簡單直接的介面，用來建立互動式資料驅動應用程式。

> **NOTE** 針對每個情境，從 Azure OpenAI 匯出程式碼和 API 時，我也會為預設參數設值，例如：溫度、最大權杖等。如果需要這些參數的完整列表與相關資訊，你可以參閱第 2 章的 *OpenAI 系列模型概觀*小節。

Azure OpenAI 的企業應用方式

Azure OpenAI 成為推動創新和提高效率的有力工具，迅速受到大型企業的歡迎。許多公司正在利用這個技術的能力來精簡營運，取得競爭優勢。

以下是依行業領域劃分的 AOAI 模型應用範例：

- **醫療保健**：可分析**電子健康紀錄（electronic health record，EHR）**和醫學文獻，協助醫生對病患照護做出更明智的決定。
- **金融**：可分析市場趨勢，找出潛在投資機會。也可以用於詐騙偵測、信用評分、客戶服務自動化。
- **零售**：可用於個人化客戶體驗，提供有目標性的產品推薦。也可以用在庫存最佳化、需求預測、供應鏈管理。
- **媒體**：可產生多種語言的新聞搞、摘要、標題。也可以用於內容仲裁、情感分析、識別假新聞。

還有不少的範例。其中一個不錯的例子是，葡萄牙司法部在 Microsoft 支援下，為當國國民提供服務：以 `gpt-3.5-turbo`（ChatGPT 背後的模型）為基礎的聊天機器人，能夠解答法律訴訟相關的問題。

這個聊天機器人叫做**訴諸司法實務指南（Practical Guide to Access to Justice，GPJ）**，目的是將法律程序的典型複雜術語應用大眾化。

這是一個不錯的例子，呈現不同行業（包括政府）如何利用 Azure OpenAI 模型增加競爭力，以及為他們的客戶（甚至還有大眾）提供更好的服務。

在接下來的幾節中，我們將深入探討具體的使用案例，並用 Python 逐步實作。

合約分析器與生成器

AOAI 的模型可以成為合約分析的有力工具，協助法律部門、合約經理節省時間，避免發生可能的法律問題。

藉由這些模型的深度語言理解能力，律師、合約經理可以更深入了解法律文件，降低爭議與訴訟風險，確保合約準確反映各方的意向。

以下是與合約相關的 AOAI 應用例子：

- **識別關鍵條款**：分析合約，找出關鍵條款，例如與終止、賠償、保密相關的條款。這個功能可節省時間，協助確保分析過程中有考量到所有重要條款。
- **分析用語**：幫助識別複雜用語、法律術語，讓律師更容易了解合約的意圖和含意。這樣有助於避免誤解，降低爭議。
- **標示潛在問題**：輔助標示合約裡的潛在問題，例如模糊用語或衝突條款。這可以讓律師和合約經理在這些議題變為主要問題之前先行解決。
- **提供合約範本**：提供一般的合約範本，例如保密協定或服務協定。這可以節省時間，確保合約是一致的、全面的。
- **協助合約審閱**：協助審閱程序，強調需要注意或釐清的部分。確保各方的意見一致，合約準確反映各方的意向。

我們稍後會說明每個項目的 Python 範例，本章尾聲會用 Streamlit 進行實作。

識別關鍵條款

合約是企業或法律協定不可或缺的一部分，不過分析起來可能既複雜又費時。想要簡化流程，確保所有重要條款都被考慮到，AOAI 的模型可以協助識別合約中的關鍵條款。這些重要條款可能包括終止、賠償、保密、其他重要項目等規定。

例如，假設公司正在審閱與供應商協議的服務合約。這份合約有多頁的法律用語，識別對企業可能有重大影響的必要規定，深具挑戰。公司可以使用 AOAI 模型分析合約，識別與終止、賠償、保密相關的關鍵條款。讓公司能夠專注於這些重要規定，了解與這些規定相關的潛在風險和利益。

採用這種方式，讓 AOAI 的模型識別關鍵條款，可以節省時間，降低失察風險，確保企業在審閱合約時做出明智決定。

以下是服務合約範例：

服務合約（以下簡稱「本協定」）是由 A 公司（以下簡稱「本公司」）和 B 公司（以下簡稱「服務提供者」）於 [日期] 共同簽訂。

1. 服務內容。服務提供者同意向本公司提供以下服務（以下稱「本服務」）：服務提供者同意向本公司提供市場行銷方面的諮詢服務，包括但不限於市場調查、行銷策略開發以及行銷活動執行。服務提供者應根據市場調查結果和協議的行銷策略向本公司提供報告和建議。
2. 酬金。本公司應向服務提供者支付本服務的總費用為 1,000,000（一百萬）元整。應於 2023 年 9 月 15 日前支付完成。
3. 期限。本協定自 2023 年 5 月 1 日起生效，並持續至 2023 年 12 月 31 日，除非任何一方提前 30 天以書面通知終止本協定。
4. 獨立承包商。服務提供者是獨立承包商，本協定中的任何內容均不得解釋為雙方所建立的勞資關係、合夥關係或合資公司。
5. 保密。服務提供者同意對因向本公司提供本服務而了解或取得的所有資訊保密。未經本公司事先書面同意，服務提供者不得向任何第三方透露這些資訊。
6. 工作成果所有權。服務提供者同意，與本服務相關的所有工作成果均為本公司所有的資產。
7. 聲明與保證。服務提供者聲明並保證具備必要的專業知識和經驗，能夠以專業熟練的方式提供本服務。
8. 賠償。服務提供者同意對本公司、本公司董事、本公司員工與本公司代理，因本服務引起的或與本服務有關的所有索賠、損害、責任、成本、費用負有賠償責任，使其免受損害。
9. 管轄法律。本協定應受義大利法律管轄和解釋，不考慮法律衝突原則。
10. 整體協定。本協定構成雙方的完整協定，取代之前或同時進行的所有書面或口頭的協商、協定、聲明、解釋。

茲證明，雙方已於上文所載日期共同簽署本協定。

[本公司簽名]

[服務提供者簽名]

圖 10.1　服務合約樣本

假設我們想擷取這份合約的終止條款。如**技術要求**小節所述，我部署 `text-davinci-002` 的簡單執行個體 `test1`，還建立 `contract` 變數，用來儲存上述的合約樣本。接著，我定義提示，要求模型找出終止條款，如下所示：（譯註：本章範例程式的輸出輸入資料主要為英文，為了方便中文閱讀有將部分輸入輸出文字中文化，如果要實際執行範例，請直接下載本書儲存庫的原文範例。）

```
response = openai.Completion.create(
  engine="test1",
  prompt= contract + " what is the termination clause?",
  temperature=0,
  max_tokens=1968,
  top_p=0.5,
  frequency_penalty=0,
  presence_penalty=0,
  best_of=1,
  stop=None)

print(response["choices"][0]["text"].strip())
```

以下是輸出結果：

```
response = openai.Completion.create(
  engine="test1",
  prompt= contract + "what is the termination clause?",
  temperature=0,
  max_tokens=1968,
  top_p=0.5,
  frequency_penalty=0,
  presence_penalty=0,
  best_of=1,
  stop=None)

print (response["choices"][0]["text"].strip())
```

終止條款是本協定第 3 條，這個條款規定，本協定持續至 2023 年 12 月 31 日，除非任何一方提前 30 天以書面通知終止本協定。

圖 10.2　終止條款的擷取（範例）

我也可以設定一段對話，問模型多個與條款相關的問題：

```
prompt = "<|im_start|>system\n" + contract + "\n<|im_end|>\n"

#print('AI Assistant: ' + prompt + '\n')
```

```
while True:

    query = input("you:")
    if query == 'q':
        break
    user_input = "<|im_start|>user\n" + query + "\n<|im_end|>\n<|im_
start|>assistant\n"
    prompt+=user_input
    output = openai.Completion.create(
        engine="test1",
        prompt=prompt,
        temperature=0,
        max_tokens=2000,
        top_p=0.95,
        frequency_penalty=0,
        presence_penalty=0,
        stop=["<|im_end|>"])
    print('\n')
    print('AI Assistant: ' + output["choices"][0]["text"].strip() + '\n')
    response = output["choices"][0]["text"].strip() + "\n<|im_end|>\n"
    prompt+=response
```

以下是回應結果：

你：保密條款是什麼？

AI 助理：這份合約有一條保密條款，要求服務提供者對因向本公司提供本服務而了解或取得的所有資訊保密。未經本公司事先書面同意，服務提供者不得向任何第三方透露這些資訊。

你：酬金與到期日為何？

AI 助理：酬金為 1,000,000（一百萬）元，截止日為 2023 年 9 月 15 日。

你：有賠償條款嗎？

AI 助理：是，有賠償條款。服務提供者同意對本公司、本公司董事、本公司員工與本公司代理，因本服務引起的或與本服務有關的所有索賠、損害、責任、成本、費用負有賠償責任，使其免受損害。

你：

圖 10.3　與 AOAI 模型對話

這是一個簡單的範例（簡短的合約）。現在假設合約有好多頁要檢查。對於擷取這樣的合約條款，AOAI 的模型必定可以提供有價值的協助，還會向使用者指明特定條款所在的頁面區段，讓**領域專家（Subject Matter Expert，SME）**可驗證這個回應。

分析用語

在某些情況下，合約可能含有律師難以理解的高深技術或專門用語。AOAI 的模型可以幫助識別這些術語，提供清楚的含意解釋，讓律師更能理解合約的意向和整體含意。確保各方清楚了解協定的條款和條件，避免潛在的誤解與爭議，為各方節省時間和資源。

例如，假設在**碳捕獲與封存（Carbon Capture and Storage，CCS）**背景下的一份合約。這份合約包含許多與 CCS 相關的技術術語，如：**洩漏**（*leakage*）、***MVA*** **技術**和**燃燒後捕獲**（*post-combustion capture*）。

審閱合約的律師，如果沒有 CCS 的背景，可能很難充分了解這些術語的含意和影響。藉由 AOAI 的模型分析這份合約，律師可以快速識別這些技術術語，得到清楚的含意解釋。讓律師更加了解合約的意向，確保各方有共識。因此，誤解和爭議發生的機會將大幅降低。

我們以下列的樣本合約摘錄為例：

> 碳捕獲與封存合約（以下簡稱「本協定」）係由法國法律下成立之 A 公司與義大利法律下成立之 B 公司，於 2023 年 3 月 19 日締結。雙方同意合作進行碳捕獲與封存（CCS）專案，將 50 噸二氧化碳封存在法國南部之鹽水層，使用增進採油（EOR）技術。雙方將共同設計、建造與管理 CCS 設施，根據各自股東權益比例分擔該專案的成本。A 公司將提供二氧化碳捕獲、壓縮和運輸設備，B 公司將提供封存據點和注入設備。雙方同意遵守 CCS 相關的所有適用法規，包括美國環保署（EPA）的地下注入控制（UIC）第六類井法規。

圖 10.4 樣本合約

上述的樣本合約有許多術語，如果你不懂 CCS（更普遍的說法是，如果你不懂能源與環境工程）的話，可能會難以了解這些內容，也可能不知道這些內容的撰寫背景。

幸好 AOAI 的模型不只能夠解釋各個術語（與現有的搜尋引擎相比了無新意），還可以針對使用這些術語的**上下文中**解釋這些術語（主要的能力）。

為了證明上述的能力，讓我們在與 AOAI 模型的互動聊天中設定一些提問（在這個例子中，樣本合約也放在 contract 變數中）：

```
prompt = "<|im_start|>system\n" + contract + "\n<|im_end|>\n"

#print('AI Assistant: ' + prompt + '\n')
while True:

    query = input("you:")
    if query == 'q':
        break
    user_input = "<|im_start|>user\n" + query + "\n<|im_end|>\n<|im_
start|>assistant\n"
    prompt+=user_input
    output = openai.Completion.create(
          engine="test1",
          prompt=prompt,
          temperature=0,
          max_tokens=2000,
          top_p=0.95,
          frequency_penalty=0,
          presence_penalty=0,
          stop=["<|im_end|>"])
    print('\n')
    print('AI Assistant: ' + output["choices"][0]["text"].strip() + '\n')
    response = output["choices"][0]["text"].strip() + "\n<|im_end|>\n"
    prompt+=response
```

以下是回應結果：

你：EPA 是什麼？

AI 助理：美國環保署（EPA）是負責保護人類健康和環境的美國聯邦機關。

你：EPA 與上述合約有什麼關聯？

AI 助理：EPA 的地下注入控制（UIC）第六類井法規，規範 CCS 設施的建構與運作。

你：q

圖 10.5　針對上述合約與 AOAI 模型的對話

如上所示，模型不只提供技術概念（EPA）的詳細解釋，也提供使用背景的詳細說明。

藉由 AOAI 的模型，對於技術、特定領域術語、法律分類這三者的差距，就算不能屏除，也可以縮減，讓律師或合約經理聚焦於語意內容。

標示潛在問題

AOAI 可以運用先進的**自然語言處理（NLP）**功能，執行潛在問題識別的合約分析，找出可能有語意含糊、不確定或法律風險的條款和用語。例如，AOAI 的語言模型會在可能造成爭議或訴訟的合約中，標示模糊不清的用語或衝突的條款。這些模型也可以找出會令某一方不利的條款，譬如責任限制、限制競爭、要求獨家交易的條款。

以下列情況為例。我們在 ABC 公司的法律部門工作，正在為一批新員工制定就業協定。我們最近要改變聘用條款，所以這是首次產生的協定。

以下是我們最終決定的草案：

本協定由 ABC 公司（以下簡稱「本公司」）和 John Doe 簽訂，自聘用日起生效。

1. 期限。本協定為期三年，並可經雙方協議續約。
2. 職責。John Doe 將擔任公司的財務長，履行指定職責。
3. 薪酬。John Doe 的年薪為 200,000 元。
4. 終止。任何一方均可書面通知終止本協定。如果本公司無故解除 John Doe 的聘用，John Doe 將獲得相當於 12 個月底薪的資遣費。
5. 競業禁止。John Doe 同意在本協定終止後的兩年內，未經本公司事先書面同意，不得從事競爭性的業務或活動。
6. 管轄法律。本協定受德拉瓦州法律管轄。
7. 整體協定。本協定取代雙方之前的所有協定。
8. 修訂。本協定除非經雙方簽署的書面修改，不得變更。
9. 副本。本協定各方可各執一份簽署，每份均視為原本。

圖 10.6 聘用協定合約草案樣本

我們要確保沒有含糊之處。因此讓我們要求 AOAI 模型幫忙標示出來。另外，在這個例子中，我部署一個簡單的 `text-davinci-002` 執行個體 `test1`，也建立一個 `contract` 變數，儲存之前的樣本合約：

```
response = openai.Completion.create(
  engine="test1",
  prompt= contract + "Analyze this contract and tell me whether there
might be some ambiguity or conflicting terms.",
  temperature=0,
  max_tokens=1968,
  top_p=0.5,
  frequency_penalty=0,
  presence_penalty=0,
  best_of=1,
  stop=None)

print(response["choices"][0]["text"].strip())
```

以下是輸出結果：

```
response = openai. Completion.create(
  engine="test1",
  prompt contract + "Analyze this contract and tell me whether there
might be some ambiguity or conflicting terms.",
  temperature=0,
  max_tokens=1968,
  top_p=0.5,
  frequency_penalty=0,
  presence_penalty=0,
  best_of=1,
  stop=None)

print (response["choices"][0]["text"].strip())
```

對於 John Doe 的職責，合約中可能有一些模稜兩可的地方。目前還不清楚他要擔任的財務長有什麼具體職責。此外，合約也沒有說明如果任何一方違反協定，會有什麼後果。如果 John Doe 無故被解聘，關於資遣費的條款中也可能存在衝突。合約規定，他將收到 12 個月的底薪，但不清楚這筆資遣費是否在年薪之外另計，或者包括在年薪裡。

圖 10.7　合約的含糊內容識別（範例）

這是相當有用的見解，不過我們還可以得到更多的協助。我們可以實際建立類聊天機器人的環境，讓我可以繼續做合約分析，也可以要求模型產生同一份合約的修訂版，確保排除前述的含糊之處。

因此，我們需要確保我們的 Python 程式碼有納入記憶能力，我將使用 while 迴圈搭配 break 條件：

```
prompt = "<|im_start|>system\n" + contract + "\n<|im_end|>\n"

#print('AI Assistant: ' + prompt + '\n')
while True:

    query = input("you:")
    if query == 'q':
        break
    user_input = "<|im_start|>user\n" + query + "\n<|im_end|>\n<|im_
start|>assistant\n"
    prompt+=user_input
    output = openai.Completion.create(
          engine="test1",
          prompt=prompt,
          temperature=0,
          max_tokens=2000,
          top_p=0.95,
          frequency_penalty=0,
          presence_penalty=0,
          stop=["<|im_end|>"])
    print('\n')
    print('AI Assistant: ' + output["choices"][0]["text"].strip() + '\n')
    response = output["choices"][0]["text"].strip() + "\n<|im_end|>\n"
    prompt+=response
```

NOTE 分類法（taxonomy）是指我設定的開始序列和停止序列。這些序列會讓回應落在需求的起訖點（譬如句子或列表的結尾）。在這個例子中，我確保這個助理會在 user_input 之後開始產生回應，並在每個回應結尾加入一個停止序列。

執行前述程式碼之後，會有類似下列的輸出：

你：分析這份合約，告訴我是否有含糊之處或衝突條款。

AI 助理：「職責」部分可能有含糊之處，不清楚 John Doe 的職責究竟是什麼。如果 John Doe 沒有拿到他預期的年終獎金，那麼在「薪酬」部分也可能發生衝突。

你：產生同樣的合約（確保排除你提到的含糊之處）

AI 助理：

本合約由 ABC 公司與 John Doe 之間達成，有效日期為僱用日期。

本協定由 ABC 公司（以下簡稱「本公司」）和 John Doe 簽訂，自聘用日生效。

1. 期限。本協定為期三年，並可經雙方協議續約。
2. 職責。John Doe 將擔任公司的財務長，履行與此職位相關的一切職責和責任，以及本公司不定時指派的其他職責。
3. 薪酬。John Doe 的年薪為 200,000 元，並享有本公司年終獎金方案。
4. 終止。任何一方均可書面通知終止本協定。如果本公司無故解除 John Doe 的聘用，John Doe 將額外獲得相當於 12 個月底薪的資遣費。
5. 競業禁止。John Doe 同意在本協定終止後的兩年內，未經本公司事先書面同意，不得從事競爭性的業務或活動。
6. 管轄法律。本協定受德拉瓦州法律管轄。
7. 整體協定。本協定取代雙方之前的所有協定。
8. 修訂。本協定除非經雙方簽署的書面修改，不得變更。
9. 副本。本協定各方可各執一份簽署，每份均視為原本。

你：解釋目前這份新版合約為何沒有含糊之處或衝突條款

AI 助理：目前沒有含糊之處或衝突條款的原因是，「職責」部分更具體的說明 John Doe 的職責，而「薪酬」部分則明確表明 John Doe 將獲得他所期望的年終獎金。

你：

圖 10.8　用於審閱和產生新合約的聊天示例

如上所示，我的 AI 助理創造新版合約，確保排除含糊之處和衝突條款。注意，我也要求模型說明目前的合約已無含糊之處的原因，確保我可以對應找出這些部分，驗證是否屬實：

```
你：解釋目前這份新版合約為何沒有含糊之處或衝突條款

AI 助理：目前沒有含糊之處或衝突條款的原因是，「職責」部分更具體的說
明 John Doe 的職責，而「薪酬」部分則明確表明 John Doe 將獲得他所
期望的年終獎金。
```

此外，AOAI 的模型可以識別不可執行的條款，例如違反反托拉斯法或公共政策的條款。

讓我們以下列兩家競爭公司（ABC 和 XYZ）的產品銷售協定為例：

產品銷售協定

本協定（以下稱「本協定」）由 ABC 公司（以下簡稱「ABC」）和 XYZ 公司（以下簡稱「XYZ」）於執行日簽訂。

鑑於 ABC 從事製造與銷售小工具的業務，XYZ 希望向 ABC 購買小工具，再轉售給其客戶；

因此，綜觀上述前提與在此內容的互惠承諾，雙方同意如下：

1. 產品銷售。ABC 同意銷售與交付給 XYZ，XYZ 同意從 ABC 那裡購買與取得，由 XYZ 發送而由 ABC 接收的採購單中所指定的小工具。
2. 價格與付款。小工具的價格應按適用採購單所規定的內容訂定。款項應於發票日期後的 30 天內支付。
3. 競業禁止。ABC 同意不向過去六個月內曾購買過我們競爭對手產品的客戶銷售任何產品。
4. 保證。ABC 保證依據本協定銷售的小工具將符合每個採購單所指定的規格，自交貨日起的一年內不存在材料和作工的缺陷。
5. 責任限制。ABC 對於違反本協定或在此提供之保證的任何賠償責任，僅限於小工具的購買價格之內。
6. 管轄法律。本協定受德拉瓦州法律管轄，按照其規定解釋。

茲證明，雙方已於上文所載日期簽署本協定。

ABC 公司

圖 10.9　兩家競爭公司的樣本協定

現在，條款 3 含有可能有問題的用語（可能被解釋成試圖限制競爭）。公司必須仔細審閱自己的合約，確保公司不會參與可能違反反托拉斯法或其他法規的做法。

讓我們看一下 AOAI 模型是否能夠偵測到這個問題：

```
response = openai.Completion.create(
  engine="test1",
  prompt= contract + "Analyze this contract and tell me whether
```

```
there are clauses that might violate the antitrust laws. Make sure to
highlight those clauses.",
    temperature=0,
    max_tokens=1968,
    top_p=0.5,
    frequency_penalty=0,
    presence_penalty=0,
    best_of=1,
    stop=None)

print(response["choices"][0]["text"].strip())
```

以下是輸出結果：

```
response = openai.Completion.create(
  engine="test1",
  prompt= contract + "Analyze this contract and tell me whether there are
clauses that might violate the antitrust laws. Make
  temperature=0,
  max_tokens=1968,
  top_p=0.5,
  frequency_penalty=0,
  presence_penalty=0,
  best_of=1,
  stop=None)

print(response["choices"][0]["text"].strip())
```

「ABC 同意不向過去六個月內曾購買過我們競爭對手產品的客戶銷售任何產品。」這個條款可能違反反托拉斯法。

圖 10.10 合約中潛在的衝突條款（範例）

在這種情況下，模型能夠偵測到與反托拉斯法的潛在衝突。

利用 AOAI 模型的能力分析合約用語，公司可以確保遵守法律標準，降低法律與聲譽風險，促進市場公平競爭。

提供合約範本

上一段呈現的是合約生成器範例，能夠調整現成草案，排除潛在問題。我們也可以用相同模型，執行更進一步的做法，僅提供一些參數（例如合約的終止日期或存續期間），即可從零開始產生合約草案。

因此假設我們要產生一份服務交付協定草案。我們可能需要提供下列參數：

- 服務提供者（service_provider）
- 客戶（client）
- 服務說明（services_description）
- 開始日（start_date）
- 存續期間（duration）
- 付款條件（payment_terms）
- 終止通知（termination_notice）
- 國家（state）

為了要求模型從頭開始產生合約草案，我們需要建置參數化的提示，如下所示：

```
service_provider = "Supplier ABC"
client = "Company XYZ"
services_description = "installation, configuration, and maintenance
of Company's IT infrastructure"
start_date = "1/9/2023"
duration = "Three (3) years"
payment_terms = f"Within 30 days after receipt of an invoice from
{service_provider}"
termination_notice = "30 days"
state = "Italy"


response = openai.Completion.create(
  engine="test1",
  prompt= f"Generate a Service Delivery Agreement with the following
elements: Service Provider: {service_provider}, Client: {client},
Description of Services: {services_description}, Start Date:
{start_date}, Duration: {duration}, Payment terms: {payment_terms},
Termination notice: {termination_notice}, State or Countries:
{state}",
  temperature=0,
  max_tokens=1968,
  top_p=0.5,
  frequency_penalty=0,
  presence_penalty=0,
  best_of=1,
```

```
    stop=None)

print(response["choices"][0]["text"].strip())
```

以下是輸出結果：

```
服務交付協定

本服務交付協定（以下簡稱「本協定」）於 2023 年 1 月 9 日由地址位於意大利商業街 123 號的 ABC 提供者（以下簡稱「提供者」），與住址位於意大利榆樹街 456 號的 XYZ 公司（以下簡稱「客戶」）雙方簽訂。

服務説明

提供者應根據本協定的條款與條件，安裝、配置、維護客戶的 IT 基礎設施。

開始日

本協定自 2023 年 1 月 9 日開始。

持續期間

本協定有效期間為三（3）年，除非按照本協定的規定提前終止。

付款條件

客戶應在收到提供者的發票後 30 日內向提供者付款。所有發票應寄送至意大利榆樹街 456 號客戶處。

終止通知

任何一方均可提前 30 日以書面通知對方終止本協定。

管轄國家

本協定應受義大利法律管轄。

茲證明，雙方已於上述日期簽訂本協定。

ABC 提供者

__________________

簽名

__________________

正楷名稱

__________________
```

職稱

XYZ 公司

____

簽名

____

正楷名稱

____

職稱

圖 10.11 Azure OpenAI 模型產生的合約範本（範例）

如上所示，只需有一些輸入，模型就能夠創造出一份不錯的合約草案，包括簽名欄位和類似格式。對於編製初步草案來說，可以節省時間和金錢，接著可進一步補充內容細節與參數，目標是成為類似協定的範本。

總之，AOAI 有很大的潛力可協助法律專業人員分析合約，特別是找出潛在問題和含糊之處。然而，要注意的重點是，機器學習模型無法取代法律分析的人類元素。熟練的律師應當始終參與合約的審閱和解釋，還有最終的決策程序。在適當運用技術和人類專業知識的情況下，法律業可以從提高合約分析的效率和準確度中受益。

用 Streamlit 實作前端

本節的想法是實作公司入口網站，律師和合約經理可以從中存取他們需求的所有合約，分析內容並快速收集其中的某些見解，例如識別關鍵條款、分析用語、標示潛在問題。

他們也可以要求入口網站從頭開始產生一些合約範本，作為可投產合約草案。

因此，我們會使用 Streamlit。為了連到我的 AOAI 執行個體，我需要金鑰（key）與端點（endpoint），這兩者已被儲存在一個 `.toml` 檔案中。

如同其他小節，你可以在以下的 GitHub 儲存庫中找到本節的整個 App 檔案：*https://github.com/PacktPublishing/Modern-Generative-AI-with-ChatGPT-and-OpenAI-Models/tree/main/Chapter%2010%20-%20Enterprise%20use%20cases*。

特定對話登陸頁面（這裡是指我們的樣本合約），如下所示：

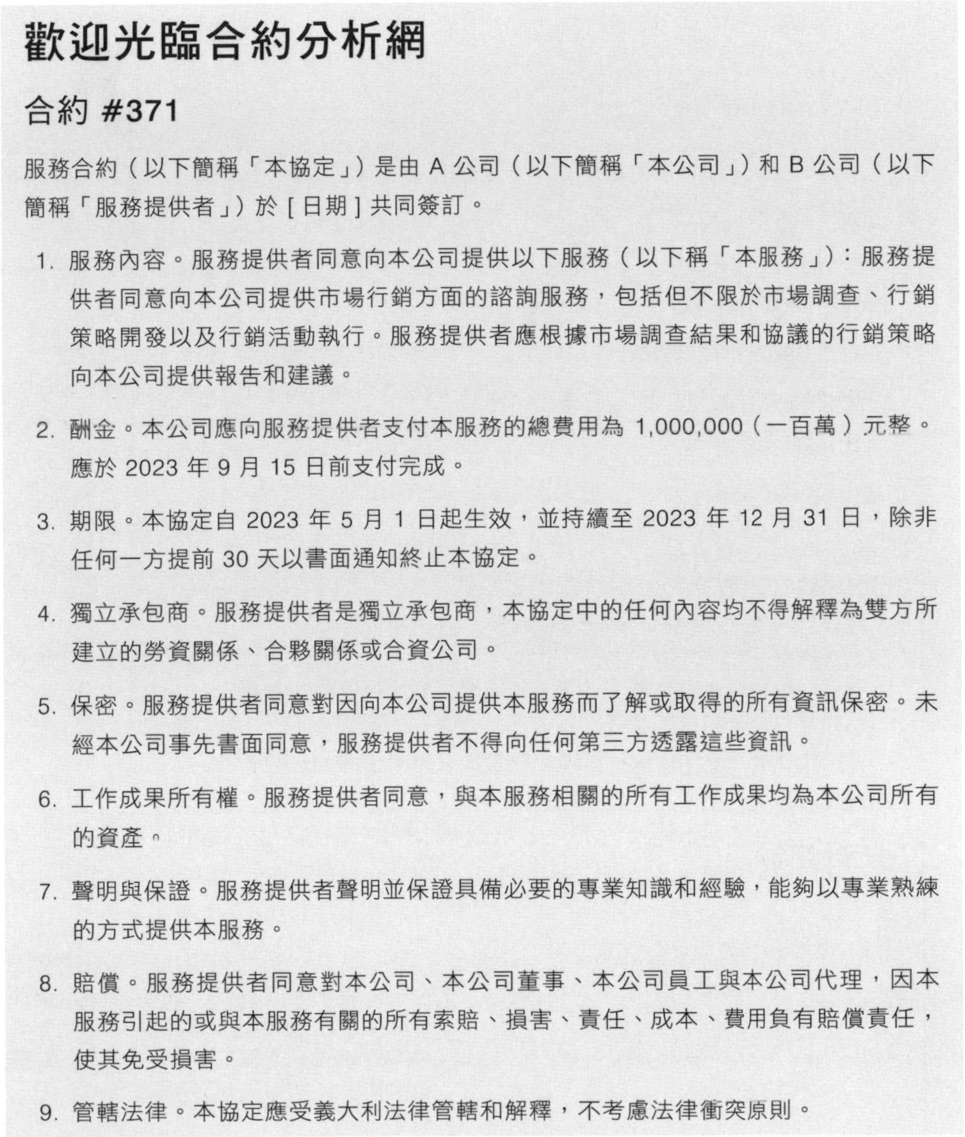

歡迎光臨合約分析網

合約 #371

服務合約（以下簡稱「本協定」）是由 A 公司（以下簡稱「本公司」）和 B 公司（以下簡稱「服務提供者」）於 [日期] 共同簽訂。

1. 服務內容。服務提供者同意向本公司提供以下服務（以下稱「本服務」）：服務提供者同意向本公司提供市場行銷方面的諮詢服務，包括但不限於市場調查、行銷策略開發以及行銷活動執行。服務提供者應根據市場調查結果和協議的行銷策略向本公司提供報告和建議。
2. 酬金。本公司應向服務提供者支付本服務的總費用為 1,000,000（一百萬）元整。應於 2023 年 9 月 15 日前支付完成。
3. 期限。本協定自 2023 年 5 月 1 日起生效，並持續至 2023 年 12 月 31 日，除非任何一方提前 30 天以書面通知終止本協定。
4. 獨立承包商。服務提供者是獨立承包商，本協定中的任何內容均不得解釋為雙方所建立的勞資關係、合夥關係或合資公司。
5. 保密。服務提供者同意對因向本公司提供本服務而了解或取得的所有資訊保密。未經本公司事先書面同意，服務提供者不得向任何第三方透露這些資訊。
6. 工作成果所有權。服務提供者同意，與本服務相關的所有工作成果均為本公司所有的資產。
7. 聲明與保證。服務提供者聲明並保證具備必要的專業知識和經驗，能夠以專業熟練的方式提供本服務。
8. 賠償。服務提供者同意對本公司、本公司董事、本公司員工與本公司代理，因本服務引起的或與本服務有關的所有索賠、損害、責任、成本、費用負有賠償責任，使其免受損害。
9. 管轄法律。本協定應受義大利法律管轄和解釋，不考慮法律衝突原則。

10. 整體協定。本協定構成雙方的完整協定，取代之前或同時進行的所有書面或口頭的協商、協定、聲明、解釋。

茲證明，雙方已於上文所載日期共同簽署本協定。

[本公司簽名]

[服務提供者簽名]

圖 10.12　合約分析應用程式（Contract Analyzer App）登陸頁面

接著我們可以做下列的分析：

- 從下拉式選單中，選擇我們想從合約中擷取的關鍵條款類型，進而取得即時結果：

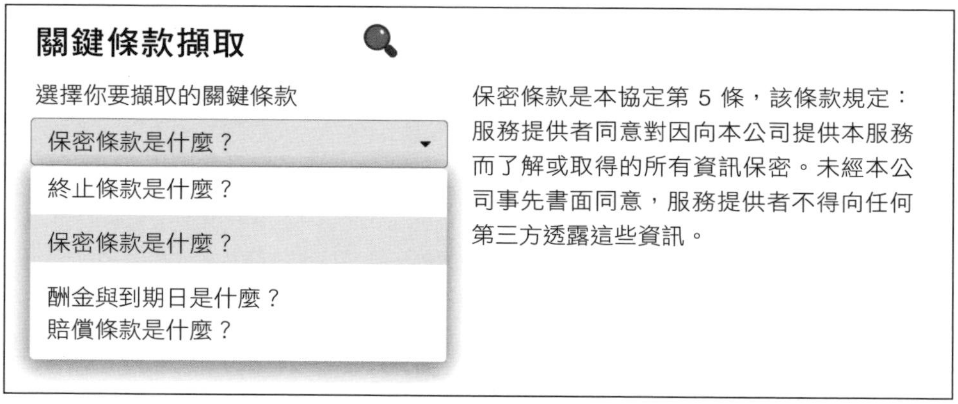

圖 10.13　從樣本合約中擷取保密條款

- 我們也可以與 AOAI 的模型對話，要求解釋技術術語：

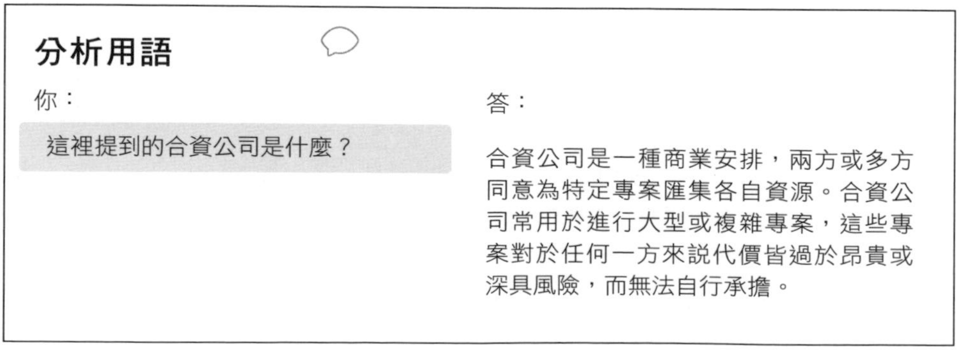

圖 10.14　用語分析

- 我們還可以詢問潛在的問題：

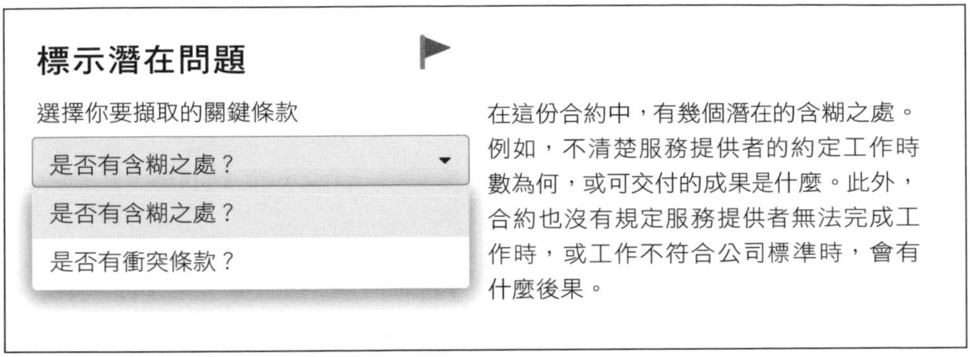

圖 10.15　AOAI 模型偵測到含糊之處（範例）

- 最後，我們還可以要求產生合約範本：

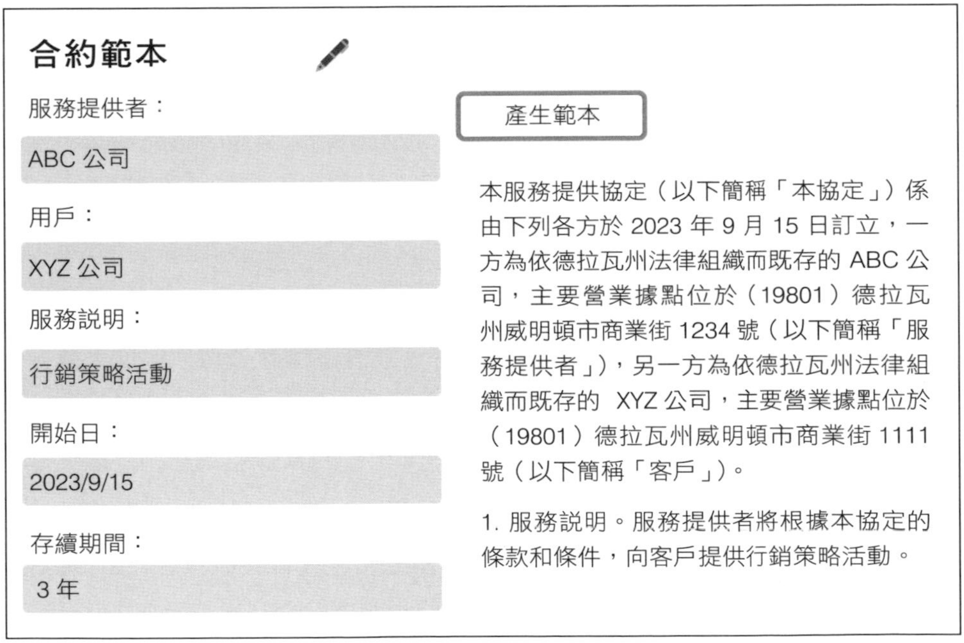

圖 10.16　合約範本生成（範例）

這只是一個小功能的樣本應用程式，不過它已提供有力的一些見解與分析，藉由 AOAI 模型的語言能力擷取的結果。

下一節將深入探討 AOAI 模型的另一種應用，即客服中心分析情境下的應用。

了解有關客服中心的分析

Azure OpenAI 可以成為客服中心分析的有力工具。分析客戶與客服人員的通話文字紀錄，GPT 模型可以識別可協助客服中心改善營運的模式和見解。

以下是 AOAI 模型可做的一些例子：

- 識別時常被問的問題，建議可能的回答，協助客服人員快速而有效的電話應答
- 分析客戶互動的情感，讓客服中心主管確定客戶滿意度可能不足之處，進行必要的改善
- 提供通話量趨勢、處理等待時間、處理持續期間的見解，讓客服中心可最佳化人力安排的部分與資源配置
- 從對話中擷取相關資訊，自動建立 CRM 的處理工單（ticket）
- 為直接與客戶打交道的聊天機器人提供相關知識庫，進而在轉接到真人客服之前能夠解決許多問題或要求

藉由模型的強大 NLP 能力，AOAI 可以協助客服中心提高效率和效果，進而提升客戶滿意度與業務成果。

對於我們的樣本應用情境，假設我們是一家汽車保險公司。每天都會接到大量客訴電話，客戶發生車禍，需要協助處理他們的保險事宜。在每次通話後，我們的人員都需要在 CRM 上開工單。

我們的目標是實作下列功能，簡化整個過程：

- 從通話的文字紀錄中，擷取相關參數，自動建立工單
- 取得對話主題，做適當分類
- 得知客戶情感
- 產生用於回應特別棘手對話的指引

以下是上述內容的視覺化呈現：

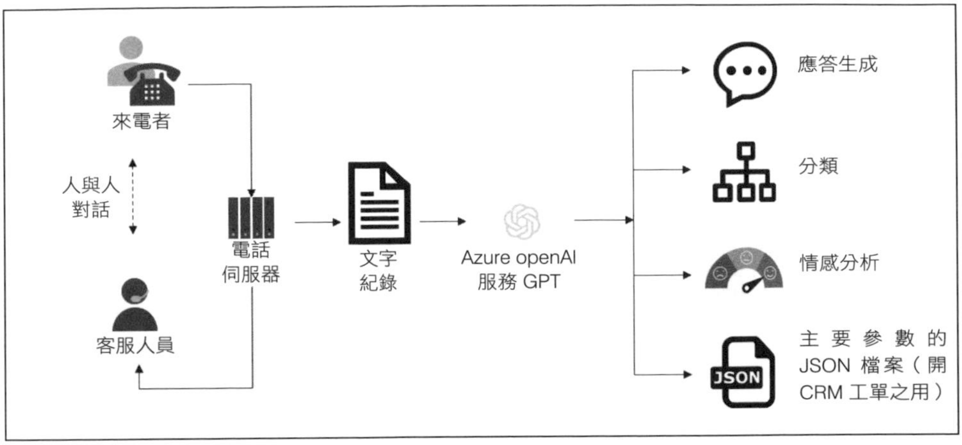

圖 10.17　客服中心分析的樣本架構

因此，我將從一份我們公司假想通話的樣本文字紀錄開始說起：

客服人員：早安，感謝您的來電，這裡是汽車保險公司，我叫 John，請問今日有什麼需要協助您呢？

客戶：是的，您好，我剛剛發現到我的車側有個凹痕，但我不知道它是怎麼出現的。周圍沒有目擊者，我很沮喪。

客服人員：我很遺憾聽到這個消息，我知道這有多麼令人沮喪。能否請您提供姓名和保單號碼，讓我查詢您的保戶資訊？

客戶：好的，我是 Mario Rossi，保單號碼是 123456。

客服人員：謝謝 Rossi 先生，讓我看一下。我發現您稍早已有來電，請問那通電話有問題嗎？

客戶：是的，我線上等了一個多小時，問題還是沒解決。我對這件事真的很不高興。

客服人員：對此我深感抱歉，請容許我向您保證，我們非常重視您的時間，我們今日將盡力協助您。關於您汽車上的凹痕，我想告訴您，我們的保險合約確實涵蓋這類的意外車損。我可以協助您申請理賠，為您聯繫您所在地區可信賴的維修店家。您願意讓我接手處理嗎？

客戶：好的，請處理。這樣就太好了。

客服人員：謝謝您的配合。我現在正在處理您的理賠，會發送一封電子郵件給您，信中包含後續處理步驟。如果您有任何其他問題或疑慮，再請告訴我。

客戶：謝謝您，感謝您的幫忙。

客服人員：不客氣。祝您有美好的一天！

圖 10.18　提出請求的假想對話樣本

接著在這樣的情境下，我只需要部署我的 AOAI 執行個體（與 `text-davinci-002` 相關的執行個體）。

接下來幾個小節將說明如何從通話文字紀錄中擷取相關參數、進行主題分類、分析客戶情感、產生讓客服人員方便應答的指導教學等內容。

參數擷取

第一步是從文字紀錄中擷取相關參數。如果我要用適當資訊在 CRM 中自動建立工單，這是相當重要的步驟。例如，假設為了建立工單，我需要下列元素：

- 姓名
- 致電原因
- 保單號碼
- 解決現況

下列程式碼呈現我們如何使用 Python 實作這項功能（我已設定變數 `transcript` 的初始值，為前述的對話內容）：

```
response = openai.Completion.create(
  engine="test1",
  prompt= transcript + "Extract the following information from the
above text:\n Name and Surname\nReason for calling\n Policy Number\n
Resolution \n\n",
  temperature=1,
  max_tokens=1968,
  top_p=0.5,
  frequency_penalty=0,
  presence_penalty=0,
```

```
    best_of=1,
    stop=None)

print(response["choices"][0]["text"].strip())
```

以下是輸出結果[譯註]：

```
Name and Surname: Mario Rossi
Reason for calling: Accidental damage to car
Policy Number: 123456
Resolution: The operator is processing the customer's claim and
sending an email with next steps.
```

最後，讓我們將這些資訊轉成 JSON 檔，促成工單的建置。因此，我只在提示中新增 `The output format should be JSON`（輸出格式應為 JSON）這行字，你可以從以下的輸出結果看到這個附加效果：

```
[
  {
    "name": "Mario Rossi",
    "reason_for_calling": "To file a claim for an accidental damage",
    "policy_number": "123456",
    "resolution": "The operator is processing the claim and will send
an email with the next steps to follow."
  }
]
```

語意分析

我們可能想知道的另一個元素是，通話情感。情感分析是客服中心分析的重點，這有助於了解客戶互動的情緒表達。在前述的文字紀錄中，情感分析可用來確認客戶表達的沮喪與憤怒程度。對於客服中心主管，這個資訊是很有價值的，得以了解客戶的整體滿意度，確定服務過程中待改善的部分。

例如，如果情感分析顯示許多客戶在電話中對等待過久感到失望，客服中心主管可以利用這個資訊改善人力安排的部分，或投資新技術縮短等待時間。

譯註：姓名：Mario Rossi
　　致電原因：意外車損
　　保單號碼：123456
　　解決現況：客服人員正在處理理賠事宜，發送後續處理步驟的電子郵件。

同樣地，如果情感分析顯示客戶通常對客服中心所提供的服務感到滿意，那麼主管可以使用這個資訊確定優勢之處，並藉機發展。

我們唯一要做的是，詢問 AOAI 執行個體，這段對話的情感是什麼。

如上所示，客戶回應是正面的，主要在對話結束後，客戶對當下的客服感到滿意。然而，瀏覽整個文字紀錄，我們知道，客戶起初相當沮喪，所以我們可以做一點提示設計，取得更準確的結果：

```
response = openai.Completion.create(
  engine="test1",
  prompt= transcript + "What is the initial and final sentiment of the
conversation?",
  temperature=1,
  max_tokens=1968,
  top_p=0.5,
  frequency_penalty=0,
  presence_penalty=0,
  best_of=1,
  stop=None)

print(response["choices"][0]["text"].strip())
```

以下是輸出結果：

```
response = openai.Completion.create(
  engine="test1",
  prompt= transcript + "What is the initial and final sentiment of the
conversation?",
  temperature=1,
  max_tokens 1968,
  top_p=0.5,
  frequency_penalty=0,
  presence_penalty=0,
  best_of=1,
  stop=None)

print(response["choices"][0]["text"].strip())
```

對話的情感最初是負面的，因為客戶感到沮喪。然而，因為客戶的問題已經解決，因此在對話結束時情感變成正面的。

圖 10.19　客戶要求理賠的情感分析（範例）

我們也可以進一步要求模型解釋它認為最初是負面情感的背後原因：

```
response = openai.Completion.create(
  engine="test1",
  prompt= transcript + "why is the customer's sentiment initially
negative?",
  temperature=1,
  max_tokens=1968,
  top_p=0.5,
  frequency_penalty=0,
  presence_penalty=0,
  best_of=1,
  stop=None)

print(response["choices"][0]["text"].strip())
```

以下是輸出結果：

```
response = openai.Completion.create(
  engine="test1",
  prompt= transcript + "why is the customer's sentiment initially negative?",
  temperature=1,
  max_tokens=1968,
  top_p=0.5,
  frequency_penalty=0,
  presence_penalty=0,
  best_of=1,
  stop=None)

print(response["choices"][0]["text"].strip())
```

客戶最初的情感是負面的，原因是他感到沮喪。他線上等了很長的時間，問題也沒有解決。

圖 10.20　AOAI 模型的情感分析（範例）

這是很重要的資訊，我們從中知道客戶服務還有很大的改進空間。我們可以把這種不滿的情況——首次通話時漫長與無用的等待——與其他文字紀錄中檢索到的類似內容相比，了解這是否為系統性的情況，如果是這樣的話，看要怎樣改善。

基於分析目的，我們接著擷取更多資訊，加入我們的 JSON 檔案中，讓我們也可以觸發其他種動作（除了建立工單）。修改提示，結果如下所示：

```
response = openai.Completion.create(
  engine="test1",
  prompt= transcript + """Extract the following information from the above
text: \n Name and Surname\nReason for calling
  \n Policy Number
  \n Resolution
  \n Initial Sentiment
  \n Reason for initial Sentiment
  \n Final sentiment\n Reason for final sentiment \n Contact center
improvement \n \n\n. The ouput format should be JSON""",
  temperature=1,
  max_tokens 1968,
  top_p=0.5,
  frequency penalty=0,
  presence_penalty=0,
  best_of=1,
  stop=None)

print(response["choices"][0]["text"].strip())
```

```
{
  "Name and Surname": "Mario Rossi",
  "Reason for calling": "To file a claim for accidental damage",
  "Policy Number": "123456",
  "Resolution": "The issue was resolved and the
customer was assisted with filing a claim",
  "Initial Sentiment": "Frustration",
  "Reason for initial Sentiment": "The customer was frustrated because
they did not know how the damage occurred and there were no witnesses",
  "Final sentiment": "Satisfied",
  "Reason for final sentiment": "The customer was assisted with filing
a claim and was given information on the next steps to follow",
  "Contact center improvement": "Reduce wait time for customers"
}
```

圖 10.21　從客戶要求擷取的 JSON 內容（範例）

客戶要求的分類

在分析客戶要求時，先對要求分類，這是相當有用的做法，讓相關部門能更快處理每個要求。這裡你可以將需求分成常見的三種類別：

- **反應問題**：這種類別包括客戶反應保單或保戶問題的文字紀錄，不過通話期間並沒有解決問題。對話內容可能是客服人員會記錄這個問題，產生一份報告，請相關部門調查和處理這個問題。可能的例子是反應帳單有誤或要求保單變更等無法立即處理的問題。

- **理賠處理**：這種類別包括客戶對反應的問題或客服中心的服務表達沮喪或不滿的文字紀錄。對話內容可能是客戶會分享他們的負面經驗和客服人員試著處理他們在意的地方，譬如為等待過久致歉，或為他們的客訴提供解決方案。
- **一般諮詢**：這種類別包括客戶對保單或客服中心其他服務提出疑問或諮詢的文字紀錄。對話內容可能是客服人員會提供資訊並回答客戶的問題，並沒有處理到任何特定問題或客訴。

讓我們要求 AOAI 執行個體，為我們分類文字紀錄：

```
response = openai.Completion.create(
  engine="test1",
  prompt= transcript + "classify the above text in one of the
following: reporting issue, claim handling and general inquiry.",
  temperature=1,
  max_tokens=1968,
  top_p=0.5,
  frequency_penalty=0,
  presence_penalty=0,
  best_of=1,
  stop=None)

print(response["choices"][0]["text"].strip())
```

以下是輸出結果：

```
response = openai.Completion.create(
  engine="test1",
  prompt= transcript + """classify the above text in one of the following:
reporting issue,
  claim handling - and general inquiry."""",
  temperature=1,
  max_tokens=1968,
  top_p=0.5,
  frequency_penalty=0,
  presence_penalty=0,
  best_of=1,
  stop=None)

print(response["choices"][0]["text"].strip())
```

這是理賠處理的議題。

圖 10.22　客戶要求分類（範例）

我們可以用上述的要求更新提示，再次把資訊加入 JSON 檔案中。結果如下所示：

```
response = openai.Completion.create(
  engine="test1",
  prompt: transcript +
    """Extract the following information from the above text: \n Name and
Surname\nReason for calling \n Policy Number \n Resolution\n Initial Sentiment\n
Reason for initial Sentiment\n Final sentiment \n Reason for final sentiment\
n Contact center improvement \n Category (choose among reporting issue, claim
handling and general inquiry) \n \n\n. Return the output in JSON.""",
  temperature=1,
  max_tokens=1968,
  top_p=0.5,
  frequency_penalty=0,
  presence_penalty=0,
  best_of=1,
  stop=None)

print(response["choices"][0]["text"].strip())
```

```
{
    "name": "Mario Rossi",
    "reason_for_calling": "To report a dent on the side of his car",
    "policy_number": "123456",
    "resolution": "The operator helped file a claim and connect
the customer with a trusted repair shop in the area.",
    "initial sentiment": "Frustration",
    "reason_for_initial_sentiment": "The customer was frustrated because he
did not know how the dent got there and there were no witnesses around.",
    "final_sentiment": "Satisfaction",
    "reason_for_final_sentiment": "The customer was satisfied because the operator
was able to help him file a claim and connect him with a trusted repair shop.",
    "contact_center_improvement": "The customer would like the contact center
to value his time more and not keep him on hold for long periods of time.",
    "category": "Claim Handling"
}
```

圖 10.23　JSON 檔案生成（範例）

太好了，目前我們有不少資訊可作為文字紀錄的資料元素（metadata，元資料）。 我們現在要做的是使用擷取到的元素建置參數化提示，產生進一步的動作，盡快解決這項任務。我們會用 Streamlit 做一個簡單的前端來達成需求。

用 Streamlit 實作前端

本節的想法是實作公司入口網站，客服人員可以取用他們所有對話的文字紀錄，快速執行一些動作，例如產生工單或產生回應給客戶的電子郵件。他們還可以要求入口網站，提供改善客戶服務的建議（這些資訊也可供高階管理層運用，讓公司改進的見解更加豐富）。

因此，我們會使用 Streamlit。在這個例子中，我另外搭配我的 API 建立 `.toml` 檔案，讓我可以在我的 Streamlit App 中安全使用機密內容。

如同其他小節，你可以在本書的 GitHub 儲存庫中找到本節的整個 App 檔案。

特定對話的登陸頁面（在這個例子中，是我們的樣本文字紀錄），如下所示：

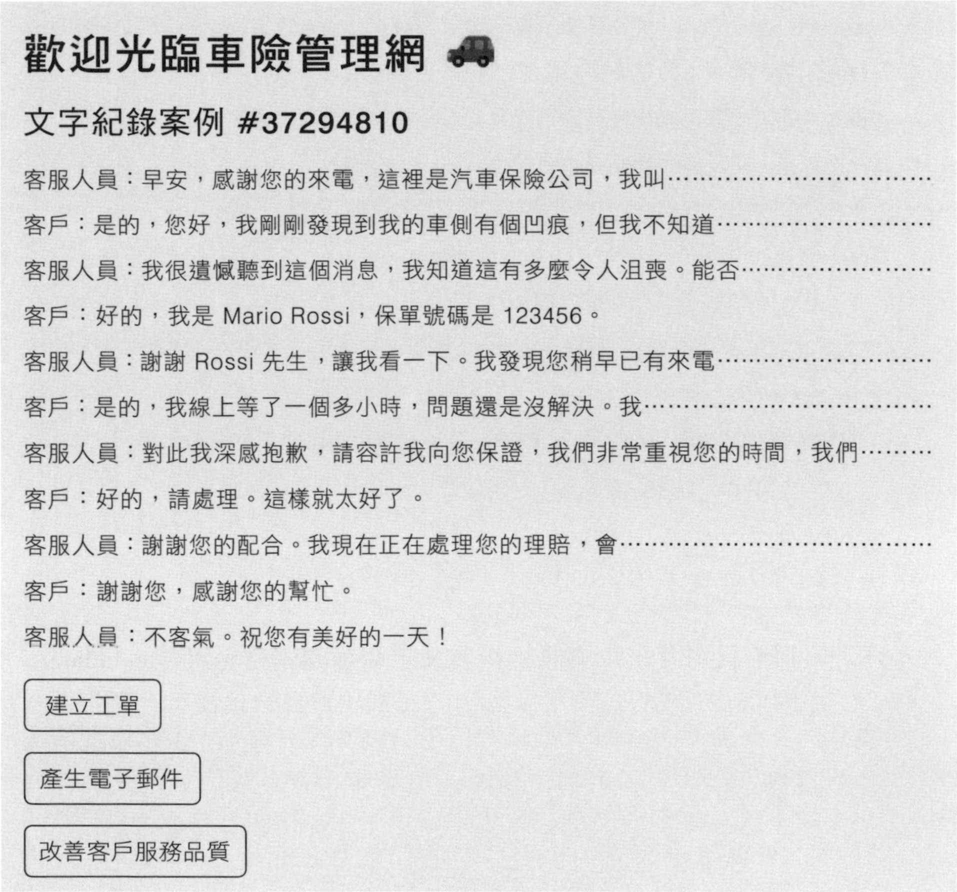

圖 10.24 樣本文字紀錄登陸頁面

讓我們看一下 AOAI 模型能為我們做什麼樣的動作：

1. 身為客服人員，我們可以做的第一件事是用從 JSON 檔收集的資訊來建立工單：

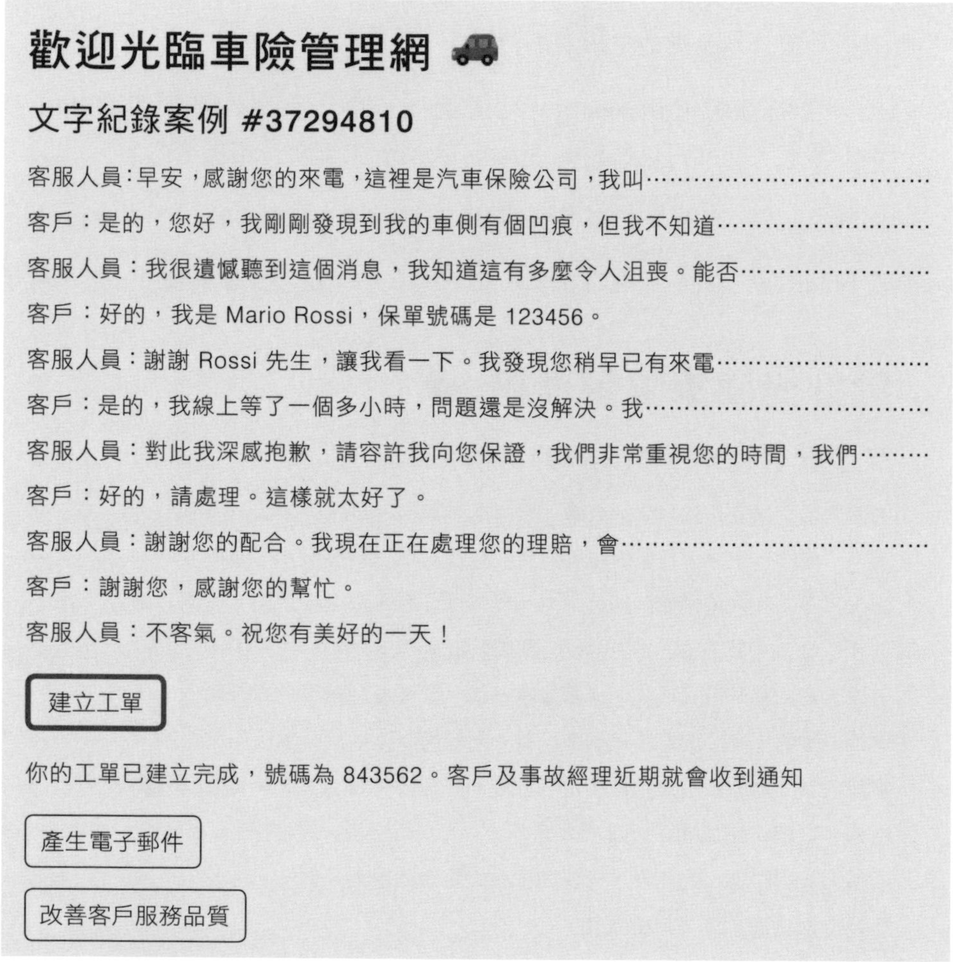

圖 10.25　工單生成的前端

2. 我們可以自動產生一封電子郵件給 Mario Rossi 先生，通知他理賠處理程序已啟動。因此，我定義一個函式，要求 AOAI 執行個體使用參數化提示，產生電子郵件：

```
def generate_email(transcript):
    response = openai.Completion.create(
      engine="test1",
      prompt= transcript + f"Generate a response email to the
transcript above, notifying the customer that the ticket has
been created and apologizing if it was complaining. The name
of the customer is {data['name']} and the policy number is
{data['policy_number']}.",
      temperature=1,
      max_tokens=1968,
      top_p=0.5,
      frequency_penalty=0,
      presence_penalty=0,
      best_of=1,
      stop=None)
    return response["choices"][0]["text"].strip()
```

這裡的 data 是從文字紀錄擷取的 JSON 式**商業情報**（**Business Intelligence，BI**），如前幾節所示。

前端的樣子如下所示：

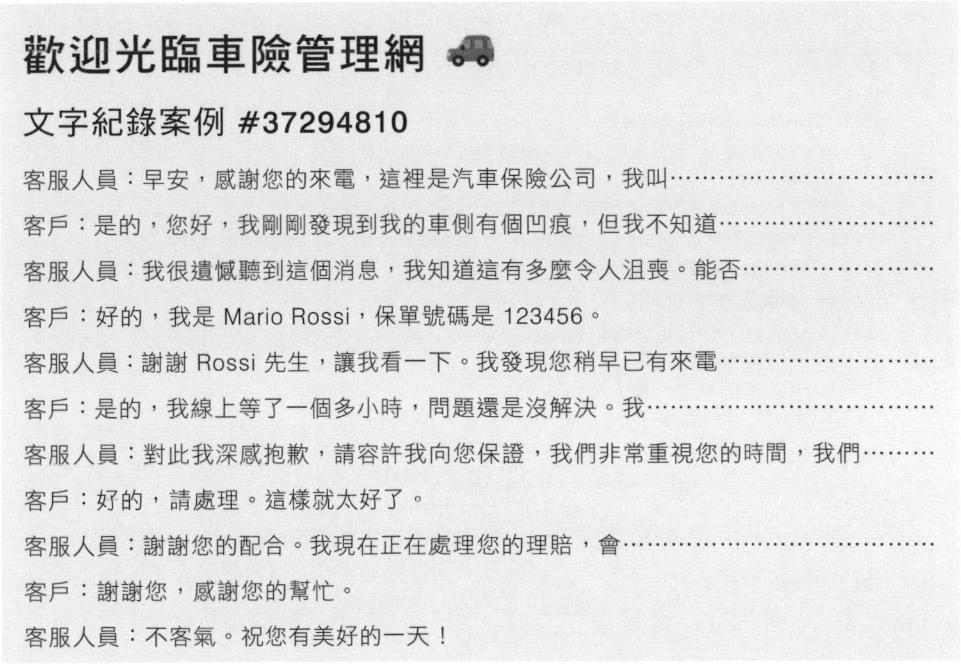

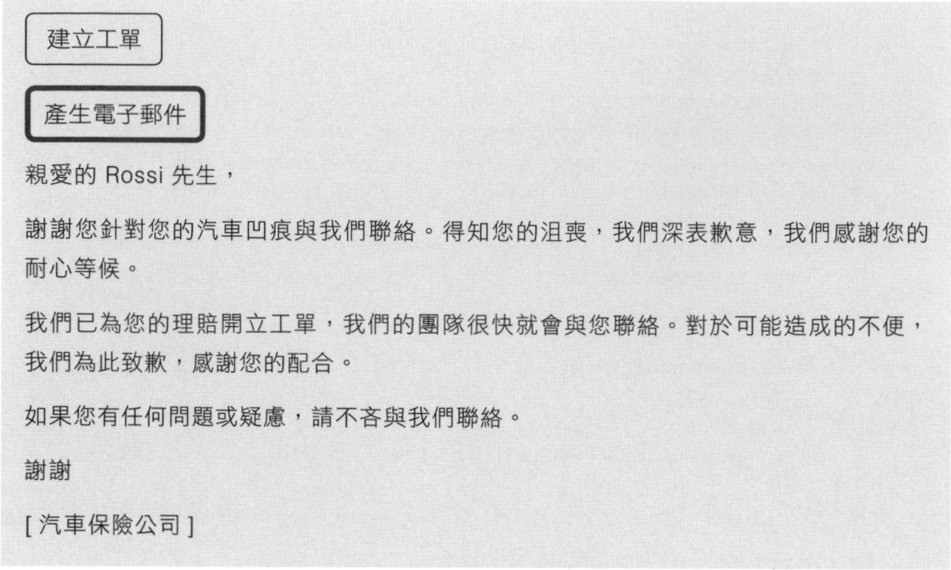

圖 10.26 AOAI 產生的樣本電子郵件

3. 我們可以尋求「客訴解決程序改善」和「客戶滿意度提升」建議。在這個例子中，我也是使用參數化提示：

```
def improvement(data):
    response = openai.Completion.create(
      engine="test1",
      prompt= f"Elaborate a list of remediations to get to the
following improvement: {data['contact_center_improvement']}",
      temperature=1,
      max_tokens=1968,
      top_p=0.5,
      frequency_penalty=0,
      presence_penalty=0,
      best_of=1,
      stop=None)
    return response["choices"][0]["text"].strip()
```

這裡的 `data` 依然是從文字紀錄中擷取的 JSON 檔，如前幾節所示。前端的樣子如下所示：

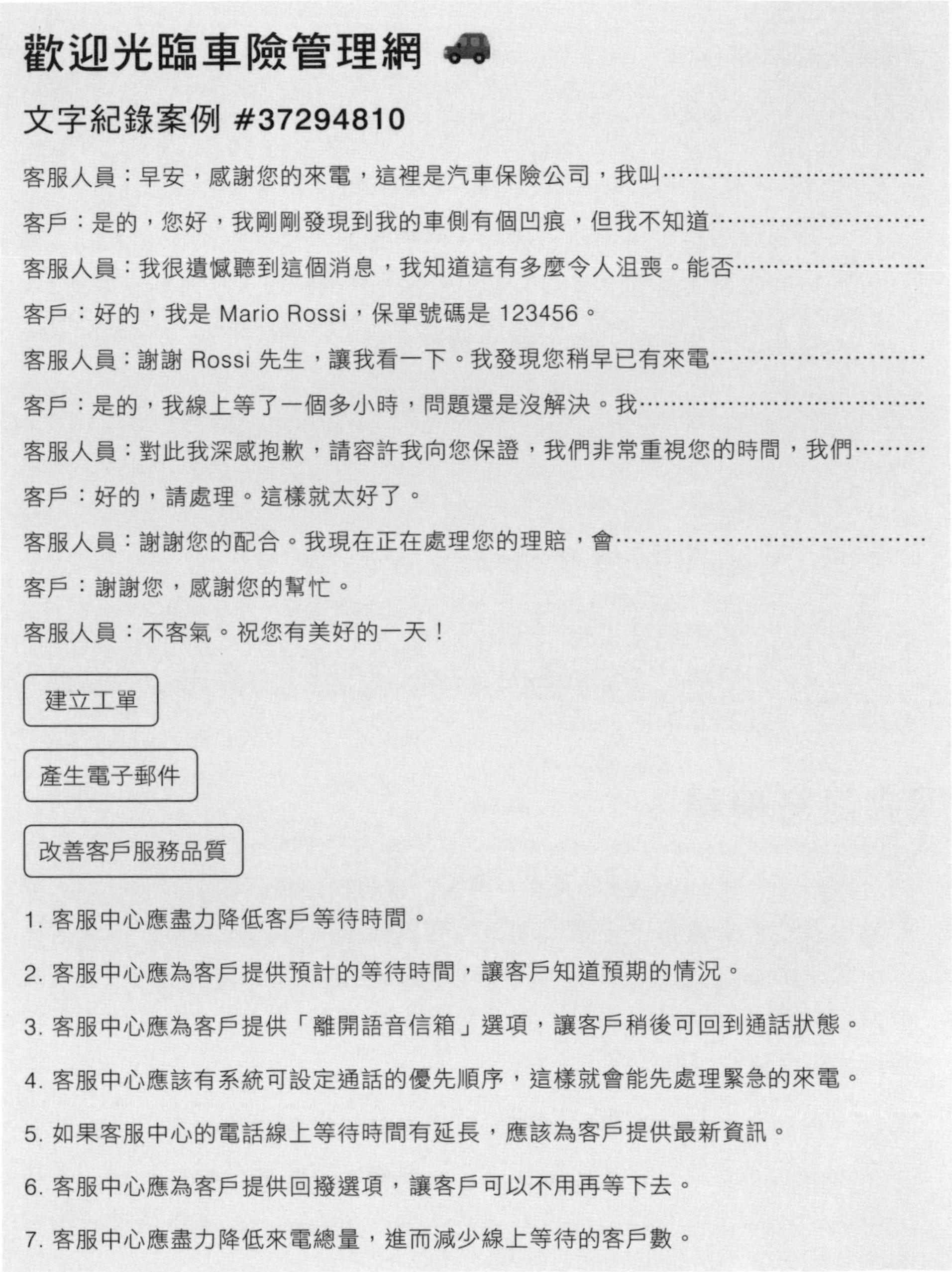

圖 10.27　AOAI 產生的客服中心改進建議

這只是一個小功能的樣本應用程式，不過它已提供有力的一些自動化與見解，可提升客服中心生產力和客戶滿意度。

以下是我們假想的汽車保險公司應加入業務環境中的一些改善元素：

- 在 CRM 軟體中工單生成的自動觸發程式。
- 直接與客戶打交道的聊天機器人接受客服中心通話文字紀錄的訓練，進而只有在過去沒有處理過的情況下，才會轉給真人客服對話處理。
- 收集相關文字紀錄見解的**商業情報**儀表板。例如，與下列項目相關的統計資料：
    - 最常見的客訴原因
    - 通話期間的情感變化
    - 客訴類別的出現頻率（隨時間的變化）

到目前為止，我們已經了解如何擷取情感分析。我們知道如何應對客戶的要求，以及針對前端而呈現 Streamlit 的運用概念。這些都讓我們與客戶、同仁妥善合作，改善營運。

探究語意搜尋

語意搜尋是一種尖端的搜尋技術，讓人們找尋網路資訊的方式有了重大變革。對於需要在巨量資料中迅速又準確搜尋的企業，它已成為重要工具。語意搜尋引擎使用 NLP 技術，能了解搜尋查詢的含意及要搜尋的內容。這項技術超越傳統的關鍵字搜尋引擎，後者是利用 ML 演算法了解搜尋查詢的脈絡，進而產生較準確的相關結果。

語意搜尋的主要部分是嵌入的運用，也就是將字詞或片語表示成數值向量的程序。這些向量是由神經網路產生，這種神經網路會分析指定的文本語料庫中每個字詞或片語的脈絡。將字詞轉換成向量，可以更容易測量字詞和片語的語意相似度，這是準確搜尋結果的關鍵。

例如，在醫療文件和醫學論文的領域中，嵌入可以用來強化語意搜尋演算法，更容易識別相關的概念和主題。也就是說，如果研究者正在搜尋癌症治療的相關資訊，使用嵌入的語意搜尋引擎可以識別化療、放射性治療、免疫治療等相關術語。藉由了解這些術語的語意關係，搜尋引擎可以傳回更準確的相關結果。

嵌入也可以用來識別搜尋查詢中可能無法立即呈現的相關主題和概念。例如，如果研究人員正在尋找乳癌相關資訊，那麼使用嵌入的語意搜尋引擎可以識別譬如乳房 X 光篩檢、乳癌預防、荷爾蒙治療等相關主題。這樣對於乳癌相關主題和概念的更廣泛了解，可以讓研究人員找到他們透過傳統關鍵字搜尋沒有發現的相關論文和文件。

例如，以下列的情境為例。我們是一間私人診所，每天都在可供使用的巨量文件中努力尋找資訊。為了診斷，醫生要閱讀很多論文（文件），這是相當費時的。

我們正在尋找一位 AI 研究助理，在研究過程中可以協助我們。因此，我們將使用 `embedding` 部署（裡面搭配 `text-embedding-ada-002` 模型）。

相關想法如下所示：

1. 用嵌入模型取得可用文本的嵌入。
2. 用嵌入模型取得使用者查詢的嵌入。
3. 計算嵌入查詢與嵌入知識庫兩者的距離。
4. 傳回最相似的文本片段，用這些片段作為 GPT 模型的上下文。
5. 用 GPT 模型產生回應。

上述內容可用下圖表示：

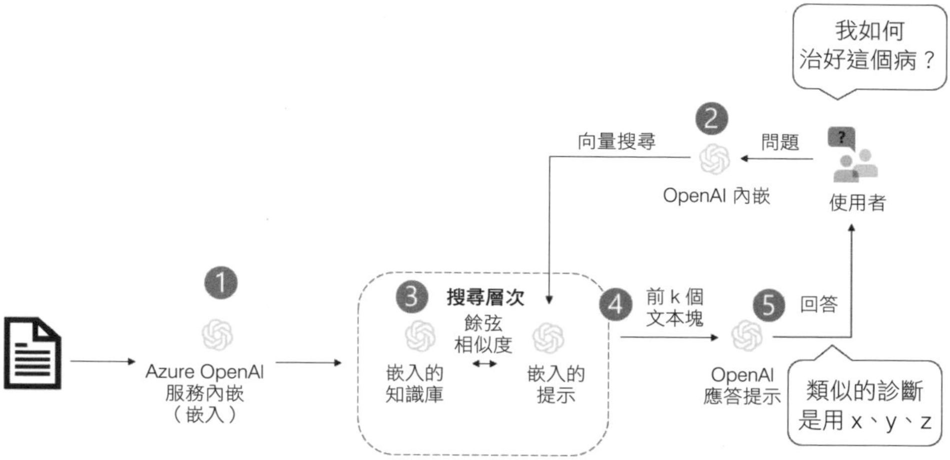

圖 10.28　語意搜尋專案的參考架構

為了模擬知識庫，我們要用一篇有關坐骨神經痛另類療法的論文（可參閱 *https://doi.org/10.1136/bmj-2022-070730*）。

對於嵌入和問答的管理，我們將使用 LangChain 模組。

文件嵌入（使用 LangChain 模組）

我們專案的第一步是對嵌入模型初始化（初始設定），這樣就可以對我們的自訂文件向量化（轉成向量）。因此，我們可以使用 LangChain 的 `OpenAIEmbedings` 模組，這個模組是直接納入 Azure OpenAI 的內嵌模型：

```
from langchain.embeddings import OpenAIEmbeddings from langchain.chat_
models import AzureOpenAI
from langchain.embeddings import OpenAIEmbeddings
from langchain.vectorstores.faiss import FAISS
from pypdf import PdfReader
from langchain.document_loaders import PyPDFLoader
  embeddings = OpenAIEmbeddings(document_model_name="text-embedding-ada-
002") embeddings.embed_query('this is a test')
```

以下是輸出結果：

```
from langchain.embeddings import OpenAIEmbeddings
#from langchain.chat_models import AzureChatOpenAI

embeddings OpenAIEmbeddings (document_model_name="text-embedding-ada-002")
embeddings.embed_query('this is a test')
```

```
Output exceeds the size limit. Open the full output data in a text editor
[-0.012838087975978851,
 -0.007421397138386965,
 -0.017617521807551384,
 -0.02827831171452999,
 -0.0186663419008255,
 0.017378550022840S,
 -0.01821495033800602,
 -0.006950092036277056,
 -0.009937237948179245,
 -0.03858064487576485,
 0.010674066841602325,
 0.02412286028265953,
 -0.013647936284542084,
 0.013189907185733318,
 0.0021125758066773415,
 0.012406611815094948,
 0.02079053409397602,
 0.0007459566695615649,
 0.008397198282182217,
 -0.005350309889763594,
 0.008968074806034565,
 0.014351575635373592,
 -0.014086050912737846,
 0.015055214054882526,
 -0.022211087867617607,
...
 0.014271917752921581,
 0.00510801887139678,
 -0.01090640015900135,
 0.014391403645277023,
 ...]
```

圖 10.29　文字內嵌（範例）

如上所示，結果是數值向量（用 text-embedding-ada-002 內嵌模型計算的）。

目前，我們需要將整個文件向量化。另外，我們也要放置文件的儲存空間。LangChain 提供好幾種向量的儲存，我們會使用 FAISS 向量儲存。

因此，讓我們初始化 FAISS 索引子（indexer）：

```
loader = PyPDFLoader("path_to_file") pages = loader.load_and_split()
faiss_index = FAISS.from_documents(pages, embeddings)
```

太好了，接著我們可以用 AzureOpenAI 類別初始化我們的模型。因此，只需要將部署的名稱傳進去：

```
llm = AzureOpenAI(deployment_name="text-davinci-003")
```

最後，我們需要計算「使用者提示」與「嵌入知識庫」兩者的相似度。因此，初始化下列的函式：

```
def get_answer(index, query):     """傳回詢問的答案
（使用 LangChain 的 QA chain）"""     docs = index.similarity_
search(query)     chain = load_qa_chain(llm)     answer = chain.
run(input_documents=docs, question=query)     return answer
```

利用前述函式，我們可計算使用者提示與內嵌文件兩者的語意雷同程度。因此，只有與使用者提示相似度高的文本片段會作為我們 Azure OpenAI 模型的上下文，這樣就可以克服最大 token 數的限制。

用 Streamlit 實作前端

我們已建立語意搜尋引擎背後的邏輯；接著應該建置一個前端，讓使用者可以透過 UI 與之互動。因此，我要使用 Streamlit。

在這個例子中，我另外搭配我的 API 建立 .toml 檔案，讓我可以在我的 Streamlit App 中安全使用我的機密內容。

建立一個 .py 檔，其中包含上一節的同樣程式碼，並加入一些前端元素（這個 .py 檔的完整內容放在本書的 GitHub 儲存庫中）。

更具體而言，我已新增下列的指示程式碼，建立簡單的搜尋列：

```
query = st.text_area("Ask a question about the document")
if query:

    docs = faiss_index.similarity_search(query, k=1)
    button = st.button("Submit")
    if button:
        st.write(get_answer(faiss_index, query))
```

這個程式檔案的名稱是 `medial_smart_search_app.py`，透過 Anaconda Prompt 輸入 `streamlit run smart_search.py` 命令執行這個檔案。

結果如下所示：

圖 10.30　Streamlit 建置的樣本前端及 AOAI 後端

你還可以在搜尋引擎中選擇加入一些進階元素，譬如：

- 如果答案不在上下文中，那麼指示 AOAI 模型不回應。因此，你可以在提示加以指明。
- 除了回應，也會提供上下文的原始文本，以及來源頁面的連結（如果有的話）。
- 為下一個使用者提示保留 AOAI 回應及其他上下文，讓它也用小樣本學習保留記憶。

我們在這裡用醫療文件為例；然而，有許多領域可以使用語意搜尋引擎，不論是製造商或是任何團體組織（法律主體），只要有大量技術文件者皆可適用。

總之，在組織內擁有智慧搜尋系統不只能縮短搜尋時間，還能提供多份文件的摘要回應（這些文件含有部分的回應內容）。

要記住的重點是，在類似的情境（尤其是醫療或法律領域）中，需要專業圈內人驗證結果。儘管如此，擁有這樣的 AI 助理可以提高生產力，降低搜尋成本和時間，提高搜尋品質，還能找到稀有的文件。

本章總結

Azure OpenAI 模型將大型語言模型的企業級能力提升，對於各個行業的企業營運徹底革新具有潛力。

利用最先進的 NLP，企業可以將日常任務自動化、複雜程序最佳化、揭曉資料中有價值的見解。

本章說明合約分析及生成、客服中心分析、自訂知識庫的語意搜尋等領域的具體使用案例。我們以 Python 的逐步實作教學，最後也用 Streamlit 建置前端。

當然，Azure OpenAI 模型的成功整合需要策略方法，其中包括識別相關使用案例、選擇適當的工具和平台、投資在員工訓練和發展。隨著 AI 領域不斷演進，企業必須跟進最新趨勢與創新，才能保持競爭力，得到 Azure OpenAI 的所有好處。

本章的內容只是大型語言模型能力所及的一小部分使用案例：這將是本書下一章（也是最後一章）的主題，我們將總結到目前為止所討論的內容，還要揭露 AI 發展的未來會對市場帶來什麼影響。

參考資源

- *https://python.langchain.com/en/latest/index.html#*
- *https://www.aroged.com/2023/02/17/chatgpt-ministry-of-justice-will-use-gpj-to-respond-to-citizens-in-portugal/*

11

結語與最終想法

你已經讀到本書最後一章，恭喜你！我希望這本書能讓你覺得有趣，也希望能協助你朝著目標邁進。

在撰寫本書之際，出現絕對值得一提的變化與新發展。對於生成式 AI 模型的複雜度和準確度不斷增加而言，我們實際看到的趨勢是往摩爾定律方向發展。

本書最後一章將簡短回顧我們在本書中所學的內容，還要揭露最新進展以及不久將來的預期。

更具體的說，本章涵蓋下列主題：

- 我們至今所學的本書內容概觀
- LLM 如何進入產業
- 生成式 AI 領域最新進展與擔憂
- 不久將來的預期

讀完本章之後，對生成式 AI 領域的最新進展、對各行業的影響、對新發展和社會影響方面的預期等，你將會有更廣泛的了解。

本書內容回顧

本書一開始介紹生成式 AI 的概念及各種應用。我們看到生成式 AI 不只牽涉文字，還涉及圖片、影片、音樂。

接著第 2 章討論到讓生成式 AI 蔚為風潮的公司：OpenAI。OpenAI 成立於 2015 年，主要研究焦點是特定類型的生成式模型，**生成式預訓練轉換器**（**GPT**）。而 OpenAI 在 2022 年 11 月推出 ChatGPT，這是一個具 GPT 模型能力的對話助理（免費的 Web App）。頓時大受歡迎，僅僅 5 天時間就有 100 萬使用者！

ChatGPT 已改變遊戲規則。它對日常生產力與各個行業的影響甚大。在論述 ChatGPT 對這些領域的可能影響之前，我們從第 3 章知道如何設定與使用 ChatGPT 帳戶。我們也在第 4 章學習使用 ChatGPT 這類的生成式模型時，如何適當設計最重要的元素：提示。提示是使用者的輸入，僅僅是自然語言的指示。提示的設計是得到生成式模型最大價值的關鍵步驟，這讓**提示工程**（**prompt engineering**）已成為新興研究領域。

在熟悉 ChatGPT 和提示設計之後，第 5 章開始討論具體例子，說明 ChatGPT 如何提升你的日常生產力，成為你的日常助手。從電子郵件生成到寫作能力的提升，我們從中得知 ChatGPT 的生成能力能改善多種活動。

然而我們沒有就此止步。從第 6 章、第 7 章、第 8 章知道 ChatGPT 不僅可以提高日常生產力，也能協助特定領域的活動——針對開發人員，從程式碼生成、最佳化到理解機器學習模型；針對行銷人員，從新品開發到改善**搜尋引擎最佳化**（**SEO**）；針對研究人員，從實驗設計到研究簡報的生成。

第 9 章開始將話題移到企業級內容，說明 OpenAI 模型如何透過 Azure 直接運用，讓企業能保有可靠度與安全性。

最後在第 10 章以具體例子說明企業級的 Azure OpenAI 模型使用案例。每個範例都會搭配一個商業情境，還有 Python 實作（並用 Streamlit 做前端）。

這個歷程的目的是，當我們在談論諸如 ChatGPT、OpenAI、LLM 等熱門術語時，為了讓你更清楚了解我們所述的內容。

然而，下一小節將說明最近 AI 突飛猛進的發展，如何在我們迄今所學到的基礎上引進全新技術。

這只是剛開始

本書呈現生成式 AI（更具體而言就是 GPT 模型）如何讓民眾和大型企業的工作方式產生重大變革。

儘管如此，我們已經踏上了一段旅程，其中 ChatGPT 和 GPT 模型只是邁向前所未有的技術進步時代第一步。如同本書所示，這些模型對於語言理解和生成方面已經表現出非比尋常的能力。然而，生成式 AI 的真正潛力尚未完全發揮出來。

多模式大型語言模型（Multimodal Large Language Model，MLLM）的首次發表、與 Microsoft **Copilot（副手）**系統的推出，已經揭開我們可能預期的一幕。

多模式大型語言模型的出現

到目前為止，我們主要的焦點是**大型語言模型（LLM）**，也就是 GPT-x 系列、ChatGPT 背後的架構。這些模型是用巨量文本資料訓練的（如：書籍、文章、網站），以神經網路學習人類語言的模式與結構。

如第 2 章所示，如果我們希望 LLM 結合更多的生成式 AI 功能（譬如圖片理解和生成），我們需要其他模型的支援（例如 DALL-E）。在提出 MLLM 之前一直都是這樣的做法。

MLLM 是 AI 系統，結合 NLP 與電腦視覺，可理解與產生文字與視覺內容。這些模型是用巨量資料（例如圖片和文字）訓練的，可針對（以文字或圖片輸入的）詢問產生類人為的回應。

最近 MLLM 領域有很大的進展，後續的小節將聚焦於兩個主要模型：Kosmos-1 和 GPT-4。

Kosmos-1

Microsoft 研究人員 Shaohan Huang 等人在「Language Is Not All You Need: Aligning Perception with Language Models」論文中提出 **Kosmos-1**，這是可回應語言、視覺兩種提示的 MLLM。它能夠執行諸如圖片描述和視覺問答等任務。

雖然 OpenAI 的 ChatGPT 這種 LLM 已有知名度，但這種模型對於圖片、聲音等多模式的輸入很棘手。Microsoft 的研究論文強調邁向**通用人工智慧**（**AGI**）需要多模式感知與現實世界基礎。

Kosmos-1 可以感知各種模式，藉由零樣本學習而依循指示，用小樣本學習法從提供的上下文學習。這個模型呈現出基於視覺提示的各種狀況中自動化作業的潛力。

下圖是 Kosmos-1 的功能範例：

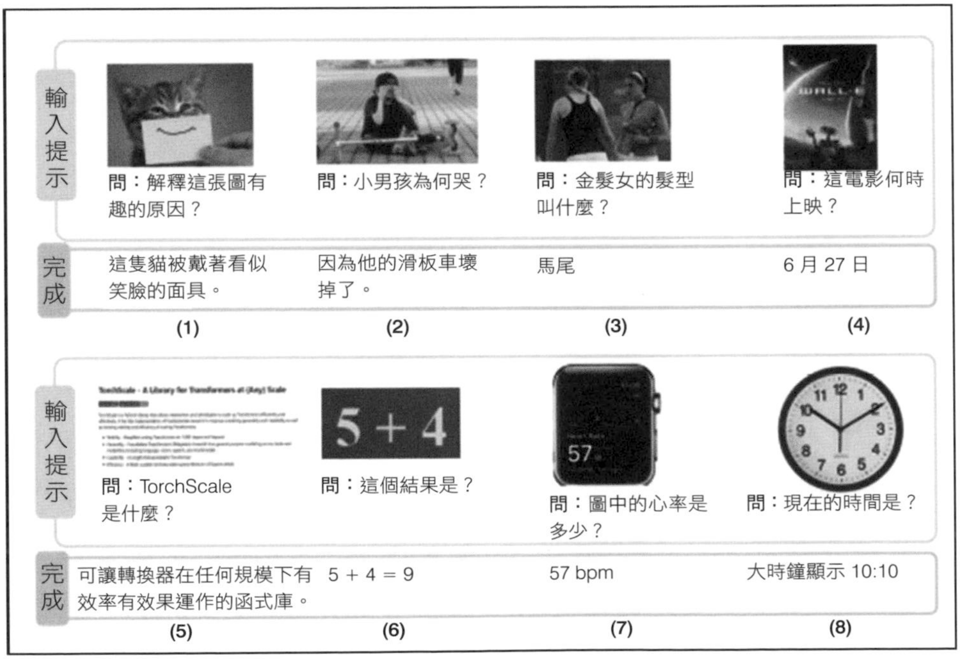

圖 11.1　Kosmos-1 的多模式輸入（範例）。此圖源自 *https://arxiv.org/pdf/2302.14045.pdf*

對於零樣本的瑞文氏智力測驗結果顯示，MLLM 離成人水準還有一段落差，不過感知能力與語言模型結合，MLLM 有望感知抽象的概念模式。

定義 瑞文氏智力測驗（Raven IQ test），又稱瑞文氏漸進矩陣（Raven's Progressive Matrices），是非語言的標準化測驗，用來衡量個人的抽象推理和流體智力。這是 John C. Raven 在 1936 年開發的，測驗內容是以矩陣形式搭配視覺圖案的選擇題。受測者的任務是找出圖案缺少的區塊。

下圖是 Kosmos-1 回答瑞文氏智力測驗的例子：

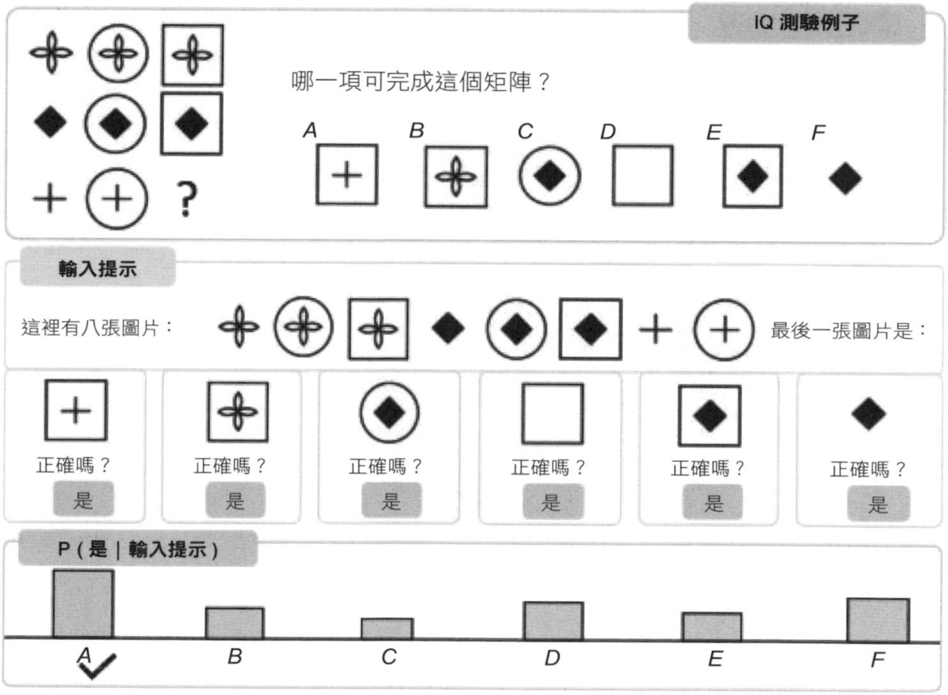

圖 11.2 Kosmos-1 回答瑞文氏智力測驗（範例）。此圖源自*https://arxiv.org/pdf/2302.14045.pdf*

目前，Kosmos-1 只能分析圖片和文字。然而，在這篇研究論文的結論中，Microsoft 研究人員表示打算進一步開發這個模型，整合語音能力。

GPT-4

OpenAI 在 2023 年 3 月 14 日發布 GPT 系列的新版本：**GPT-4**。OpenAI 的研究人員在「GPT-4 Technical Report」（*https://arxiv.org/pdf/2303.08774.pdf*）論文中描述這款全新模型的技術內容。

根據這篇論文表示，GPT-4 與之前的 AI 模型相比，明顯具有更高的通用智慧水準。GPT-4 在各種任務（包括數學、編程、視覺、醫學、法律、心理學）中的表現有接近人類的水準（而且不需要特別的提示）。

更具體而言，GPT-4 在四個主要領域優於前一版的 GPT（GPT 3.5）：

- **多模式**：GPT-4 是個不錯的 MLLM，它能夠理解和生成的內容，不只有自然語言，還有圖片：

使用者　這張圖片的有趣之處是什麼？按圖片畫面逐一描述之。

Source: hmmm (Reddit)

GPT-4　這張圖片是「Lightning 傳輸線」轉接器套件，圖片分成三個畫面。

畫面 1：智慧手機的充電插槽接上 VGA 連接器（通常用於電腦螢幕上，藍色 15 根插腳的大型連接器）。

畫面 2：「Lightning 傳輸線」轉接器套件（圖片上附有 VGA 連接器）。

畫面 3：尾端是小型 Lightning 接頭（iPhones 和其他 Apple 裝置充電用）的 VGA 連接器特寫。

這張圖片的幽默之處是「將一個龐大過時的 VGA 連接器插入小巧的現代智慧型手機充電埠」所呈現的荒謬感。

圖 11.3　GPT-4 理解與解釋圖片（範例）

基本上 GPT-4 能夠處理與理解圖文並茂的文件。

- **準確度**：GPT-4 已被證明比 GPT-3.5 更可靠、更有創意、更有接受度，尤其對於複雜任務更是如此。為了比較這兩個模型的差異，兩者皆參加多項考試的測驗（原本是針對人類設計的考試），GPT-4（無論有沒有納入視覺功能）全部贏過 GPT-3.5。

  在電腦視覺領域也有相關試驗。OpenAI 以電腦視覺模型設計的傳統衡量基準，評估 GPT-4，在這種情況下，GPT-4 遠遠超越大多數**最先進（SOTA）**模型。

- **對齊**：如同第 5 章所示的，OpenAI 發表 AI 對齊（*https://openai.com/alignment/*）聲明，其中的研究目的是讓 AGI 與人類價值貼齊，依循人類意圖。

  為提升 GPT-4 的安全性以及跟使用者意圖對齊，而付出很大的努力。因此，GPT-4 已比之前的版本更加安全，相較於它的前身 GPT-3.5，GPT-4 回應禁止內容的要求，可能性少了 82%（*https://openai.com/product/gpt-4*）。這項進步的背後原因是，OpenAI 的 GPT-4 融合新的研究進展，加入額外的安全層。由人類輸入的告知，這種安全功能直接併入 GPT-4 模型，使模型更擅長管理可能有害的輸入。因此，模型產生不安全回應的可能性會大幅降低。

  此外，OpenAI 的內部評估表示，GPT-4 比前一版更有可能產生準確且基於事實的回應（可能性多 40%）。這些進步效果呈現出改善 AI 語言模型時不斷取得的進展，為使用者確保模型的安全，提高可靠度。

- **整體可用性**：最後但也很重要的是，GPT-4 解除它前身的其中一個主要限制。GPT-3.5 最多只能處理 4,096 個 token。而 GPT-4 能處理的最大 token 數已大幅增加，大約是 32,000 個，讓模型更適用於更為複雜與偏長的任務，特別是逐步推理的應用。

可從 Microsoft Research 中 Sébastien Bubeck 等人所寫的「Sparks of Artificial General Intelligence: Early experiments with GPT-4」論文，得知這款全新模型的功能特色（*https://arxiv.org/pdf/2303.12712.pdf*）。

下圖呈現這些實驗的範例：

GPT-4

提示：你能證明存在無限多個質數嗎，而且每一句都要押韻？

GPT-4：

Yes, I think I can,（是的，我認為我可以）
Though it might take a clever plan.（儘管可能需要巧妙的設計）
I'll start by noting Euclid's proof,（我會從歐幾里得證明談起）
Which shows that primes aren't just aloof.（這證明質數不僅是獨立）
Assume we have a finite list,（假設我們有個有限數集）
Of primes, and that none have been missed.（其中含有質數，沒有缺少的遺跡）
Multiply them all together,（把它們乘在一起）
And add one, just to be clever.（再加一，剛好的靈機）
The result will be a number,（結果是個數，不用懷疑）
That has no prime factors, oh wonder!（這不是質因數，好神奇！）
But every number has a prime,（而每個數的質數數量是唯一）
That divides it, it's just a matter of time.（可以除盡，只是時間的問題）
So we've found a contradiction,（所以矛盾被我們目擊）
And our finite list needs eviction.（需要排除我們的有限數集）
There must be infinitely many primes,（質數有無限多個一定有它的道理）
And that's the end of my rhyming lines.s（這裡是我數學證明的押韻文底）

提示：用 TiKZ 畫一隻獨角獸。

GPT-4：[產生可編譯成以下圖片的 LaTeX 程式碼。]

提示：你能否針對下列資料產生 pyplot：$x = [1, 3, 5, 6, 8]$、$y1 = [2, 3, 5, 18, 1]$、$y2 = [3, 5, 6, 8, 1]$、$y3 = [5, 1, 2, 3, 4]$、$y4 = [9, 7, 2, 3, 1]$。我希望將 $y1$ 和 $y2$ 顯示在同一張圖表上，$y3$ 顯示在旁邊的另一張圖表上，$y4$ 顯示在下方。我希望 $y1$ 的圖例為「Bob」、$y2$ 的圖例為「Alice」，$y3$ 的圖例為「Bilbo」，$y4$ 的圖例為「Allie」。我希望 x 軸標籤為「time」，y 軸標籤為「money」。我希望在所有時間點（包括非整數時間點）對每條曲線添加 10% ～ 40% 的隨機誤差線。我希望使用平滑曲線來呈現圖表，並呈現平滑的誤差線。不要使用線性內插，請使用平滑內插！我還希望在平滑曲線上加一些細微的起伏，能看起來更真實。我希望將每條曲線的平均值作為基準線。我希望在圖表下方加一個圓餅圖，顯示每個時間步中四位人物的比例。我還希望加一個動畫，顯示圓餅圖中比例的 ** 連續時間 ** 變化。請對遺漏的比例做內插！我還希望在其他三張圖中添加垂直線的動畫，與圓餅圖能夠搭配。我希望這是最精緻的圖表，請盡量添加其他精緻的元素。

這裡有針對上述這些資料產生 pyplot 之用的可能程式碼，其中還有解釋各個步驟的註解：

GPT-4：[我們從生成程式碼產生的動畫中擷取兩個快照]。

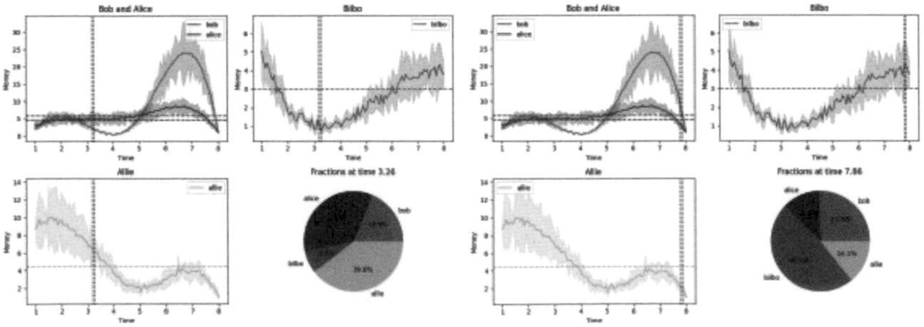

提示：假設 $g(x) = f^{-1}(x)$、$g(0) = 5$、$g(4) = 7$、$g(3) = 2$、$g(7) = 9$、$g(9) = 6$，那麼 $f(f(f(6)))$ 等於多少？

GPT-4：這個問題有不同的解法，而其中一種可能解法是 $g(x) = f^{-1}(x)$，則對 g 的定義域中的任何 x，$f(g(x)) = x$。也就是說，將 f 套用到等式 $g(x) = f^{-1}(x)$ 的兩邊得到 $f(g(x)) = f(f^{-1}(x)) = x$。這表示我們可以套用 g 弭平 f 的效果，反之亦然。依據這個概念，我們可以嘗試算出 $f(6)$ 的值，方法是找一個 x 值，使得 $g(x) = 6$。根據已知的資訊，我們可以發現 $g(9) = 6$，所以 $f(6) = f(g(9)) = 9$。同樣地，我們可以找一個 x 值，使得 $g(x) = 9$，而算出 $f(9)$。我們可以發現 $g(7) = 9$，所以 $f(9) = f(g(7)) = 7$。最後，我們可以找一個值 x，使得 $g(x) = 7$，來算 $f(7)$。我們可以發現 $g(4) = 7$，所以 $f(7) = f(g(4)) = 4$。因此，$f(f(f(6))) = f(f(9)) = f(7) = 4$。

圖 11.4　多模式 GPT-4 的初期實驗

上圖僅呈現出 GPT-4 的部分功能範例，不過這些例子就相當讓人印象深刻。另外，值得注意的是，MLLM 讓生成式 AI 進入新的階段，單一基礎模型就能夠處理和理解整個文件，根據內容產生新素材。

NOTE Microsoft 在 2023 年 3 月 21 日宣布可在 Azure OpenAI 服務中使用 GPT-4（*https://azure.microsoft.com/en-us/blog/introducing-gpt4-in-azure-openai-service/*）。也就是說，企業規模的專案已經可以採用這個強大的模型，或者可直接在 Azure OpenAI 遊樂場中測試 GPT-4。

GPT-4 是非常強大的模型，已經成為許多 AI 注入的應用程式背後的引擎。其中一個應用程式是新版的 ChatGPT（ChatGPT Plus）。但以我的觀點來說，還有一個更有趣的應用，徹底改變搜尋引擎工具：Microsoft Bing。我們會在下一節深入探討這個主題。

Microsoft Bing 與 Copilot 系統

近年來，Microsoft 已成為 AI 領域的領先者，投入研發鉅資，推動創新，開啟新的可能。作為 AI 技術推動承諾的一部分，Microsoft 與 OpenAI 建立策略合作關係，正如第 9 章所述。

Microsoft 與 OpenAI 的合作，目的是加速 AI 的進展，結合雲端運算、軟體、尖端 AI 模型領域的各自所長。雙方試圖一起建立 AI 系統，系統不僅具有非凡能力，還遵循透明、公平和倫理的原則。

Microsoft 於 2023 年 1 月推出 Azure OpenAI 服務一般可用版以來，利用 LLM（包含 GPT-4）的力量，已在生成式 AI 領域裡發布一系列的新進展。

接下來幾個小節的焦點擺在最有希望的兩個進展：新的 Bing 與 Copilot 系統。

新的 Bing

Bing 是 Microsoft 擁有與經營的網頁搜尋引擎。這個服務源自 Microsoft 之前的搜尋引擎：MSN 搜尋、Windows Live Search、後來的 Live Search。

Microsoft 在 2023 年 2 月宣布新版的 Bing 採用 GPT 模型（*https://blogs.microsoft.com/blog/2023/02/07/reinventing-search-with-a-new-ai-powered-microsoft-bing-and-edge-your-copilot-for-the-web/*）。此外，隨著 GPT-4 的

推出，Microsoft 在 2023 年 3 月 14 日確定新的 Bing 實際執行於 OpenAI 的 GPT-4 之上（*https://blogs.bing.com/search/march_2023/Confirmed-the-new-Bing-runs-on-OpenAI%E2%80%99s-GPT-4*）。

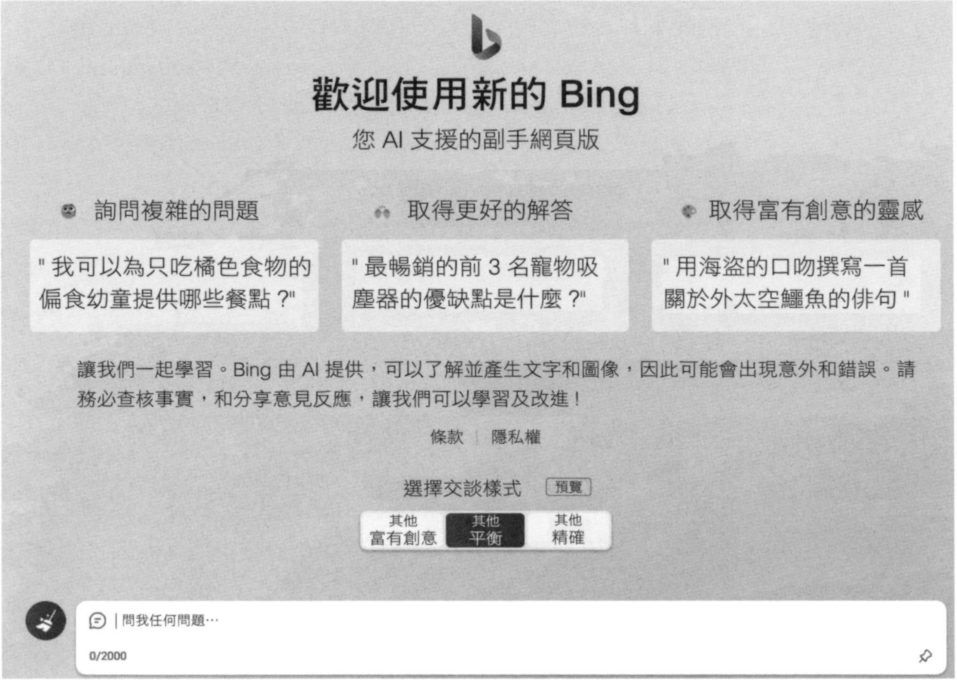

圖 11.5　新的 Bing

新版的 Bing 已有點像一種 ChatGPT 版本，可以瀏覽網頁（因此避開 ChatGPT 知識截止期 2021 年的問題），也能提供多於預期回應的額外參考內容。請參閱下列螢幕擷取畫面：

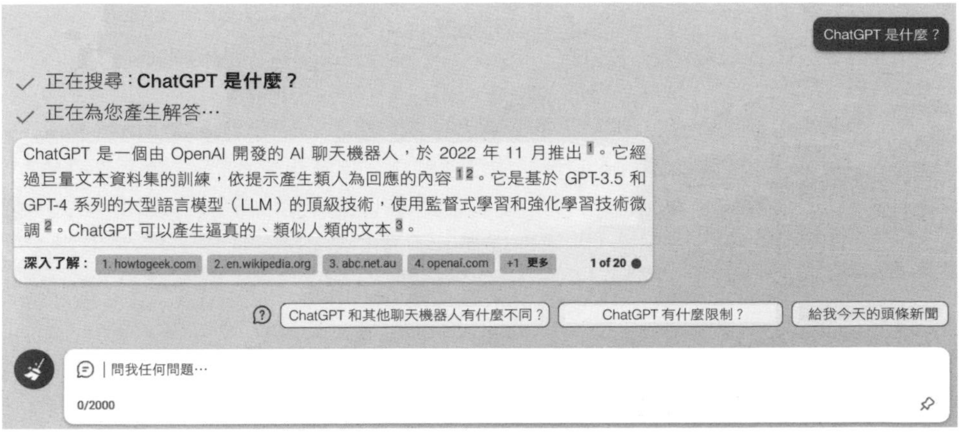

圖 11.6　新的 Bing 提供附參考內容的應答

新的 Bing 也可以協助產生內容，如同 ChatGPT 的做法。例如，在撰寫 LinkedIn 動態時，我可以要求 Bing 支援：

圖 11.7 - Bing 可作為 LinkedIn 動態貼文助理（範例）

上述最後一個功能讓新的 Bing 被視為 Web 副手，可加快研究、檢索、素材生成的速度。

副手的概念在基礎模型和 LLM 的新發展局勢中非常重要，這是這些新 AI 系統最有可能進入組織的方式。

定義 顧名思義，副手充當使用者的專門助手，目標是支援使用者解決複雜任務。副手會有個友善的使用者介面（自然語言介面），具有基礎模型的能力。另外，使用者可定義它們的使用範圍。例如，應用程式 A 裡的 Copilot（副手）只能使用應用程式 A 的資料。

下一節將討論 Microsoft 如何將這個概念延伸到整套的應用程式中。

Microsoft 365 Copilot

Microsoft 於 2023 年 3 月推出（*https://blogs.microsoft.com/blog/2023/03/16/introducing-microsoft-365-copilot-your-copilot-for-work/*），這個副手系統是以下列三個技術為基礎所建的複雜處理與協調流程（協作）引擎：

- Microsoft 365 應用程式（例如：Excel、Word、PowerPoint）
- Microsoft Graph，可運用跨 Microsoft 365 服務的各種資料與智慧功能的平台
- LLM，譬如 GPT-4

基於這個副手系統，Microsoft 365 Copilot 是一個革命性的 AI 能力助理，目的是提高生產力，發揮職場創造力。Copilot 利用 LLM 以及整合 Microsoft 365 應用程式和資料，將自然語言轉成功能強大的工具，可完成任務與你的的工作銜接。

Microsoft 365 Copilot 已無縫地併入 Word、Excel、PowerPoint、Outlook、Teams 等熱門應用程式。使用自然語言提示，Copilot 可以執行任務，譬如根據會議、電子郵件及聊天內容產生狀態更新。使用者始終保有核心活動的控制權，可讓你跨 Microsoft 365 各個應用程式增加創意、分析、表達、協作的能量。

這一節論述的是，在過去數個月的時間裡，OpenAI 模型（更廣泛而言，LLM 領域不少的 AI 模型的）有很大的進展。我們也討論像 Microsoft 這樣的公司如何運用 Copilot 全新觀念而提出新方式，將 LLM 併入應用程式。

下一節將深入探討其他公司針對自己的流程與數位轉型之路，如何採納 OpenAI 的模型，其中涵蓋各家的使用案例與做法。

生成式技術對產業的影響 — 顛覆力

隨著 ChatGPT 和生成式 AI 模型不斷發展，這些模型的能力無疑的是用曾經難以想像方式翻轉產業。一方面，這些技術的整合，具有明顯提高生產力和推動經濟成長的潛力。將耗時的任務自動化，生成式 AI 可以讓人類工作者自由聚焦在於更有創意、策略、加值的活動。此外，AI 能力的工具可以增加人類能力，讓專業人員能夠做出更明智的決定，產生新穎的觀點。

已經有企業將生成式 AI 納入自己核心業務的例子：

- **Morgan Stanley**，一流的財富管理公司，一直致力於 OpenAI GPT-4 技術的運用（*https://openai.com/customer-stories/morgan-stanley*），試圖改善公司大規模內容庫的使用。這家公司一直在探索 GPT 的嵌入和檢索功能，建立一個內部聊天機器人，能夠有效率的搜尋公司龐大的財富管理資源。這項計畫是由分析資料創新部門主管 Jeff McMillan 領軍執行，目的是讓公司的集體知識易讀、易懂、易用。
- **Duolingo**，擁有超過 5000 萬使用者的遊戲風格語言學習 App，一直以 AI 作為經營策略的一部分。與 AI 相關的其中一個功能是 **Explain My Answer（解釋我的答案）**。這個功能可讓使用者深入了解 Duolingo 應答背後的明確文法規則（例如，如果使用者的答案都不正確，那麼使用者可以藉由聊天，要求詳細解說為何不正確）。Duolingo 曾經用預寫的文法建議與具有 GPT-3 的 AI，試著實作這個功能。然而，直到 GPT-4 的出現，回應的準確度和學習者參與度才有飆升，這些都要歸功於它對成語文法規則的語言理解進階能力。
- **Stripe**，一家金融科技支付服務供應商，做了相當有遠見的事情。公司在 2023 年初要求 100 名員工停止日常工作，開始設法讓 LLM 充實和加強支付服務功能。他們不只找到許多潛在應用（輸出結果是 50 個應用的列表！），還開始針對 15 個具體使用案例設計雛形。其中一個相當有趣的例子是用 GPT-4 做詐騙偵測。Stripe Discord 社群面臨著惡意行為者的滲透。GPT-4 可協助找出潛在的詐騙者，它會分析 Stripe Discord 社群內的文章語法，偵測有協調的惡意活動，確保平台安全。

另一方面，ChatGPT 和生成式 AI 模型的迅速適用，促使人們對工作取代、資料隱私、潛在濫用技術的擔憂。當自動化對勞動市場重新洗牌，產業必須因應勞力轉型的挑戰，確保員工具備必要的技能，方可在逐漸由 AI 驅動的世界中蓬勃發展。

生成式 AI 對產業的顛覆性影響是無可否認的，既提供機會，也帶來挑戰。促進人類與 AI 的合作，推動倫理的開發和部署，優先重視終身學習和重新訓練，我們可以塑造一個未來，讓生成式 AI 成為跨行業正面變革的強力催化劑。

到目前為止，我們主要聚焦於生成式 AI 能達成的目標。接下來的幾個小節將揭露這個逐漸加劇的議題，新的顛覆性技術對倫理影響的擔憂。

揭露對生成式 AI 的擔憂

正如班叔對年輕時的蜘蛛人所云：「**能力越強，責任越大**」。

當我們探索 ChatGPT 和 GPT 模型世界的啟發之旅接近尾聲，就必須面對因這些 AI 技術而出現的擔憂。雖然生成式 AI 領域堪稱有突破性進展，不過也引起隱私、安全、倫理影響、潛在濫用等相關的必然問題。

事實上，最近有許多公司、機構以及個人發言者針對這些主題發表相關宣告和聲明，其中包括擔憂、要求停止進一步發展的呼籲、適度監管等等。

下一節會提供最近的新聞和動態，希望對不久將來的預期能因此有所反思和推測。

Elon Musk 呼籲停止發展 AI

Elon Musk 和 1000 多名技術專業人員最近簽署一封公開信，呼籲暫時停止發展比 GPT-4 更先進的 AI 系統。簽署者包括 Steve Wozniak、Emad Mostaque、Yuval Noah Harari，關於這些 AI 系統對社會和人類具有重大風險，他們為此表達關切。

這封信要求 AI 實驗室將這些先進系統的訓練時程暫停至少 6 個月，確保停止過程是公開的以及可驗證的。內容強調對「AI 驅動的鼓吹」、「工作的自動化」、「人類文明的失控」等相關可能性的擔憂。

這個呼籲是在 OpenAI 發布 GPT-4 之後提出的，GPT-4 是加強版語言模型，是 ChatGPT 付費版採用的模型。根據 OpenAI 表示，與之前的模型版本相比，GPT-4 更能執行複雜任務，產生更完善的成果，缺點也比較少。

GPT-4 這種 AI 系統以巨量資料運作，利用這些資料回應詢問和執行任務。2022 年 11 月首次亮相的 ChatGPT 具有類人為的能力，可撰寫電子郵件、安排旅行計畫、編寫程式碼，以及擅長考試（譬如律師資格考）。

OpenAI 還沒有對這封信發表評論，但該組織承認，必須確保 AI 技術比人類更聰明地服務於人類的利益。（譯註：OpenAI CEO 後來有為此信稍作回應，僅否認正在訓練 GPT-5。）OpenAI 建議，未來的系統在訓練前可能需要獨立評估，而進階的工作應該規範模型開發所用的運算資源擴張。

有多家公司（其中包括 Google、Microsoft、Adobe、Snapchat、DuckDuckGo、Grammarly）已經推出運用生成式 AI 功能的服務。OpenAI 的研究指出這些能力牽涉的風險，譬如可能引用不可信的來源、或讓惡意行為者欺騙與利用他人。

AI 專家越來越擔心這個產業的發展軌跡，還有可能缺乏必要的預防措施以及對後果的掌握。這封信強調，先進的 AI 可能對地球上的生命產生重大影響，需要仔細地規劃和管理。其中指出，這類規劃目前還不夠充分，AI 實驗室一直在建立和部署更強大的 AI 系統，但這些系統令人難以理解、預料、控制。

如果這封公開信沒有約束力，那麼另一個例子是義大利的「Garante della Privacy」聲明，這是下一節的討論焦點。

ChatGPT 被「Garante della Privacy」禁止在義大利使用

因為隱私的擔憂，義大利成為第一個禁止使用 ChatGPT 的西方國家。

義大利資料保護機關 **Garante della Privacy** 宣布，立即對 OpenAI 實施禁令，並展開調查：（譯註：OpenAI 後來配合解決相關疑慮，義大利因此有條件的解禁。）

義大利使用者禁止使用 ChatGPT

親愛的 ChatGPT 使用者，

我們很遺憾的通知您，依據義大利 Garante 要求，義大利使用者禁止使用 ChatGPT 。

我們將對 3 月購買 ChatGPT Plus 訂用戶的義大利使用者退款。我們也臨時暫停義大利訂用戶的續訂作業，讓 ChatGPT 的暫停期間不會向使用者收費。

我們致力保護人們的隱私，我們相信 ChatGPT 符合 GDPR 和其他隱私權法律。我們將與 Garante 洽談，希望可以盡快恢復您的使用權限。

您們之中的許多人告訴我們，有發現 ChatGPT 能協助日常工作，我們期待能盡快再提供出來。

如果您對 ChatGPT 或退款程序有任何問題或疑慮，我們已準備一份常見的問答列表，幫您解決相關問題。

– OpenAI 支援團隊

圖 11.8　義大利使用 ChatGPT 時出現的 OpenAI 訊息

義大利監管機關不僅封鎖 ChatGPT，還要調查是否符合**一般資料保護規則（General Data Protection Regulation，GDPR）**，這是個人資料的使用、處理、儲存管理規定。

在涉及使用者對話和支付資訊的資料外洩情形之後，這個機關於 2023 年 3 月 20 日表示，為了訓練平台潛在的演算法而**大量收集和儲存個人資料的行為**並無法律依據。

這個監管機關也對無法驗證使用者年齡表示關切，這可能讓未成年接觸到不當的應答。

義大利資料保護機關給予 OpenAI 20 天處理受關切的問題，不然得面臨 2,000 萬歐元（2,170 萬美元）的罰款（或高達公司年營收 4% 的罰款）。

OpenAI 在義大利資料保護監管機關 Garante 的要求下，於 2023 年 4 月 1 日讓義大利使用者停止使用 ChatGPT，並表示承諾保護隱私與遵守 GDPR。

公司聲明，期待與 Garante 密切配合，希望盡快能讓 ChatGPT 在義大利再度出現。

之前提及的擔憂與介入措施只是一個更宏觀主題的表面層次，這個宏觀主題就是負責任 AI 的概念，也是下一節的主題。

生成式 AI 的倫理影響與需要負責任 AI 的原因

前一節強調，隨著生成式 AI 技術的廣泛理解與採用之際，而引起普遍的擔憂。

AI 技術的迅速發展帶來不少的倫理考量和挑戰，必須仔細解決，確保負責而公平的部署。以下列出其中一些項目：

- **資料隱私與安全**：由於 AI 系統在學習和決策過程高度依賴資料，確保資料隱私和安全為首要任務。第 9 章已經論述 Microsoft 如何用 Azure OpenAI 服務處理資料隱私的主題，保證 Azure 雲端預期的**服務等級協定（Service-Level Agreement，SLA）**和安全實務。然而，這個資料隱私主題也會影響一開始用來訓練模型的資料：即使 ChatGPT 用來產生回應的知識庫是公開的，但對於自己資訊被用來產生回應的關係人，他們的同意門檻在哪裡呢？
- **偏見與公平**：AI 模型通常會從歷史資料中學習，可能在無意中引入偏見。處理 AI 系統的偏見和公平涉及下列項目：
    - **多元資料集**：確保訓練資料多元以及具各種人口統計代表性，可減少 AI 模型裡的偏見
    - **演算法的公平**：開發演算法，優先考量公平，不歧視特定人口統計族群，這是很重要的
    - **監督與審核**：對 AI 系統的定期監督和審核可協助找出和糾正偏見，確保結果是公平的
- **透明與權責**：隨著 AI 系統變得更加複雜，AI 的決策程序可能令人難以理解。其中涉及下列兩個重要面相：

- **可解釋的 AI**：開發能為自己決策提供清楚解釋的 AI 模型，可協助使用者了解和信任這個 AI 系統。
- **責任與義務**：清楚劃分 AI 系統的責任與義務，讓開發人員、組織、使用者對 AI 驅動的決策後果負責，這是重要的。

- **工作的未來**：AI 驅動的自動化可能取代某些產業的工作，引發對工作未來的擔憂。本書已經呈現 ChatGPT 和 OpenAI 模型如何提高個人和企業生產力。然而，一些重複性工作也很可能被 AI 取代，這樣會影響到一些勞工。這是變化和發展過程的一部分，與其對抗變革，不如接受變革。

  這方面的行動可能是重新訓練和提升技能方案——政府、組織、教育機構應該投資重新訓練和提升技能方案，讓勞工適應不斷變化的就業市場，獲得新興職位所需的新技能。

  最重要的是，應該鼓勵人類與 AI 合作。開發補充與增加人類能力的 AI 系統，協助創造新的工作機會，促進協同工作環境。

解決這些倫理考量和挑戰之後，我們可以朝著正確的方向行事，確保用負責任的方式開發與部署 AI 技術，為所有人創立更美好、更公平的未來。

下一個邏輯問題可能是：鑑於最近 AI 技術突飛猛進，我們在不久的將來會有什麼預期發展呢？

不久將來的預期

最近 AI 研發的突飛猛進，令人難以置信。從 2022 年 11 月到本書撰寫之際（2023 年 4 月），發生下列的情勢：

- ChatGPT 的推出（2022 年 11 月）
- Azure OpenAI 一般可用版的推出（2023 年 1 月）
- ChatGPT 背後模型（GPT-3.5-turbo）API 一般可用版的推出（2023 年 2 月）
- Kosmos-1、GPT-4 這類 MLLM 一般可用版的推出（2023 年 3 月）
- Microsoft 宣布推出的 Copilot 系統（2023 年 3 月）

這種驚人的發展速度讓人難以預測接下來的進展。如之前所述，對於這些新技術，因為缺乏監管，所以這種發展速度也引起機構、公司、公眾人物的關切。同時，公司和機構將不可避免的得要適應這個新發展局勢，才能與競爭對手匹敵。

如果我們考量不久的將來，就會談論到明天。我們已經知道像 Microsoft 這樣的一些 IT 公司，將 GPT 模型併入他們的應用程式中，而像 Wolfram Alpha、Expedia、Instacart 這樣的其他公司，則設計了 ChatGPT 的外掛程式（plugin），併入 ChatGPT 中。

將 OpenAI 模型注入應用程式的趨勢也展現在各種框架上，這些框架的目的是促進 LLM 和應用程式的整合，以及管理提示、對話、記憶體、斷詞（tokenization）、其他需求的典型步驟。這些框架的例子包括 LangChain、Pinecone、Semantic Kernel。

第 2 章提到 OpenAI 的任務是建立廣泛受益的 AGI，這是一種「通用的」AI，目的是要有能力學習和執行各式各樣的任務（不需要特定任務的程式設計）。

換句話說，OpenAI 正在設想的 AI 機器是能夠做人類可做的任何任務。

如果我們在一年前就想過這個，那似乎是極其新潮的。如今以令人暈眩的發展速度來說，我們在不久的將來就會遇到 AGI 機器，這個預期會讓人難以置信嗎？

本章總結

AI 技術（譬如 OpenAI、ChatGPT、生成式 AI 模型）快速發展，正進入創新轉型的新時代。在具備徹底改變產業和讓日常生活重新洗牌的巨大潛力之下，這些進步重新改寫人機互動的規則。

隨著我們站在這個 AI 驅動的未來出發點，確保以負責任和有倫理的方式使用這些技術，是我們的共同責任。把握機會和面對挑戰，我們可以營造 AI 為人類培力（將我們的潛力提升到新高度）的世界。

GPT 在數年前就開始了——如果我們考量最近幾個月 AI 發展的速度，那這是個劃時代——然而它反映 AI 對我們生活的必然影響，以及適應這個新事實所面臨的挑戰。

參考資源

- *https://python.langchain.com/docs/get_started*
- *https://learn.microsoft.com/en-us/semantic-kernel/whatissk*
- *https://www.pinecone.io/*

I

索引

A

B

C

D

E

F

G

H

I

K

L

M

N

O

P

Q

R

S

T

U

V

W

Z

生成式 AI：以 ChatGPT 與 OpenAI 模型實現高效創新

作　　者：Valentina Alto
譯　　者：陳仁和
企劃編輯：江佳慧
文字編輯：江雅鈴
設計裝幀：張寶莉
發 行 人：廖文良

發 行 所：碁峰資訊股份有限公司
地　　址：台北市南港區三重路 66 號 7 樓之 6
電　　話：(02)2788-2408
傳　　真：(02)8192-4433
網　　站：www.gotop.com.tw
書　　號：ACL070200
版　　次：2024 年 06 月初版
建議售價：NT$500

國家圖書館出版品預行編目資料

生成式 AI：以 ChatGPT 與 OpenAI 模型實現高效創新 / Valentina Alto 原著；陳仁和譯. -- 初版. -- 臺北市：碁峰資訊, 2024.06
面；　公分
譯自: Modern Generative AI with ChatGPT and OpenAI Models
ISBN 978-626-324-776-5(平裝)
1.CST：人工智慧
312.83　　113002882